职业院校机电类"十三五"
微课版规划教材

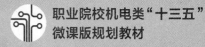

U0160671

电机与电气控制技术

第2版 | 附微课视频

曾令琴 贾磊 / 主编　　郑汉尚 许东霞 胡雪梅 / 副主编

ELECTRICITY

人民邮电出版社

北　京

图书在版编目（CIP）数据

电机与电气控制技术：附微课视频 / 曾令琴，贾磊
主编. -- 2版. -- 北京：人民邮电出版社，2021.4
职业院校机电类"十三五"微课版规划教材
ISBN 978-7-115-53628-0

Ⅰ.①电… Ⅱ.①曾… ②贾… Ⅲ.①电机学－高等
职业教育－教材②电气控制－高等职业教育－教材 Ⅳ.
①TM3②TM921.5

中国版本图书馆CIP数据核字(2020)第050347号

内 容 提 要

本书突出了理实结合及工程应用特色，内容由浅入深，语言通俗易懂。全书内容编排由器件到基本单元控制电路，然后引入实际典型设备的电气控制系统。从认识到实践，由实践再回到理论，一环扣一环，力求让学习者认识元器件，看懂电气原理图，进而理解电气控制设备和系统，最后可运用所学知识进行简单电气控制系统的设计。本书在偏重于实际技能学习的基础上，将理论与实际有机结合，以使学习者感到学有所用。

本书可作为职业院校相关专业的教材，也可作为应用型本科学校相关专业的教材，还可以供从事现场工作的电气工程技术人员学习参考。

- ◆ 主　　编　曾令琴　贾　磊
　　副 主 编　郑汉尚　许东霞　胡雪梅
　　责任编辑　王丽美
　　责任印制　王　郁　彭志环
- ◆ 人民邮电出版社出版发行　　北京市丰台区成寿寺路 11 号
　　邮编　100164　电子邮件　315@ptpress.com.cn
　　网址　https://www.ptpress.com.cn
　　北京市艺辉印刷有限公司印刷
- ◆ 开本：787×1092　1/16
　　印张：14.75　　　　　　　　2021 年 4 月第 2 版
　　字数：345 千字　　　　　　2024 年 12 月北京第 11 次印刷

定价：49.80 元

读者服务热线：(010)81055256　印装质量热线：(010)81055316
反盗版热线：(010)81055315
广告经营许可证：京东市监广登字 20170147 号

随着高等职业技术教育教学的改革不断深入发展，人们对高职课程的整合和突出理实一体化的呼声越来越高。编者根据多年一线教学的经验以及对高职教育的理解，将"电机学""电力拖动基础"和"工厂电气控制技术"三门课程有机整合，认真、合理地筛选整理出本书内容。

本书贯彻党的二十大报告中"深入实施人才强国战略。培养造就大批德才兼备的高素质人才，是国家和民族长远发展大计。功以才成，业由才广。"努力培养造就更多大师和卓越工程师、大国工匠、高技能人才。

第1版教材自2014年出版以来，由于内容选取上的合理性及立体化配套资源的丰富，得到了用书单位教师和学生的高度认可，但同时我们也发现了教材中存在的一些错漏之处。为使本教材能够更好地适应职业教育新形势下的发展，我们对第1版教材内容进行了必要的修订。修订内容主要包括以下几个方面。

1．根据教学需求，对全书重点内容进行了微课制作，共计79个。

2．考虑到内容的必要性，对第1章的1.1.3～1.1.6节部分内容进行了删减。

3．为了更准确地反映内容，把第2章章名改为"异步电动机"，第4章章名改为"常用特种电机"，第6章章名改为"电气控制电路的基本环节"。

4．各章结构基本保持原来的格局不变，只在内容上根据发展进行了更新，对错漏之处进行了修改。

本书由黄河水利职业技术学院曾令琴、贾磊任主编，广州华商职业学院郑汉尚、广东环境保护工程职业学院许东霞和河南工业职业技术学院胡雪梅任副主编。南通航运职业技术学院顾益民、黄河水利职业技术学院王瑨、河南化工技师学院刘雨朦也参与了本书的编写工作。全书由曾令琴统稿。

由于编者能力有限，书中可能出现疏漏和不妥，敬请广大读者批评指正，使本书在今后能够不断完善。

编者

2023 年 5 月

目 录

第1章
磁路与变压器

变压器是一种既能变换电压，又能变换电流，还能变换阻抗的重要电气设备，在电力系统和电子电路中得到了广泛的应用。由于变压器是依据电磁感应原理工作的，因此讨论变压器时，既会遇到电路问题，又会遇到磁路问题。其中，磁路问题是学习变压器原理的理论基础，也是后面学习电机、电器的理论基础。本章将在介绍磁路的基础上，对变压器的基本结构组成及工作原理进行分析研究。

学习目标

通过对本章的学习，学习者应了解磁路中几个物理量的概念，理解磁路欧姆定律和主磁通原理；熟悉变压器的基本结构组成；理解变压器的空载运行和有载运行，掌握变压器变换电压、变换电流和变换阻抗的作用及其相关计算；了解几种常用变压器的特点及用途。

理论基础

变压器是一种常见的"静止"电气设备，它运用电磁感应原理，将某一数值的交变电压变换为同频率的另一数值的交变电压。

变压器主要构件是初级线圈、次级线圈和铁心。变压器的主要功能有电压变换、电流变换、阻抗变换、隔离、稳压等。变压器不仅用于输配电系统中，还广泛应用于电气控制领域、电子技术领域、测试技术领域以及焊接技术领域等。

1.1 铁心线圈、磁路

变压器的铁心磁路是变压器电磁感应的通路，也是"动电生磁""动磁生电"的具体体现。

电工设备通常要求小电流获得强磁场，强磁场显然需要高导磁材料作为其磁介质，因此，变压器的铁心通常由硅钢片叠装而成。为使学习者能够较为透彻地理解变压器的磁场工作情况，需先认识磁路、磁场及其基本物理量。

铁心线圈、磁路

1.1.1 磁路的基本物理量

电流不仅具有热效应，同时还具有磁效应。空心载流线圈产生的磁场较弱，不能满足电工设备的需要，若在空心线圈中套入铁心，则铁心线圈就会获得较强的磁场，从而满足电工设备的小电流、强磁场的基本要求。

1．磁通

变压器、电机、电器为了能使小电流获得强磁场，往往把线圈套在铁心上，使铁心磁路成为一个人为的、集中的匀强磁场。

磁路的基本物理量

穿过匀强磁场工作磁通的多少可以用磁力线数量定性表征，若把穿过匀强磁场的磁力线总通过量定义为磁通 Φ，则磁通 Φ 的大小是可定量反映电机、电器铁心中工作磁通多少的物理量。在国际单位制中，磁通 Φ 的单位是韦伯（Wb），另一个常用单位是麦克斯韦（Mx），两者的换算关系为 $1\text{Wb}=10^8\text{Mx}$。

2．磁感应强度

磁感应强度 B 是用来描述线圈铁心介质磁场强弱和方向的物理量，电机、电器的铁心通常可视为匀强磁场，在匀强磁场中：

$$B = \frac{\Phi}{S} \tag{1.1}$$

由式（1.1）可知，穿过磁路截面的磁通量越多，磁感应强度的数值就越大，因此磁感应强度又称为磁通密度。在国际单位制中，B 的单位为特斯拉（T），还有一种常见单位为高斯（Gs），两种单位的换算关系为 $1\text{T}=10^4\text{Gs}$。

3．磁导率

反映物质导磁性能好坏的物理量是磁导率 μ。为了便于比较各类物质的导磁能力，通常以真空中的磁导率（真空磁导率）作为衡量的标准。实验测得真空磁导率为一常量，即

$$\mu_0 = 4\pi \times 10^{-7} \text{H/m}$$

各种物质的磁导率与真空磁导率相比，其比值能够很好地反映它们的导磁性能，这个比值称为相对磁导率，用 μ_r 表示，即

$$\mu_r = \frac{\mu}{\mu_0} \tag{1.2}$$

显然，相对磁导率 μ_r 是一个无量纲的纯数。

自然界中的物质根据导磁性能的不同可分为两大类：铁磁物质和非磁性物质。

非磁性物质中又包括顺磁物质和逆磁物质，其内部均无磁畴结构，它们的相对磁导率均约等于1。

铁磁物质的 $\mu_r \gg 1$。因此，为适应小电流获得强磁场的要求，电机、电器的铁心无一例外都采用铁磁材料。变压器的铁心磁路之所以采用硅钢片，一是因为硅钢具有的高导磁性（$\mu_r = 7500$），二是为了减少磁路的涡流损失。

4．磁场强度

变压器铁心磁路中的工作主磁通，是由绕在铁心柱上的线圈电流产生的，忽略线圈铁心的介质附加磁场，线圈电流的磁场大小和方向通常由磁场强度 H 来衡量，即

$$H = \frac{B}{\mu} \tag{1.3}$$

磁场强度 H 的单位是安/米（A/m）或安/厘米（A/cm），两者的换算关系为 $1\text{A/m}=10^{-2}\text{A/cm}$。

1.1.2　磁路欧姆定律

图 1.1 所示为交流铁心线圈示意图。电源和绕组构成铁心线圈的电路部分,铁心构成线圈的磁路部分。当铁心线圈两端加上正弦交流电压 u 时,线圈电路中就会有按正弦规律变化的电流 i 通过。电流 i 通过 N 匝线圈时形成的磁动势 $F_m=IN$,磁动势在铁心中激发按正弦规律变化、沿铁心闭合的工作磁通 $Φ$。

磁路欧姆定律

把电路与磁路进行比较:电路中流通的是电流 I,磁路中通过的是磁通 $Φ$;电路中的电动势 E 是激发电流的因素,磁路中的磁动势 F_m 是激发磁通的因素;电路中阻碍电流的因素是电阻,磁路中阻碍磁通的因素是磁阻。比照电路欧姆定律,磁路中的磁动势、磁通和磁阻三者之间的关系,可用磁路欧姆定律表示为

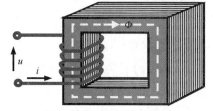

图 1.1　交流铁心线圈示意图

$$Φ = \frac{F_m}{R_m} = \frac{NI}{\dfrac{l}{μs}} \tag{1.4}$$

式(1.4)称为磁路欧姆定律。式中,磁阻 $R_m = \dfrac{l}{μs}$ 与磁路的长短成正比,与构成磁路的介质磁导率、磁路截面积成反比。

由于铁磁材料的磁导率 μ 通常是一个范围,所以磁阻 R_m 不是一个常数。因此,磁路欧姆定律远没有电路欧姆定律应用得那么广泛。工程实际中通常不用磁路欧姆定律来具体地、定量地计算磁路,而大多用其来定性地分析电机、电器的磁路情况。

例如,电工技术中的电磁铁,通电后磁路气隙闭合,断电时磁路气隙打开,电磁铁的额定电流均按气隙闭合时设计。如果气隙由于某种原因卡住而不能正常闭合工作,磁路的磁阻 R_m 就会骤然增大,根据磁路欧姆定律可知,这时线圈中的激磁电流将会大大增加,以致烧毁线圈。

1.1.3　主磁通原理

设铁心线圈中通入的电流为交变电流,交变电流必然在铁心磁路中产生交变的磁通,交变的磁通穿过线圈时则必然产生电磁感应现象,其感应电压为

$$u_L = N\frac{\mathrm{d}Φ}{\mathrm{d}t}$$

式中,N 为线圈的匝数。正弦交流电产生的工作主磁通也是按正弦规律变化的,即 $Φ = Φ_m \sin ωt$,则上式又可写作

$$u_L = N\frac{\mathrm{d}Φ_m \sin ωt}{\mathrm{d}t}$$

忽略线圈上的铜损耗电阻,线圈两端所加电压的有效值与线圈中的自感电压有效值近似相等,有

$$U \approx \frac{U_{\text{Lm}}}{\sqrt{2}} = \frac{2\pi f N \Phi_{\text{m}}}{1.414} \approx 4.44 f N \Phi_{\text{m}} \qquad (1.5)$$

式（1.5）是主磁通原理表达式，主磁通原理：对交流铁心线圈而言，只要外加电压有效值 U 与电源频率 f 一定，铁心中工作主磁通的最大值 Φ_{m} 将始终维持不变。

主磁通原理是分析交流铁心线圈磁路的重要依据。由主磁通原理可知，电机、电器在正常工作时，由于外加电压和电源频率不变，无论负载如何改变，主磁通 Φ 基本保持不变，因此铁损耗基本不变，所以通常把铁损耗称为不变损耗。电机、电器中线圈上的铜损耗由于与通过线圈中电流的平方成正比，所以负载变动时电流变动，铜损耗随之变化，故而常把铜损耗称为可变损耗。

【例 1.1】 一个交流电磁铁，因出现机械故障，造成通电后衔铁不能吸合，结果把线圈烧坏，试分析其原因。

【分析】 衔铁不能吸合，造成磁路中始终存在一个气隙，气隙虽小，但气隙磁阻 R_{m} 却远大于衔铁正常吸合时磁路的磁阻。由主磁通原理可知，线圈两端电压有效值 U 及电源频率 f 不变时，铁心磁路中工作主磁通的最大值 Φ_{m} 基本保持不变。又由磁路欧姆定律可知，磁路中工作主磁通不变，意味着磁动势 NI 和磁阻 R_{m} 两者的比值不能变。衔铁不能吸合时磁阻增大，磁动势 NI 必须相应增大。由于线圈匝数 N 制造时就确定了，因此，必须增大电流以产生足够的磁动势 NI，才能保持 Φ_{m} 基本不变。

结论：交流电磁铁的衔铁被卡住不能吸合时，磁阻的大大增加会造成激磁电流骤增，通常会超出正常值很多倍，结果导致线圈过热而烧坏。

问题与思考

1. 磁通 Φ、磁导率 μ、磁感应强度 B 和磁场强度 H 分别表征了磁路的哪些特征？这些描述磁场的物理量单位上有何不同？其中 B 和 H 的概念有何异同？

2. 根据物质导磁性能的不同，自然界中的物质可分为哪几类？它们在相对磁导率上的区别是什么？铁磁物质具有哪些磁性能？

3. 何谓不变损耗和可变损耗？

4. 电机、电器的铁心为什么通常做成闭合的？如果铁心回路中存在间隙，对电机、电器有何影响？

1.2 单相变压器的基本结构和工作原理

生活中有很多电器由单相电源供电，如计算机、收音机、充电器等。计算机工作时，内部需要的电源电压有的很低，如 DC5V、DC12V 等，其内部的单相变压器就是将 220V 交流电源变为较低等级电压的一种设备，然后再经整流设备将交流整流为直流，供给各部件如 CPU 及其风扇等使用。

1.2.1 单相变压器的基本结构

图 1.2（a）所示为简单双绕组单相变压器的原理图，其电路图形符号

变压器的基本结构

如图 1.2（b）所示。

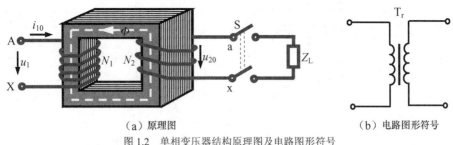

（a）原理图　　　　　　　　　　　（b）电路图形符号
图 1.2　单相变压器结构原理图及电路图形符号

单相变压器的容量一般都比较小，主要由铁心和绕组（又称线圈）两部分组成。变压器的绕组与绕组之间、绕组与铁心之间均相互绝缘。

1．变压器铁心

铁心构成变压器的磁路部分，其作用是利用磁耦合关系实现能量的传递，并作为变压器的机械骨架。变压器的铁心由铁心柱和铁轭两部分组成，铁心柱上套装变压器绕组，铁轭起连接铁心柱使磁路闭合的作用。对铁心的要求是导磁性能要好，磁滞损耗及涡流损耗要尽量小，因此各类变压器用的铁心材料都是软磁性材料：电力系统中为减小铁心中的磁滞损耗和涡流损耗，常用 0.35～0.5mm 厚的硅钢片叠压制成变压器铁心；电子工程中音频电路的变压器铁心一般采用坡莫合金制作，高频电路中的变压器则广泛使用铁氧体。

单相变压器根据铁心结构形式可分为芯式变压器和壳式变压器两大类。芯式变压器是在两侧的铁心柱上放置绕组，形成绕组包围铁心的形式，如图 1.3（a）所示。壳式变压器则是在中间的铁心柱上放置绕组，形成铁心包围绕组的形式，如图 1.3（b）所示。

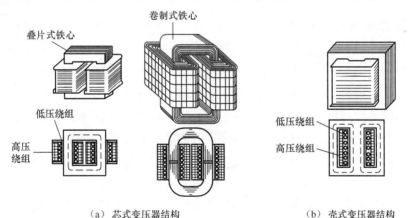

（a）芯式变压器结构　　　　　　　　　（b）壳式变压器结构
图 1.3　单相变压器的结构形式

变压器铁心根据制作工艺可分叠片式铁心和卷制式铁心两种。芯式及壳式变压器的叠片式铁心的制作顺序是：先将硅钢片冲剪成图 1.4 所示的形状，再将一片片硅钢片按其接口交错地插入事先绕好并经过绝缘处理的绕组中，最后用夹件将铁心夹紧。为了减小铁心磁路的磁阻以减小铁心损耗，要求铁心装配时，接缝处的气隙应越小越好。

2．变压器绕组

变压器的绕组构成其电路部分。电力变压器的绕组通常用绝缘的扁铜线或扁铝线绕制而成，小型变压器的绕组一般用漆包线绕制而成。按高压绕组和低压绕组的相互位置和形状不同，单相变压器绕组可分为同心式和交叠式两种，如图 1.5 所示。

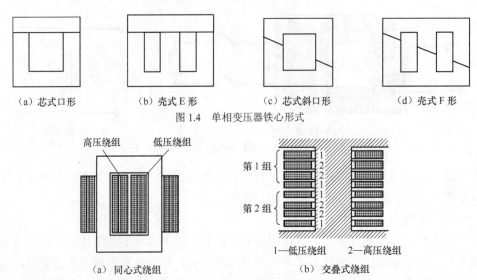

（a）芯式口形　　（b）壳式 E 形　　（c）芯式斜口形　　（d）壳式 F 形

图 1.4　单相变压器铁心形式

高压绕组　低压绕组

第 1 组

第 2 组

1—低压绕组　2—高压绕组

（a）同心式绕组　　　　　　　　（b）交叠式绕组

图 1.5　单相变压器绕组形式

变压器电路部分的作用是接收和输出电能，通过电磁感应实现电量的变换。与电源相接的绕组称为一次侧（或原边、原绕组），单相变压器的原边首、尾端通常用 A、X 表示；与负载相接的绕组称为二次侧（或副边、副绕组），常用 a、x 表示。原边各量一般采用下标"1"，副边各量采用下标"2"。

1.2.2　单相变压器的工作原理

1．单相变压器的空载运行

单相变压器一次侧接交流电源，二次侧开路的运行状态称空载。单相变压器的空载运行如图 1.2（a）所示。当变压器一次侧所接电源电压和频率不变时，根据主磁通原理可知，变压器铁心中通过的工作主磁通 Φ 应基本保持为一个常量。

由变压器铁心的高导磁性可知，产生工作主磁通 Φ 仅需很小的激励电流 i_{10}。单相变压器一次侧空载运行时的激励电流值通常仅为变压器额定电流的 3%～8%。

单相变压器铁心中交变的工作主磁通 Φ，穿过其一次侧时产生自感电压 u_{L1}，其有效值为

$$U_{L1} \approx 4.44 f N_1 \Phi_m$$

由于单相变压器中的损耗很小，通常可认为电源电压 $U_1 \approx U_{L1}$。铁心中的工作主磁通 Φ 穿过二次侧时将在二次侧产生互感电压 U_{M2}，互感电压的有效值为

$$U_{M2} \approx 4.44 f N_2 \Phi_m$$

二次侧由于开路，其电流等于零，因此空载时二次侧不存在损耗，二次侧空载电压 $U_{20} = U_{M2}$。

这样，我们就可得到单相变压器空载情况下一次侧、二次侧电压的比值为

$$\frac{U_1}{U_{20}} \approx \frac{U_{L1}}{U_{M2}} \approx \frac{4.44 f N_1 \Phi_m}{4.44 f N_2 \Phi_m} = \frac{N_1}{N_2} = k \tag{1.6}$$

式中，k 是变压器的变压比，简称变比。显然，变压器一次侧、二次侧电压之比等于其

一次侧、二次侧的匝数之比。当 $k > 1$ 时为降压变压器，当 $k < 1$ 时为升压变压器。

【例1.2】   一台额定容量 $S_N=600kV\cdot A$ 的单相变压器，接在 $U_1=10kV$ 的交流电源上，空载运行时它的二次侧电压 $U_{20}=400V$，试求变比 k 的值为多少；若已知 $N_2=32$ 匝，求 N_1 的值为多少。

【解】   根据式（1.6）可得

$$k \approx \frac{U_1}{U_{20}} = \frac{10000}{400} = 25$$

$$N_1 = kN_2 = 25 \times 32 = 800（匝）$$

【例1.3】   一台额定电压为 35kV 的单相变压器接在工频交流电源上，已知二次侧空载电压 $U_{20}=6.6kV$，铁心截面积为 $1120cm^2$，若选取铁心中的磁感应强度 $B_m=1.5T$，求变压器的变比及其一次侧、二次侧匝数 N_1 和 N_2。

【解】   根据式（1.6）可得

$$k \approx \frac{U_1}{U_{20}} = \frac{35}{6.6} \approx 5.3$$

铁心中的工作主磁通最大值为

$$\Phi_m = B_m S = 1.5 \times 1120 \times 10^{-4} = 0.168 (Wb)$$

一次侧、二次侧匝数分别为

$$N_1 = \frac{U_1}{4.44 f \Phi_m} = \frac{35000}{4.44 \times 50 \times 0.168} \approx 938（匝）$$

$$N_2 = \frac{U_1}{k} = \frac{938}{5.3} \approx 177（匝）$$

2．单相变压器的负载运行

图 1.6 所示为单相变压器的负载运行原理图。单相变压器在负载运行状态下，二次侧感应电压 u_2 将在负载回路中激发电流 i_2。由于 i_2 的大小和相位主要取决于负载的大小和性质，因此常把 i_2 称为负载电流。

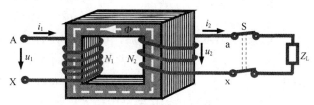

图 1.6 单相变压器的负载运行

负载电流通过二次侧时建立磁动势 $\dot{I}_2 N_2$，$\dot{I}_2 N_2$ 作用于变压器磁路并力图改变工作主磁通 Φ_m。但是 U_1 和电源频率 f 并没有发生变化，因此变压器铁心中的工作主磁通 Φ_m 应维持原值不变。这时，一次侧磁动势将由空载时的 $\dot{I}_{10} N_1$ 相应增大至 $\dot{I}_1 N_1$，其增大的部分恰好与二次侧磁动势 $\dot{I}_2 N_2$ 的影响相抵消，即

$$\dot{I}_1 N_1 + \dot{I}_2 N_2 = \dot{I}_{10} N_1 \qquad\qquad (1.7)$$

上述磁动势平衡方程式中，$\dot{I}_{10}$ 由于很小往往可忽略不计，这时式（1.7）可改写为

$$\dot{I}_1 N_1 + \dot{I}_2 N_2 \approx 0$$

或
$$\dot{I}_1 N_1 \approx -\dot{I}_2 N_2 \qquad (1.8)$$

由式（1.8）可推导出变压器负载运行时的一次侧、二次侧电流有效值的关系为

$$\frac{I_1}{I_2} \approx \frac{N_2}{N_1} = \frac{1}{k} \qquad (1.9)$$

变压器二次侧电流的大小是由负载阻抗的大小来决定的，一次侧电流的大小又取决于二次侧电流。因此，变压器一次侧电流的大小取决于负载。当负载需要的功率增大（或减小）时，即 $I_2 U_2$ 增大（或减小）时，$I_1 U_1$ 随之增大（或减小）。换句话说，就是变压器一次侧通过磁耦合将功率传送给负载，并能自动适应负载对功率的需求。

变压器在能量传递过程中损耗很小，可认为其输入、输出容量基本相等，即

$$U_1 I_1 \approx U_2 I_2 \qquad (1.10)$$

可见，变压器改变电压的同时也改变了电流。

3．单相变压器的变换阻抗作用

仍以图 1.6 为分析对象。图中 $Z_L = U_2 / I_2$，一次侧输入等效阻抗 $Z_1 = U_1 / I_1$。把前面的变压器电压、电流变换关系代入到一次侧输入等效阻抗公式中可得

$$Z_1 = \frac{U_1}{I_1} = \frac{U_2 k}{I_2 / k} = k^2 \frac{U_2}{I_2} = k^2 Z_L \qquad (1.11)$$

式中，Z_1 称为变压器二次侧阻抗；Z_L 归结到变压器一次侧电路后的折算值，也称为二次侧对一次侧的反映阻抗。显然，通过改变变压器的变比，可以达到阻抗变换的目的。

【例 1.4】　已知某收音机输出变压器的一次侧匝数 $N_1 = 600$ 匝，二次侧匝数 $N_2 = 30$ 匝，原来接有阻抗为 16Ω 的扬声器，现要改装成 4Ω 的扬声器，求二次侧匝数改为多少。

【解】　接 $Z_L = 16\Omega$ 扬声器时，已达阻抗匹配，原来的变比为

$$k = N_1 / N_2 = 600 / 30 = 20$$

则
$$Z_1 = k^2 Z_L = 20^2 \times 16 = 6400 \text{（}\Omega\text{）}$$

改装成 $Z_L{}' = 4\Omega$ 的扬声器后，根据式（1.11）可得

$$k'^2 = 6400 / 4 = 1600 \qquad \text{则 } k' = 40$$

因此
$$N_2{}' = N_1 / k' = 600 / 40 = 15 \text{（匝）}$$

电子技术中常采用变压器的阻抗变换功能，来满足电路中对负载上获得最大功率的要求。例如，收音机、扩音机的扬声器阻抗值通常为几欧或十几欧，而功率输出级常常要求负载阻抗为几十欧或几百欧。这时，为使负载获得最大输出功率，就需在电子设备功率输出级和负载之间接入一个输出变压器，并适当选择输出变压器的变比，以满足阻抗匹配的条件，使负载上获得最大功率。

1.2.3　变压器的外特性及性能指标

正确、合理地使用变压器，必须了解变压器在运行时的主要特性及性能指标。

变压器的外特性
及性能指标

1．变压器的外特性

变压器接入负载后，随着负载电流 i_2 的增加，二次侧绕组的阻抗压降也增加，使二次侧

输出电压 u_2 随着负载电流的变化而变化。另一方面，当一次侧电流 i_1 随 i_2 的增加而增加时，一次侧绕组的阻抗压降也增加。由于电源电压 u_1 不变，则一次侧、二次侧感应电压 u_1 和 u_{20} 都将有所下降，当然也会影响二次侧输出电压 u_2 下降。变压器的外特性就是描述输出电压 u_2 随负载电流 i_2 变化的关系，即 $u_2=f(i_2)$。若把两者之间的对应关系用曲线表示出来，我们就可得到图 1.7 所示的变压器外特性曲线。

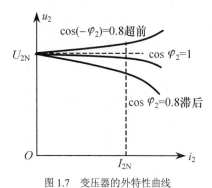

图 1.7　变压器的外特性曲线

当负载性质为纯电阻时，功率因数 $\cos\varphi_2=1$，u_2 随 i_2 的增加略有下降；当功率因数 $\cos\varphi_2=0.8$，负载为感性负载时，u_2 随 i_2 的增加下降的程度加大；当 $\cos(-\varphi_2)=0.8$，负载为容性负载时，u_2 随 i_2 的增加而增加。由此可见，负载的功率因数对变压器外特性的影响很大。

2．电压调整率

变压器外特性变化的程度，可以用电压调整率 $\Delta U\%$ 表示。电压调整率定义为：变压器由空载到满载（额定电流为 I_{2N}）时，二次侧输出电压 u_2 的变化程度，即

$$\Delta U\% = \frac{U_{20}-U_{2N}}{U_{20}} \times 100\% \tag{1.12}$$

电压调整率反映了变压器运行时输出电压的稳定性指标，是变压器的主要性能指标之一。一般变压器的漏阻抗很小，故电压调整率不大，为 2%~3%。若负载的功率因数过低，会使电压调整率大为增加，负载电流此时的波动必将引起供电电压较大的波动，给负载运行带来不良的影响。为此，当电压波动超过用电的允许范围时，必须进行调整。提高线路的功率因数，也能起到减小电压调整率的作用。

3．变压器的损耗和效率

在能量传递的过程中，变压器内部将产生损耗。变压器内部的损耗包括铜损耗和铁损耗两部分，即 $\Delta P=\Delta P_{Cu}+\Delta P_{Fe}$。在电源电压有效值 U_1 和频率 f 不变的情况下，无论空载或满载，变压器的铁损耗 ΔP_{Fe} 几乎是一个固定值，从而印证了铁损耗 ΔP_{Fe} 为不变损耗；而变压器的铜损耗 $\Delta P_{Cu}=I_1^2 R_1+I_2^2 R_2$，与一次侧、二次侧电流的平方成正比，即 ΔP_{Cu} 随负载的大小变化而变化，又印证了铜损耗是可变损耗。

变压器的效率是指变压器输出功率 P_2 与输入功率 P_1 的比值，通常用百分数表示，即

$$\eta = \frac{P_2}{P_1} \times 100\% = \frac{P_2}{P_2+\Delta P_{Cu}+\Delta P_{Fe}} \times 100\% \tag{1.13}$$

变压器没有旋转部分，内部损耗也较小，故效率较高。控制装置中的小型电源变压器效率通常在 80% 以上，而电力变压器的效率一般可达 95% 以上。

实践证明：变压器的负载为满负荷的 70% 左右时，其效率可达最高值，而并非运行在额定负载时效率最高。因此，实用中要根据负载情况采用最好的运行方式。譬如控制变压器运行的台数、投入适当容量的变压器等，以使变压器能够处在高效率情况下运行。

4．变压器的铭牌和额定值

（1）变压器铭牌。为使变压器安全、经济、合理地运行，同时让用户对变压器的性能有

所了解，制造厂家对每一台变压器都安装了一块铭牌，上面标明了变压器型号及各种额定数据，只有理解铭牌上各种数据的含义，才能正确地使用变压器。图 1.8 所示为三相电力变压器的铭牌。

电力变压器

产品型号　S7-500/10　　　标准代号　××××
额定容量　500kV·A　　　　产品代号　××××
额定电压　10 kV　　　　　出厂序号　××××

额定频率　50Hz　三相
连接组别标号　Y，yn0
阻抗电压　4%
冷却方式　油冷
使用条件　户外

开关位置	高压		低压	
	电压/V	电流/A	电压/V	电流/A
I	10500	27.5		
II	10000	28.9	400	721.7
III	9500	30.4		

××变压器厂　　××××年　　××月

图 1.8　三相电力变压器铭牌

（2）变压器的额定值。图 1.8 所示是一个配电站用的降压变压器，其铭牌数据中显示将 10kV 的高压降为 400V 的低压，供三相负载使用。下面具体解释一下铭牌数据中的主要参数。

① 产品型号。产品型号中的 S 表示三相变压器，7 为设计序号，500 表示变压器额定容量为 500kV·A，斜杠后的 10 表示高压侧电压是 10 kV。

② 额定电压。铭牌数据中的高压指高压侧额定电压 U_{1N}，指加在一次侧绕组上的正常工作电压值。U_{1N} 是根据变压器的绝缘强度和允许发热等条件规定的。高压侧标出的 3 个电压值，可根据高压侧供电电压的实际情况，在额定值的 ±5% 范围内加以选择，当供电电压偏高时可调至 10500V，偏低时则调至 9500V，以保证低压侧的额定电压为 400V 左右。

铭牌数据中的低压指低压侧额定电压 U_{2N}，低压侧（接负载一侧）额定电压 U_{2N} 是指变压器在空载时，高压侧加上额定电压后，二次侧绕组两端的电压值。变压器接上负载后，二次侧绕组的输出电压 U_2 将随负载电流的增加而下降，为保证额定负载时输出 380V 的电压，考虑到电压调整率为 ±5%，该变压器空载时二次侧绕组的额定电压 U_{2N} 定为 400 V。在三相变压器中，额定电压均指线电压。

③ 额定电流。额定电流是指根据变压器容许发热的条件而规定的满载电流值。在三相变压器中，额定电流是指线电流。

④ 额定容量。额定容量是指变压器在额定工作状态下，二次侧绕组的视在功率，其单位为 kV·A。

单相变压器的额定容量为

$$S_N = \frac{U_{2N}I_{2N}}{1000}$$

三相变压器的额定容量为

$$S_N = \frac{\sqrt{3}U_{2N}I_{2N}}{1000}$$

⑤ 连接组别标号。连接组别标号指三相变压器一、二次侧绕组的连接方式。其中 Y 指变压器的高压绕组作星形连接（D 表示高压绕组作三角形连接），y 表示低压侧绕组作星形连

接（d 表示低压绕组作三角形连接），N 表示高压侧绕组作星形连接时带有中线（n 表示低压侧绕组作星形连接时带有中线）。0 表示一次侧绕组和二次侧绕组的电压间的相角差为 0。

⑥ 阻抗电压。阻抗电压又称为短路电压。它标志在额定电流时变压器阻抗压降的大小。通常用它与额定电压 U_{1N} 的百分比来表示。

问题与思考

1．欲制作一个 220V/110V 的小型变压器，能否一次侧绕 2 匝，二次侧绕 1 匝？为什么？

2．已知变压器一次侧额定电压为工频交流 220V，为使铁心不致饱和，规定铁心中工作磁通的最大值不能超过 0.001Wb，则变压器铁心上一次侧至少应绕多少匝？

3．一个交流电磁铁，额定值为工频 220V，现不慎接在了 220V 的直流电源上，会不会烧坏，为什么？若接于 220V、50Hz 的交流电源上又如何？

4．变压器能否变换直流电压，为什么？若不慎将一台额定电压为 110V/36V 的小容量变压器的一次侧接到 110V 的直流电源上，二次侧会产生什么情况？一次侧会产生什么情况？

5．变压器运行中有哪些基本损耗？其可变损耗指的是什么？不变损耗又是指什么？

1.3 三相电力变压器

现代电力系统普遍采用三相制，因此三相电力变压器在输配电工程中得到了及其广泛的使用。三相电力变压器可以由 3 台相同的单相变压器组成，称为三相变压器组，也可以把 3 个铁心柱用铁轭连在一起，构成一台三相心式变压器。

三相电力变压器

1.3.1 三相电力变压器的结构组成

1．三相电力变压器的磁路系统

三相电力变压器可以由 3 台同容量的单相变压器组成，然后根据需要将一次绕组及二次绕组分别接成星形或三角形。图 1.9 所示为一次侧、二次侧绕组均用星形连接的三相电力变压器组的磁路系统。

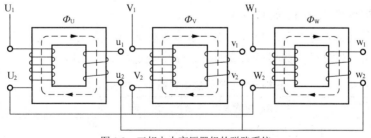

图 1.9　三相电力变压器组的磁路系统

显然，三相电力变压器组各相之间只有电的联系，由于各相主磁通均沿各自的磁路闭合，因此相互独立、彼此无关而没有磁的联系。

三相电力变压器的另一种结构形式是把 3 个单相变压器合成一个三铁心柱的结构形式，称为三相心式变压器，如图 1.10（a）所示。

由于三相绕组接入对称的三相交流电源时，三相绕组中产生的主磁通也是对称的，且三相磁通之和等于零，即中间铁心柱的磁通为零，因此中间铁心柱可以省略，成为图1.10（b）所示形式，实际中为了简化变压器铁心的剪裁及叠装工艺，均采用将U、V、W 3个铁心柱置于同一个平面上的结构形式，如图1.10（c）所示。

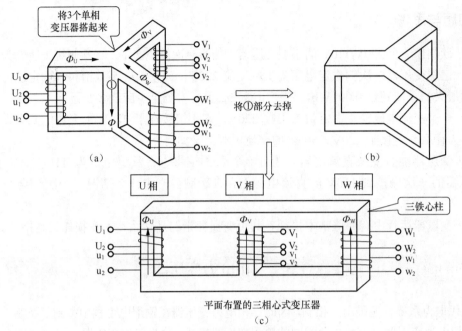

图1.10　三相心式变压器的磁路系统

三相电力变压器按绕组数目可分为双绕组变压器和三绕组变压器。在一相铁心上套一个一次侧绕组和一个二次侧绕组的变压器称为双绕组变压器。5600kV·A 大容量的变压器有时在一个铁心上绕3个绕组，用以连接3种不同的电压。例如，在220kV、110kV 和35kV 的电力系统中就常采用三绕组变压器。

按冷却介质来分，变压器可分为油浸式变压器、干式变压器以及水冷式变压器。干式变压器也叫空气冷却式变压器，多用于低电压、小容量或防火、防爆场所；油浸式变压器常用于电压较高、容量较大的场所，电力变压器大多采用油浸式变压器。

2．三相电力变压器的电路系统

三相电力变压器的电路系统是指三相变压器各相的一次侧绕组、二次侧绕组的连接情况。为表明连接形式，对绕组的首端和末端的标志作出规定，见表1.1。

表 1.1　　　　　　　　三相电力变压器绕组首端和末端的标志

绕组名称	首　端	末　端	中　点
高压绕组	U_1　V_1　W_1	U_2　V_2　W_2	N
低压绕组	u_1　v_1　w_1	u_2　v_2　w_2	n
中压绕组	U_{1m}　V_{1m}　W_{1m}	U_{2m}　V_{2m}　W_{2m}	N_m

三相电力变压器无论是一次侧绕组还是二次侧绕组，均有星形和三角形两种连接方式。

星形连接是把三相绕组的末端 U_2、V_2、W_2（或 u_2、v_2、w_2）连接在一起，而把它们的首端 U_1、V_1、W_1（或 u_1、v_1、w_1）分别用导线引出，如图1.11（a）所示。

三角形连接是把一相绕组的末端和另一相绕组的首端连在一起,顺次连成一个闭合回路,然后从首端 U_1、V_1、W_1(或 u_1、v_1、w_1)用导线引出,如图 1.11(b)及图 1.11(c)所示。其中图 1.11(b)的三相绕组按 U_2W_1、W_2V_1、V_2U_1 的次序连接,称为逆序(逆时针)三角形连接;而图 1.11(c)的三相绕组按 U_2V_1、W_2U_1、V_2W_1 的次序连接,称为顺序(顺时针)三角形连接。

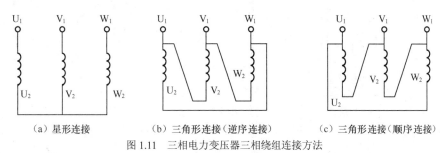

(a)星形连接　　　　(b)三角形连接(逆序连接)　　　　(c)三角形连接(顺序连接)

图 1.11　三相电力变压器三相绕组连接方法

三相电力变压器高、低压绕组用星形连接和三角形连接时,在旧的国家标准中分别用 Y 和 △ 表示。新的国家标准规定:高压绕组星形连接用 Y 表示,三角形连接用 D 表示,中性线用 N 表示;低压绕组星形连接用 y 表示,三角形连接用 d 表示,中性线用 n 表示。

三相电力变压器一次侧、二次侧绕组不同接法的组合形式有:Y,y;YN,d;Y,d;Y,yn;D,y;D,d 等。不同形式的组合,各有优缺点。对于高压绕组来说,接成星形最为有利,因为它的相电压只有线电压的 $1/\sqrt{3}$,当中性点引出接地时,绕组对地的绝缘要求降低了。大电流的低压绕组,采用三角形连接可以使导线截面比星形连接时小 $1/\sqrt{3}$,便于绕制,所以大容量的变压器通常采用"Y,d"或"YN,d"连接。容量不太大而且需要中性线的变压器,广泛采用"Y,yn"连接,以适应照明与动力混合负载需要的两种电压。

1.3.2　三相电力变压器的连接组别

三相电力变压器绕组的不同引线端具有不同的标识,还可以用一种特别规定的符号来表示,即时钟表示法。所谓时钟表示法,就是把高压侧和低压侧的电压相量分别视为时钟的长针和短针,针头为首端,把长针固定在 12 点的位置上,再看短针所指的位置,并以短针所指示的钟点数作为变压器的连接组别标号。

我国国家标准规定只生产下列 5 种连接组别的电力变压器:Y,d11;Y,yn0;YN,d11;YN,y0;Y,y0。其中前 3 种最为常用,其主要用途有以下几点。

① 图 1.12 所示连接组别标号是 Y,d11(y/d-11)。这种连接组别通常用于低压侧电压高于 400V、高压侧电压为 35kV 及以下的输配电系统中。

② Y,yn0(Y/y0-12):这种连接组别一般用在低压侧电压为 400V/230V 的配电变压器中,供电给动力和照明混合负载。三相动力负载用 400V 线电压,单相照明负载用 230V 相电压。yn0 表示星形连接的中心点引至变压器箱壳的外面再与"地"相接。Y,y0 连接组别如图 1.13 所示。

③ YN,d11(y0/d-11):这种连接组别常用在高压侧需要中心点接地的输电系统中,例如 110kV 及 220kV 等超高压系统中。此外,也可以用在低压侧电压高于 400V、高压侧电压为 35kV 及以下的输配电系统中。

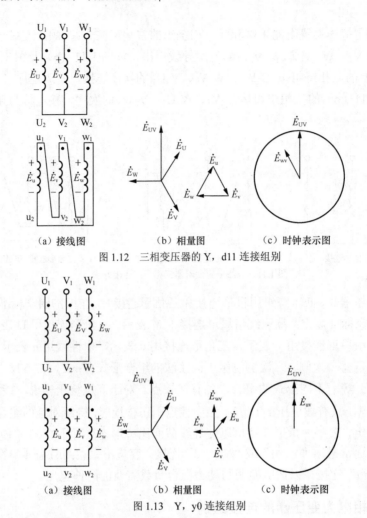

（a）接线图　　　　　（b）相量图　　　　　（c）时钟表示图

图 1.12　三相变压器的 Y，d11 连接组别

（a）接线图　　　　　（b）相量图　　　　　（c）时钟表示图

图 1.13　Y，y0 连接组别

1.3.3　三相电力变压器的并联运行

1．三相电力变压器并联运行的目的

供配电技术中常常采用变压器的并联运行方式，目的是提高供电的可靠性和变压器运行的经济性。

例如，某工厂变电所采用两台变压器并联运行时，如果其中一台变压器发生故障或检修时，只要将其从电网中切除，另一台变压器仍能正常供电，从而提高了供电的可靠性。

2．三相电力变压器并联运行的条件

为了保证并联运行的变压器在空载时并联回路没有环流，负载运行时各变压器负荷分配与容量成正比，并联运行的变压器必须满足以下条件。

① 并联各变压器的连接组别标号相同。

② 并联各变压器的变比相同（允许有±0.5%的差值）。

③ 并联各变压器的短路电压相等（允许有±10%的差值）。

除上述 3 个条件外，并联运行的变压器的容量比一般不宜超过 3∶1。

如果并联变压器的连接组别标号不同，就会在并联运行的回路中产生环流，而且此环流通常是额定电流的几倍，这么大的电流将使变压器很快烧坏。因此，连接组别标号不同的变压器绝不能并联运行。

若将变比不同的变压器并联运行，二次侧电压将造成不平衡，空载时就会因电压差而出现环流，变比相差越大，环流也越大，从而影响到变压器容量的合理分配，因此并联运行的变压器，其变比不允许超过±0.5%。

如果并联运行的变压器短路电压不同，由于负载电流与短路电压成反比，易造成负载分配不合理，因此，短路电流差值不允许超过±10%。

1.3.4 三相电力变压器的配件

三相电力变压器主要部分是铁心和绕组，除此之外，还有其他配件，如油箱、储油柜、吸湿器、防爆管、绝缘套管、散热器分接开关和气体继电器等。三相电力变压器实物如图 1.14 所示。

1．油箱

油箱是变压器的外壳，油箱内充满了绝缘性能良好的变压器油，铁心和绕组安装和浸放在油箱内，靠纯净的变压器油对铁心和绕组起绝缘和散热作用。

（a）输电升压变压器　　　（b）配电降压变压器

图 1.14　三相电力变压器实物图

2．储油柜

当变压器油的体积随着油温变化膨胀或缩小时，储油柜起着储油及补油的作用，以保证油箱内充满变压器油。储油柜侧面装有一个油位计，从油位计中可以监视油位的变化。

3．吸湿器

吸湿器由一根铁管和玻璃容器组成，内装硅胶等干燥剂。当储油柜内的空气随变压器油的体积变化膨胀或缩小时，排出或吸入的空气都经过吸湿器，吸湿器内的干燥剂吸收空气中的水分，对空气起过滤作用，从而保持变压器油的清洁。

4．防爆管

防爆管又称喷油管，装于变压器顶盖上，喇叭形的管子与储油柜或大气连通，管口由薄膜封住。当变压器内部有故障时，油温升高，分解产生大量气体，使油箱内压力剧增。这时防爆管薄膜破碎、油及气体由管口喷出，防止变压器的油箱爆炸或变形。

5．绝缘套管

变压器的各侧绕组引出线必须采用绝缘套管，以便于连接各侧引线。套管有纯瓷、充油和电容等不同形式。

6．散热器

散热器又称冷却器，其形式有瓦楞形、扇形、圆形和排管等。当变压器上层油温与下层油温产生温差时，通过散热器形成油的对流，经散热器冷却后流回油箱，起到降低变压器温度的作用。为提高变压器油的冷却效果，常采用风冷、强油风冷和强油水冷等措施。散热器的散热面积越大，散热效果越好。

7．分接开关

分接开关是调整电压比的装置。双绕组变压器的一次侧绕组及三绕组变压器的一次侧、二次侧绕组一般都有 3～5 个分接头位置，操作部分装于变压器顶部，经传动杆伸入变压器的油箱。3 个分接头的中间分接头为额定电压的位置，相邻分接头电压相差±5%；多分接头的变压器相邻分接头电压相差±2.5%，根据系统运行的需要，按照指示的标记，来选择分接头的位置。

电力变压器的有载调压有复合式有载分接开关调压和组合式有载调压开关调压两种。其中，有载调压就是在分接切换过程中不中断绕组通过的电流，同时也不允许将两个分接头间的一段绕组短路。因此，在切换分接头的过程中一般采用一种过渡电路，过渡电路中具有限制电流的电抗或电阻。采用电抗式过渡电路的叫电抗式有载分接开关，这种调压装置体积大，消耗材料多，成本高，目前已经不再采用。目前广泛采用"油中切换，电阻过渡"埋入型，即把切换开关埋入变压器油箱内的电阻式有载分接开关。过渡电路采用电阻限流，其分接开关具有体积小、用料少等优点。

8．气体继电器

气体继电器是变压器的主要保护装置，装在变压器的油箱和储油柜的连接管上。当变压器内部有故障时，气体继电器的上接点接信号回路，下接点接开关的跳闸回路。

除上述部分外，三相电力变压器还有温度计、吊装环、入孔支架等附件。

1.3.5 三相电力变压器台数的选择、容量的确定及过负荷能力

1．电力变压器台数的选择

在选择电力变压器时，应选用低损耗节能型变压器，如 S9 系列或 S10 系列。对于安装在室内的电力变压器，通常选择干式变压器；如果变压器安装在多尘或有腐蚀性气体的场所，一般需选择密闭型变压器或防腐型变压器。台数的选择原则如下。

（1）满足用电负荷对可靠性的要求。在有一、二级负荷的变电所中，宜选择两台主变压器，当在技术经济上比较合理时，主变压器也可选择多于两台。三级负荷一般选择一台主变压器，如果负荷较大时，也可选择两台主变压器。

（2）负荷变化较大时，宜采用经济运行方式的变电所，可考虑采用两台主变压器。

（3）降压变电所与系统相连的主变压器选择原则一般不超过两台。

（4）在选择变电所主变压器台数时，还应适当考虑负荷的发展，留有扩建增容的余地。

2．变压器容量的确定

（1）单台变压器容量的确定。单台变压器的额定容量 S_N 应能满足全部用电设备的计算负荷 S_e，留有余量，并考虑变压器的经济运行，即

$$S_N=（1.15～1.4）S_e \tag{1.14}$$

变压器，其容量不宜大于 630kV·A。

（2）两台主变压器容量的确定。装有两台主变压器时，每台主变压器的额定容量 S_N 应同时满足以下两个条件：

① 当任一台变压器单独运行时，应满足总计算负荷的 60%～70% 的要求，即

$$S_N≥（0.6～0.7）S_e \tag{1.15}$$

② 任一台变压器单独运行时，应能满足全部一、二级负荷总容量的需求，即

$$S_N≥S_{Ie}+S_{IIe} \tag{1.16}$$

（3）考虑负荷发展，留有一定的容量。通常变压器容量和台数的确定与工厂主接线方案相对应，因此在设计主接线方案时，同时要考虑到用电单位对变压器台数和容量的要求。单台主变

压器的容量选择一般不宜大于 1250kV·A；对装在楼上的电力变压器，单台容量不宜大于 630kV·A；工厂车间变电所中，单台变压器容量不宜超过 1000kV·A；对居住小区的变电所，单台油浸式变压器容量不宜大于 630kV·A。另外，还要考虑负荷的发展，留有安装主变压器的余地。

【例 1.5】 某车间 10kV/0.4kV 变电所总计算负荷为 1350kV·A，其中一、二级负荷量为 680kV·A，试确定主变压器台数和单台变压器容量。

【解】 由于车间变电所具有一、二级负荷，所以应选用两台变压器。根据式（1.15）和式（1.16）可知，任一台变压器单独运行时均要满足 60%～70%的总负荷量，即

$$S_N \geqslant (0.6\sim0.7)\times1350=810\sim945\ (\text{kV·A})$$

且任一台变压器均应满足 $S_N \geqslant S_{\text{I}e}+S_{\text{II}e} \geqslant 630\ (\text{kV·A})$

一般变压器在运行时不允许过负荷，所以可选择两台容量均为 1000kV·A 的电力变压器，具体型号为 S9-1000/10。

3. 电力变压器的过负荷能力

变压器为满足某种运行需要而在某些时间内允许超过其额定容量运行的能力称为过负荷能力。变压器的过负荷通常可分为正常过负荷和事故过负荷两种。

（1）变压器的正常过负荷能力。电力变压器运行时的负荷是经常变化的，日常负荷曲线的峰谷差可能很大。根据等值老化原则，电力变压器可以在一小段时间内允许超过额定负荷运行。

变压器的正常过负荷能力，是以不牺牲变压器正常寿命为原则来制定的，同时还规定过负荷期间负荷和各部分温度不得超过规定的最高限值。我国的限值为：绕组最热点温度不得超过 140℃，自然油循环变压器负荷不得超过额定负荷的 1.3 倍，强迫油循环变压器负荷不得超过额定负荷的 1.2 倍。

（2）变压器的事故过负荷。事故过负荷又称为短时急救过负荷。当电力系统发生事故时，保证不间断供电是首要任务，加速变压器绝缘老化是次要的。所以，事故过负荷和正常过负荷不同，它是以牺牲变压器寿命为代价的。事故过负荷时，绝缘老化率允许比正常过负荷时高得多，即允许较大的过负荷，但我国规定绕组最热点的温度仍不得超过 140℃。

考虑到夏季变压器的典型负荷曲线，其最高负荷低于变压器的额定容量时，每低 1℃可允许过负荷 1%，但以过负荷 15%为限。正常过负荷允许最高不得超过额定容量的 20%。

对油浸式电力变压器事故过负荷运行时间允许值的规定见表 1.2 和表 1.3。

表 1.2　油浸式自然循环冷却变压器事故过负荷运行时间允许值（h：min）

过负荷倍数	环境温度/℃				
	0	10	20	30	40
1.1	24：00	24：00	24：00	19：00	7：00
1.2	24：00	24：00	13：00	5：50	2：45
1.3	23：00	10：00	5：30	3：00	1：30
1.4	8：30	5：10	3：10	1：45	0：55
1.5	4：45	3：00	2：00	1：10	0：35
1.6	3：00	2：05	1：20	0：45	0：18
1.7	2：05	1：25	0：55	0：25	0：09
1.8	1：30	1：00	0：30	0：13	0：06
1.9	1：00	0：35	0：180	0：09	0：05
2.0	0：40	0：22	0：11	0：06	+

注：表中“+”表示不允许运行。

表1.3　　　　油浸式强迫油循环冷却变压器事故过负荷运行时间允许值（h：min）

过负荷倍数	环境温度/℃				
	0	10	20	30	40
1.1	24：00	24：00	24：00	19：00	7：00
1.2	24：00	24：00	13：00	5：50	2：45
1.3	23：00	10：00	5：30	3：00	1：30
1.4	8：30	5：10	3：10	1：45	0：55
1.5	4：45	3：00	2：00	1：10	0：35
1.6	3：00	2：05	1：20	0：45	0：18
1.7	2：05	1：25	0：55	0：25	0：09

问题与思考

1．电力变压器主要由哪些部分组成？变压器在供配电技术中起什么作用？

2．变压器并联运行的条件有哪些？其中哪一条应严格执行？

3．单台变压器容量确定的主要依据是什么？两台主变压器的容量又应如何确定？

1.4　其他常用变压器

实际工程技术中，除前面介绍的单相变压器和三相电力变压器外，还有各种用途的特殊变压器，本节仅介绍常用的自耦变压器、电焊变压器和仪用互感器。

1.4.1　自耦变压器

电力变压器是双绕组变压器，其一次侧、二次侧绕组相互绝缘而绕在同一铁心柱上，两绕组之间仅有磁的耦合而无电的联系。自耦变压器只有一个绕组，一次侧绕组的一部分兼作二次侧绕组。两者之间不仅有磁的耦合，而且还有电的直接联系。

自耦变压器的工作原理和普通双绕组变压器一样，由于同一主磁通穿过两绕组，所以一次侧、二次侧电压的变比仍等于一次侧、二次侧绕组的匝数比。

实验室使用的自耦变压器通常做成可调式的。它有一个环形的铁心，线圈绕在环形的铁心上。转动手柄时，带动滑动触点来改变二次侧绕组的匝数，从而均匀地改变输出电压，这种可以平滑调节输出电压的自耦变压器称为调压器。图1.15所示为单相和三相自耦调压器外形图。

自耦调压器的最大优点是可以通过转动手柄来获得所需要的各种电压，它不仅用于降压，而且输出端还可以稍高于一次侧的电压。实验室中广泛使用的单相自耦调压器，输入电压为220V，输出电压可在0～250V任意调节。

自耦变压器的一次侧、二次侧绕组电路直接连接在一起，因此一旦高压侧出现电气故障必然会波及低压侧，这是它的缺点。当高压绕组的绝缘损坏时，高电压会直接传到二次侧绕组，这是很不安全的。由于这

（a）单相　　　　　（b）三相

图1.15　自耦调压器外形图

个原因，接在变压器低压侧的电气设备，必须有防止过电压的措施，而且规定不准把自耦变压器作为安全电源变压器使用。此外，自耦调压器接电源之前，一定要把手柄转到零位。

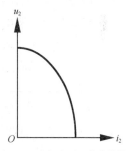
电焊变压器

1.4.2 电焊变压器

图 1.16 所示为交流电焊机，在生产实际中应用很广泛，它实质上是一种特殊的降压变压器，也称为电焊变压器或弧焊变压器。电弧焊靠电弧放电的热量来融化焊条和金属以达到焊接金属的目的。为保证焊接质量和电弧燃烧的稳定性，对电焊变压器要求如下。

① 具有较高的起弧电压。起弧电压应达到 60～70V，额定负载时约为 30V。

② 起弧以后，要求电压能够迅速下降，同时在短路时（如焊条碰到工件上，二次输出电压为零），次级电流也不要过大，一般不超过额定值的两倍。也就是说，电焊变压器要具有陡降的外特性，如图 1.17 所示。

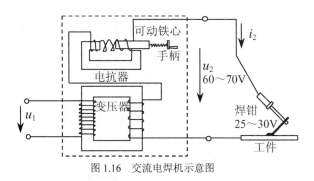

图 1.16 交流电焊机示意图

图 1.17 电焊变压器的外特性

③ 为了适应不同的焊接要求，要求电焊变压器的焊接电流能够在较大的范围内进行调节，而且工作电流要比较稳定。

为满足上述要求，交流电焊机的电源由一个能提供大电流的变压器和一个可调电抗器组成。当工作时，工件内有电流通过，形成电弧。电抗器起限流作用，并产生电压降，使焊钳与工件间的电压降低，形成陡降的外特性。为了维持电弧，工作电压通常为 25～30V。当电弧长度变化时，电流变化比较小，可保证焊接质量和电弧的稳定。为了满足大小不同、厚度不同的工件对焊接电流的要求，可调节电抗器可动铁心的位置，即改变电抗器磁路中的气隙，使电抗随之改变，以调节焊接电流。电抗器的铁心有一定的气隙，通过转动螺杆可以改变气隙的长短。当气隙加长后，磁阻增大，由磁路欧姆定律可知，此时的电流增大；当气隙减小时，工作电流随之减小。由此可见，要获得不同大小的焊接电流，通过改变气隙的长短可实现。通常手工电弧焊使用的电流范围是 50～500A。

1.4.3 仪用互感器

仪用互感器

在电力系统中，电压可高达几百兆伏，电流可大到几万安培。如此大的电量要直接用于检测或取作继电保护装置用电是不可能的。此时，可用特种变压器将一次侧的高电压或大电流，按比例缩小为二次侧的低电压或小电流，以供测量或继电保护装置使用。这种专门用来传递电压或电流信息，以供测量或继电保护装置使用的特种变压器，称为仪用变压器，又称仪用互感器。

仪用互感器按其用途不同，可分为电压互感器和电流互感器两种，其中用于测量高电压的互感器称为电压互感器；用于测量大电流的互感器为电流互感器。

1．电压互感器

电压互感器实质上是一种变压比较大的降压变压器，原理图如图 1.18 所示。

电压互感器的一次侧绕组并联于被测电路中，二次侧绕组接电压表或其他仪表，如功率表的电压线圈。使用电压互感器时应注意以下几点。

① 二次侧不允许短路。

② 互感器的铁心和二次侧绕组的一端必须可靠接地。

③ 使用时，在二次侧并接的电压线圈或电压表不宜过多，以免二次侧负载阻抗过小，导致一次侧、二次侧电流增大，使电压互感器内阻抗压降增大，影响测量的精度。

④ 通常电压互感器低压侧的额定值均设计为 100V。

2．电流互感器

图 1.19 所示是电流互感器的原理图。电流互感器的一次侧绕组是由一匝或几匝截面积较大的导线构成的，直接串联在被测电路中，流过的是被测电流。电流互感器的二次侧绕组的匝数较多，且与电流表或功率表的电流线圈构成闭合回路。由于电流表和其他仪表的电流线圈阻抗很小，因此电流互感器运行时，接近于变压器短路运行。

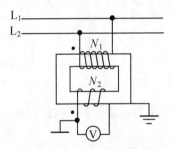

图 1.18　电压互感器原理图

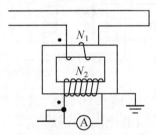

图 1.19　电流互感器原理图

使用电流互感器时应注意以下几点。

① 二次侧不允许开路。因为一旦二次侧开路，二次侧电流的去磁作用将消失，这时流过一次侧绕组的大电流便成为励磁电流。如此大的励磁电流将使电流互感器铁心中的磁通猛增，导致铁心过热使电流互感器绕组绝缘损坏，甚至危及人身安全。为了在更换仪表时不使电流互感器二次侧开路，通常在电流互感器的二次侧并联一开关，在更换仪表之前，先将开关闭合，然后更换仪表。

② 电流互感器二次侧绕组必须可靠接地，以防止由于绝缘损坏而将一次侧高压传到二次侧，避免事故发生。

③ 电流互感器二次侧所接的仪表阻抗不得大于规定值。否则，会降低电流互感器的精确度。为使测量仪表规格化，通常将电流互感器二次侧额定电流设计成标准值，一般为 5A 或 1A。

问题与思考

1．自耦变压器为什么不能作安全变压器使用？

2．电焊变压器的外特性和普通变压器相比有何不同？

3．电压互感器与电流互感器在使用时应注意什么？

1.5 变压器的发展前景

电力变压器是电力输送的关键设备，目前我国变压器自身的损耗基本上占全国发电量的 3%左右。因此，降低电力变压器的损耗，推广节能型变压器产品是变压器的发展趋势。

1．节能型干式变压器

节能型干式变压器的的诞生，是人类材料科学进步的一次大的"飞跃"，它降低了变压器三分之一以上的成本，改变了只能依靠绝缘油来保护变压器的电网格局。

节能型干式变压器不采用常规的绝缘铜绕组，而是采用聚合物绝缘的圆导体电缆绕组。这样可使变压器的磁场均匀分布，电缆表面与地等电位，安装时无须套管，电缆可直接通向数千米外的终端。

目前，节能型干式变压器的电压等级已达到 145kV，容量在 10～200MV·A，广泛用于高层建筑、机场、码头等机械设备场所和用于局部照明。

车载式干式变压器的使用，更是使野外建筑工程解决了携带笨重柴油发电机的问题。在美国、德国、日本等发达国家，新型干式变压器的产量已经占据配电变压器产品的 20%以上，成套变电站中，干式变压器已经占 80%～90%。我国电力工业始终处于跨越发展趋势，因此新型干式变压器的使用也处于世界前沿。

2．非晶变压器

非晶变压器与传统的硅钢片铁心变压器不同，它可以把变压器的空载损耗降低至只有传统变压器损耗的 1/8。因此，其作为防止环境温室效应的有利技术引起了人们的重视。

非晶变压器一般以 2000kV·A 以下的中小容量为主，大容量的多数是 3000～4000kV·A，而日本非晶公司生产的 5000kV·A 的非晶变压器已经投入使用，据称这台非晶变压器是同类产品中容量最大的。

5000kV·A 非晶变压器的投入使用，将进一步推动非晶变压器的广泛应用。

3．超导变压器

超导变压器是公认最有可能取代常规变压器的高新技术。

传统的变压器绕组中的铜损耗，占变压器满负荷运行时总损耗的绝大部分，采用高温超导绕组可以大大降低这部分损耗；另外，与普通变压器容量相同下，超导变压器的体积仅为普通变压器体积的 40%～60%，并可直接安装在需增容的现有变电站内，从而节省大量基建经费；超导变压器可用液氮代替油料，消除火灾隐患；超导线材的使用大大提高了导电容量，并实现了冷却装置的小型、轻型化；变电效率高达 99.4%，因此，超导变压器具有体积小、效率高、无环境污染和无火灾隐患等突出优点，并具有故障限流功能。

超导变压器是根据城市地下变电站、高层建筑及工厂等用电大户的需要而设计的。目前，美国超导公司、德国西门子公司以及日本九洲电力公司等均开发出用于配电的实验高温超导变压器，且产品已投入运行。

应用实践

变压器参数测定及绕组极性判别

一、实验目的

1. 学习单相变压器的空载、短路的实验方法。
2. 能够利用单相变压器的空载、短路实验测定单相变压器的参数。
3. 掌握变压器同极性端的测试方法。

二、实验主要仪器设备

1. 单相小功率变压器　　　　　　　　　　1台
2. 交流380V/220V电源及单相调压器　　　1台
3. 交流电流表　　　　　　　　　　　　　1块
4. 交流电压表、直流电压表　　　　　　　各1块
5. 单相功率表和数字万用表　　　　　　　各1块
6. 电流插箱及导线

三、实验原理图及实验步骤

1．单相变压器空载实验原理图

单相变压器空载实验原理如图1.20所示。

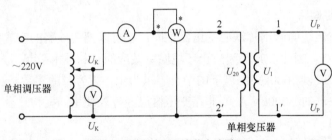

图1.20　单相变压器空载实验原理

利用空载实验可以测试出变压器的变压比：$\dfrac{U_1}{U_{20}}=k_U$。空载实验应在低压侧进行，即低压端接电源，高压端开路。

2．空载实验步骤

（1）按如图1.20所示连线，注意单相调压器打在零位上，经检查无误后才能闭合电源开关。

（2）用电压表观察U_K读数，调节单相调压器使U_K读数逐渐升高到变压器额定电压的50%。

（3）读取变压器U_{20}和U_1（U_P）电压值，记录在自制的表格中，算出变压器的变比。

（4）继续升高电压至额定值的1.2倍，然后逐渐降低电压，把空载电压（电压表读数）、空载电流（电流表读数）及空载损耗（功率表的读数）记录下来，要求在（0.3～1.2）U_N（U_N为额定电压）的范围内读取6～7组数据，记录在自制的表格中。注意：U_N点最好测出。

3．单相变压器短路实验原理图

单相变压器短路实验原理如图 1.21 所示。

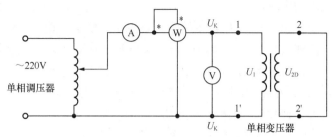

图 1.21　单相变压器短路实验原理

短路实验一般在高压侧进行，即高压端经调压器接电源，低压端直接短路。

4．短路实验步骤

（1）为避免出现过大的短路电流，在接通电源之前，必须先将调压器调至输出电压为零的位置，然后才能合上电源开关。

（2）电压从零值开始增加，调节过程要非常缓慢，开始时稍加一个较低的小电压，检查各仪表是否正常。

（3）各仪表正常后，逐渐缓慢地增加电压数值，并监视电流表的读数，使短路电流升高至额定值的 1.1 倍，把各表读数记录在自制的表格中。

（4）缓慢逐渐降低电压，直至电流减小至额定值的一半。在从 $1.1I_N$ 往 $0.5I_N$ 调节的过程中读取 5～6 组数据，包括额定电流 I_N 点对应的各电表数值，记录在表格中。

（5）记录电流表（一次侧电流 I_D）、电压表（一次侧电压 U_D）及功率表的读数（$P_0 = P_{Fe} + P_{Cu}$）。

　　①在空载实验升压过程中，要单方向调节，避免磁滞现象带来的影响；②不要带电作业，有问题要首先切断电源，再进行操作；③短路实验应尽快进行，否则绕组过热，绕组电阻增大，会带来测量误差。

5．变压器绕组同极性端判别实验原理图

单相变压器绕组同极性端判别实验原理如图 1.22 所示。

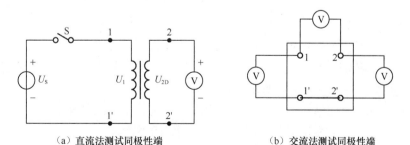

（a）直流法测试同极性端　　　　　　（b）交流法测试同极性端

图 1.22　单相变压器绕组同极性端判别实验原理

6．变压器绕组同极性端判别实验原理及步骤

变压器的同极性端（同名端）是指通过各绕组的磁通发生变化时，在某一瞬间，各绕组

上感应电动势或感应电压极性相同的端钮。根据同极性端钮，可以正确连接变压器绕组。变压器同极性端的测定原理及步骤如下。

（1）直流法测试同极性端。

① 按照图 1.22（a）所示电路原理图接线。直流电压的数值根据实验变压器的不同而选择合适的值，一般可选择 6V 以下数值。直流电压表置 20V 量程，注意其极性。

② 电路连接无误后，闭合电源开关 S，在 S 闭合瞬间，一次侧电流由无到有，必然在一次侧绕组中引起感应电动势 e_{L1}，根据楞次定律判断 e_{L1} 的方向应与一次侧电压参考方向相反，即下"-"上"+"；S 闭合瞬间，变化的一次侧电流的交变磁通不但穿过一次侧，同时由于磁耦合穿过二次侧，因此在二次侧也会引起一个互感电动势 e_{M2}，e_{M2} 的极性可由接在二次侧的直流电压表的偏转方向而定：当电压表正偏时，极性为上"+"下"-"，即与电压表极性一致；如指针反偏，则表示 e_{M2} 的极性为上"-"下"+"。

③ 将测试结果填写在自制的表格中。

（2）交流法测试同极性端。

① 按照图 1.22（b）所示电路原理图接线。可在一次侧接交流电压源，电压的数值根据实验变压器的不同而选择合适的值。

② 电路原理图中 1'和 2'之间的黑色粗实线表示将变压器两侧的一对端子进行串联，可串接在两侧任意一对端子上。

③ 连接无误后接通电源。用电压表分别测量两绕组的一次侧电压、二次侧电压和总电压。如果测量结果为 $U_{12}=U_{11'}+U_{2'2}$，则导线相连的一对端子为异极性端；若测量结果为 $U_{12}=U_{11'}-U_{2'2}$ 时，则导线相连的一对端子为同极性端。

④ 将测试结果填写在自制的表格中。

四、思考题

1. 变压器进行空载实验时，连接原则有哪些？短路实验呢？

2. 用直流法和交流法测得变压器绕组的同极性端是否一致？为什么要研究变压器的同极性端？其意义如何？

3. 如何根据变压器绕组引出线的粗细区分一次侧、二次侧绕组？

第1章 自测题

一、填空题

1. _____损耗又称为不变损耗；_____损耗称为可变损耗。

2. 变压器空载电流的_____分量很小，_____分量很大，因此空载的变压器，其功率因数_____，而且是_____性的。

3. 电压互感器实质上是一个_____变压器，在运行中二次侧绕组不允许_____；电流互感器是一个_____变压器，在运行中二次侧绕组不允许_____。从安全使用的角度出发，两种互感器在运行中，其_____绕组都应可靠接地。

4. 变压器是既能变换_____、变换_____，又能变换_____的电气设备。变压器在运行中，只要_____和_____不变，其工作主磁通 Φ 将基本维持不变。

5. 三相变压器的一次侧额定电压是指其_____值，二次侧额定电压指_____值。

6．变压器空载运行时，其_____很小而_____耗也很小，所以空载时的总损耗近似等于_____损耗。

7．自然界的物质根据导磁性能的不同一般可分为_____物质和_____两大类。其中_____物质内部无磁畴结构，而_____物质的相对磁导率远大于1。

8．_____经过的路径称为磁路。其单位有_____和_____。

9．发电厂向外输送电能时，应通过_____变压器将发电机的出口电压进行变换后输送；分配电能时，需通过_____变压器将输送的_____变换后供应给用户。

二、判断题

1．变压器的损耗越大，其效率就越低。　　　　　　　　　　　　　　（　　）

2．变压器从空载到满载，铁心中的工作主磁通和铁损耗基本不变。　（　　）

3．变压器无论带何性质的负载，当负载电流增大时，输出电压必降低。（　　）

4．电流互感器运行中二次侧不允许开路，否则会感应出高电压而造成事故。（　　）

5．防磁手表的外壳是用铁磁性材料制作的。　　　　　　　　　　　　（　　）

6．变压器是只能变换交流电，不能变换直流电。　　　　　　　　　　（　　）

7．自耦变压器由于一次侧、二次侧有电的联系，所以不能作为安全变压器使用。（　　）

8．无论何种物质，内部都存在磁畴结构。　　　　　　　　　　　　　（　　）

9．磁场强度 H 的大小不仅与励磁电流有关，还与介质的磁导率有关。（　　）

三、选择题

1．变压器若带感性负载，从轻载到满载，其输出电压将会（　　）。
　　A．升高　　　　　B．降低　　　　　C．不变　　　　　D．无法判断

2．电压互感器实际上是降压变压器，其一次侧、二次侧匝数及导线截面情况是（　　）。
　　A．一次侧匝数多，导线截面小　　　　B．二次侧匝数多，导线截面小

3．自耦变压器不能作为安全电源变压器的原因是（　　）。
　　A．公共部分电流太小　　　　　　　　B．一次侧、二次侧有电的联系
　　C．一次侧、二次侧有磁的联系　　　　D．一次侧、二次侧什么联系都没有

4．决定电流互感器一次侧电流大小的因素是（　　）。
　　A．二次侧电流　　　　　　　　　　　B．二次侧所接负载
　　C．变流比　　　　　　　　　　　　　D．被测电路

5．若电源电压高于额定电压，则变压器空载电流和铁损耗比原来的数值将（　　）。
　　A．减少　　　　　B．增大　　　　　C．不变　　　　　D．无法判断

6．（　　）的说法是错误的。
　　A．变压器是一种静止的电气设备　　　B．变压器可用来变换电压
　　C．变压器可用来变换阻抗　　　　　　D．变压器可用来变换频率

7．变压器的分接开关是用来（　　）的。
　　A．调节阻抗　　B．调节相位　　C．调节输出电压　　D．调节输出阻抗

8．为了提高铁心的导磁性能、减少铁损耗，中、小型电力变压器的铁心都采用（　　）制成。
　　A．整块钢材
　　B．0.35mm 厚，彼此绝缘的硅钢片叠装

　　C．2mm 厚，彼此绝缘的硅钢片叠装

　　D．0.5mm 厚，彼此不绝缘的硅钢片叠装

9．单相变压器至少由（　　）个绕组组成。

　　A．2　　　　　　　　B．4　　　　　　　　C．6　　　　　　　　D．3

10．一台三相的连接组别标号为 Y，y0，其中 Y 表示变压器的（　　）。

　　A．高压绕组为三角形连接　　　　　　B．高压绕组为星形连接

　　C．低压绕组为三角形连接　　　　　　D．低压绕组为星形连接

11．电压互感器实质上是一个（　　）。

　　A．电焊变压器　　　　　　　　　　　B．降压变压器

　　C．升压变压器　　　　　　　　　　　D．自耦变压器

四、简答题

1．变压器的负载增加时，其一次侧绕组中电流怎样变化？铁心中工作主磁通怎样变化？输出电压是否一定要降低？

2．若电源电压低于变压器的额定电压，输出功率应如何适当调整？若负载不变会引起什么后果？

3．变压器能否改变直流电压？为什么？

4．铁磁性材料具有哪些磁性能？

5．硬磁性材料的特点有哪些？

6．为什么铁心不用普通的薄钢片而用硅钢片？制作电机电器的芯子能否用整块铁心或不用铁心？

7．具有铁心的线圈电阻为 R，加直流电压 U 时，线圈中通过的电流 I 为何值？若铁心有气隙，当气隙增大时电流和磁通哪个改变？为什么？若线圈加的是交流电压，当气隙增大时，线圈中电流和磁路中磁通又是哪个变化？为什么？

8．为什么电流互感器在运行时二次侧绕组不允许开路？而电压互感器在运行时二次侧绕组不允许短路？

9．电弧焊工艺对焊接变压器有何要求？如何满足这些要求？电焊变压器的结构特点有哪些？

10．自耦变压器的结构特点是什么？使用自耦变压器的注意事项有哪些？

五、计算题

1．一台容量为 20kV·A 的照明变压器，它的电压为 6600V/220V，问它能够正常供应 220V、40W 的白炽灯多少盏？能供给 $\cos\varphi$=0.6、电压为 220V、功率为 40W 的日光灯多少盏？

2．已知输出变压器的变比 k=10，二次侧所接负载电阻为 8Ω，一次侧信号源电压为 10V，内阻 R_0=200Ω，求负载上获得的功率。

第2章
异步电动机

电动机是利用通电线圈（定子绕组）在气隙中产生旋转磁场并作用于转子导体，使闭合的转子导体形成对转轴的电磁力矩，从而带动机械运转的一种设备。按使用电源的不同，电动机可分为直流电动机和交流电动机，其中，交流电动机在电力系统中得到了广泛应用。交流电机又分为同步电动机和异步电动机。其中，异步电动机由于启动、制动、反转和调速等方面的控制具有简单方便、速度快且效率高的特点，广泛应用于工农业生产和自动控制系统中。

学习目标

异步电动机主要作用是拖动各种生产机械工作。和其他电动机比较，异步电动机具有结构简单、制造容易、价格低廉、运行可靠、维护方便、效率较高等一系列优点。

本章主要叙述三相异步电动机的结构组成与工作原理、空载运行和负载运行，重点分析三相异步电动机的机械特性和电力拖动的基本知识，另外对单相异步电动机的转动原理也进行简单介绍。通过对本章的学习，学习者应了解三相异步电动机的结构组成，理解其转动原理；能够运用机械特性分析异步电动机的启动、调速、反转和制动等；掌握单相异步电动机的基本形式、工作原理和常用的调速、反转方法。

理论基础

异步电动机的容量从几十瓦到几千千瓦，在国民经济的各行各业中应用极为广泛。例如，工业方面的中小型轧钢设备、各种金属切削机床、轻工机械、矿山机械、通风机、压缩机等；农业方面的水泵、脱粒机、粉碎机及其他农副产品加工机械也都是用异步电动机拖动的；人们日常生活中的电扇、洗衣机等设备中都要用到异步电动机。

2.1 三相异步电动机的结构和工作原理

三相异步电动机按结构可分为三相鼠笼型异步电动机和三相绕线型异步电动机，属于典型的三相对称用电设备。

2.1.1 三相异步电动机的结构组成

图 2.1 所示为三相异步电动机的结构示意图。三相异步电动机主要包括定子、转子两大部分和一些辅件。

三相异步电动机的
结构组成

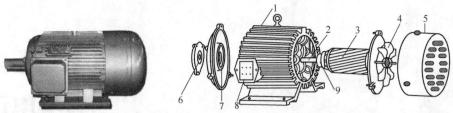

1—定子　2—转轴　3—转子　4—风扇　5—罩壳　6—轴承盖　7—端盖　8—接线盒　9—轴承

图 2.1　三相异步电动机结构示意图

（1）定子。异步电动机的定子由机座［见图 2.2（a）］、定子铁心［见图 2.2（b）］、定子绕组等固定部分组成。定子铁心是电机磁路的一部分，由 0.5mm 厚的硅钢片叠压制成。在定子铁心硅钢冲片上，其内圆冲有均匀分布的槽，如图 2.2（c）所示。定子铁心槽内对称嵌放定子绕组。定子绕组是电机电路的一部分，三相异步电动机的三相绕组，通常由漆包线绕制而成的多个线圈按一定规则连接后对称嵌入定子铁心槽中，根据需要可以连接成星形或三角形。三相定子绕组与电源相接的引线，由机座上的接线盒端子板引出。机座是电动机的支架，一般用铸铁或铸钢制成。

（2）转子。电动机的转子由转子铁心、转子绕组和转轴 3 部分组成。转子铁心也是由 0.5mm 厚的硅钢冲片叠压制成的，在转子铁心硅钢冲片的外圆上冲有均匀分布的槽，用来嵌放转子绕组，如图 2.3（a）所示。

转子铁心固定在转轴上。鼠笼型异步电动机的转子绕组与定子绕组不同，在转子铁心的槽内浇铸铝导条（或嵌放铜条），两边端部用短路环短接，形成闭合回路，如图 2.3（c）所示。如果把转子绕组单独拿出来的话，很像一个松鼠笼子，如图 2.3（b）所示，由此而称为鼠笼型异步机。

（a）机座　　　（b）定子铁心　　（c）铁心硅钢冲片　（a）转子铁心冲片　（b）鼠笼形绕组　（c）铸铝鼠笼型转子

图 2.2　电动机机座、定子铁心及铁心硅钢片示意图　　　　图 2.3　鼠笼型转子结构示意图

绕线型异步电动机的转子绕组与定子绕组相似，在转子铁心槽内嵌放转子绕组，三相转子绕组一般为星形连接，绕组的 3 根端线分别与装在转轴上的 3 个彼此相互绝缘的铜质滑环上，通过一套电刷装置引出，与外电路的可调变阻器相连，如图 2.4 所示。

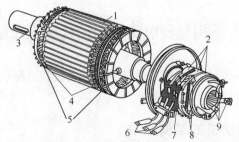

1—转子铁心　2—滑环　3—转轴　4—三相转子绕组　5—镀锌钢丝箍　6—电刷外接线
7—刷架　8—电刷　9—转子绕组出线头

图 2.4　绕线型转子结构示意图

三相异步电动机的转轴由中碳钢制成，转轴的两端由轴承支撑。通过转轴，电动机对外输出机械转矩。

2.1.2 三相异步电动机的工作原理

三相异步电动机是如何转动起来的？

1. 旋转磁场的产生

三相异步电动机若要转动起来，首先需要解决的问题就是旋转磁场。

电动机的三相定子绕组在空间的安装位置上互差120°，当向电动机的三相定子绕组中通入图 2.5（a）所示的对称三相交流电流时，就会在定子和转子内圆空间产生顺时针方向旋转的旋转磁，如图 2.5（b）所示。

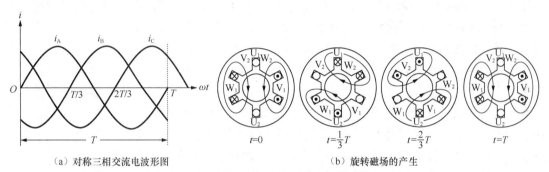

（a）对称三相交流电波形图　　　　　（b）旋转磁场的产生

图 2.5　对称三相交流电的波形图和它产生的旋转磁场

从电流的波形图来观察 $t=0$、$t=T/3$、$t=2T/3$、$t=T$ 等几个时刻。

规定：定子绕组中电流为正值时，由首端流入、尾端流出；电流为负值时，由尾端流入、首端流出，电流产生的磁场方向遵循右手螺旋定则。

在 $t=0$ 时刻，定子相邻两个绕组中电流的流向一致，它们的合成磁场用右手螺旋定则可判断出为图 2.5（b）所示箭头方向，气隙磁场的方向为上 N 下 S；在 $t=T/3$ 时刻，定子相邻两个绕组中电流的流向仍一致，它们的合成磁场用右手螺旋定则可判断出为图 2.5（b）所示箭头方向，此时气隙磁场沿转子内圆空间顺时针旋转了 120°；在 $t=2T/3$ 时刻，定子相邻两个绕组中电流的流向一致，它们的合成磁场用右手螺旋定则可判断出为图 2.5（b）所示箭头方向，气隙磁场沿转子内圆空间又顺时针旋转了 120°；在 $t=T$ 时刻，定子相邻两个绕组中电流的流向仍一致，它们的合成磁场用右手螺旋定则可判断出为图 2.5（b）所示箭头方向，此时气隙磁场沿转子内圆空间顺时针旋转了一周。

由图 2.5 可看出，三相绕组中合成磁场的旋转方向是由三相绕组中电流变化的顺序决定的。上例是在电动机的三相定子绕组 U、V、W 中通入三相正序电流（$i_A \rightarrow i_B \rightarrow i_C$），旋转磁场按顺时针方向旋转，若通入逆序电流时，旋转磁场则沿逆时针方向旋转。

实际应用中，若要改变电动机的旋转方向，只需改变通入电动机三相定子绕组中电流的相序即可。

三相异步电动机旋转磁场的磁极对数用 p 表示，图 2.5 所示为一对磁极时旋转磁场的转动情况。显然，$p=1$ 时，电流每变化一周，旋转磁场在空间也旋转一周。工频情况下，旋转磁场的转速通常以每分多少转（r/min）来计，即

$$n_0 = \frac{60 f_1}{p} \tag{2.1}$$

式中，f_1 为电源频率；n_0 为旋转磁场的转速，也称为同步转速。一对磁极的电动机同步转速为 3000r/min。

对于一台实体电动机，磁极对数在制造时就已确定好了，因此工频情况下不同磁极对数的电动机同步转速也是确定的：$p=2$ 时，$n_0=1500$r/min；$p=3$ 时，$n_0=1000$r/min；$p=4$ 时，$n_0=750$r/min；……

2．三相异步电动机的转动原理

三相异步电动机的定子绕组中通入对称三相交流电，在定、转子之间的气隙中就会产生一个转速为 $60f/p$、转向与电流的相序一致的旋转磁场；固定不动的转子绕组与气隙旋转磁场相切割，从而在转子绕组中产生感应电动势（用右手发电机定则判断）；由于转子绕组自身闭合，感应电动势在转子绕组中生成感应电流而成为载流导体；载流的转子绕组处在旋转磁场中，必定会受到电磁力的作用（左手电动机定则判断）；不同磁极下的一对对电磁力偶对转轴形成电磁转矩，于是电动机顺着旋转磁场的方向旋转起来，如图 2.6 所示。

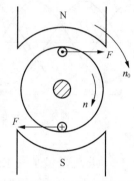

从异步电动机的转动原理可知，转子之所以能够沿着定子旋转磁场的方向转动，首先就是因为定子旋转磁场和转子之间存在转差速度 $\Delta n = n_0 - n \neq 0$，即旋转磁场的同步转速 n_0 与电动机转子的转速 n 不同步。假如 $n=n_0$ 即两者同步了，则转子绕组与定子旋转磁场之间的转差速度 $n_0 - n = 0$，旋转磁场和转子绕组之间的相对切割运动终止，转子绕组不切割旋转磁场，也不会产生感应电动势和感应电流，因此也不会形成电磁转矩，转子也无法维持正常的转动了。

图 2.6　异步电动机转动原理

因此：$n_0 > n$ 是异步电动机旋转的必要条件。异步电动机的"异步"也由此而得名。

　　　　三相异步电动机定、转子之间气隙的大小，是决定电动机运行性能的一个重要因素。气隙过大使励磁电流增大，功率因数降低，效率降低；气隙过小，机械加工安装困难，同时在轴承磨损后易使转子和定子相碰。所以异步电动机的气隙一般为 0.2～1.0mm，大型电动机的气隙为 1.0～1.5mm，不得过大或过小。

电动机的转差速度 Δn 与同步转速 n_0 之比称为转差率，用 s 表示为

$$s = \frac{n_0 - n}{n_0} \tag{2.2}$$

异步电动机的转差率 s 是分析其运行情况的一个极其重要的概念和参量，转差率 s 与电机的转速、电流等有着密切的关系，转子电路中的各量（感应电动势、感应电流、频率、感抗以及转子电路的功率因数等）均随转差率的变化而变化。由式（2.2）可知，当电动机空载运行时，由于电动机轴上未接负载，所以电动机的转速 n 从 0 迅速增大至近同步转速 n_0，转差率 s 达到最小。显然，电动机的转差率随电动机转速 n 的升高而减小。但是，在电动机刚刚启动一瞬间或发生堵转（$n=0$）时，转差率 $s=1$ 达到最大，旋转磁场和转子导体的相对切割速度达到最大，此时转子、定子中的电流也达到最大，通常为额定值的 4～7 倍。由于电动

机均具有短时过载能力，因此启动瞬间的过流现象并不会造成电动机的损坏；可一旦发生电动机堵转现象，持续增大的电流将造成电动机的烧损事故。

【**例 2.1**】 有一台三相异步电动机，其额定转速为 975r/min。试求工频情况下电动机的额定转差率及电动机的磁极对数。

【**解**】 由于电动机的额定转速接近于同步转速，所以可得此电动机的同步转速为 1000r/min，磁极对数 $p=3$。额定转差率为

$$s_N = \frac{n_0 - n}{n_0} = \frac{1000 - 975}{1000} = 0.025$$

三相异步电动机的铭牌数据

2.1.3 三相异步电动机的铭牌数据

若要经济合理地使用电动机，须先看懂铭牌。现以图 2.7 所示的 Y132M-4 型电动机铭牌为例，介绍铭牌上各个数据的含义。

三相异步电动机		
型号 Y132M-4	标准编号	频率 50Hz
功率 7.5kW	电流 15.4A	接法 △
电压 380V	绝缘等级 B	工作方式 连续
转速 1440r/min	工作制 S1	
效率 87%		
功率因数 0.85		
年 月	编号	××电机厂

图 2.7 三相异步电动机的铭牌数据

1．型号

为适应不同工作环境及用途的需要，电动机被制成不同系列，每种系列用各种型号表示。其中，Y 表示三相异步电动机（YR 表示绕线型异步电机，YB 表示防爆型异步电机，YQ 表示高启动转矩的异步电动机）；132（mm）表示电机的中心高度为 132mm；M 代表中机座（L 表示长机座，S 表示短机座）；4 表示电动机的磁极数，即此电机为 4 极电机。

小型 Y、Y-L 系列鼠笼型异步电动机是取代 JO 系列的新产品，封闭自扇冷式。Y 系列定子绕组为铜线，Y-L 系列定子绕组为铝线。电动机功率是 0.55～90kW。同样功率的电动机，Y 系列比 JO_2 系列体积小、质量轻、效率高。

2．接法

图 2.8 所示为三相异步电动机定子绕组的接法。根据需要电动机三相绕组可接成星形［见图 2.8（a）］或三角形［见图 2.8（b）］。图中 U_1、V_1、W_1（旧标号是 D_1、D_2、D_3）是电动机绕组的首端，U_2、V_2、W_2（旧标号是 D_4、D_5、D_6）表示电动机绕组的尾端。

3．额定电压

铭牌上标示的电压值是指电动机在额定状态下运行时定子绕组上应加的线电压值。一般规定电动机的电压不应高于或低于额定值的 5%。

4．额定电流

铭牌上标示的电流值是指电动机在额定状态下运行时的定子绕组的线电流值，是由定子绕组的导线截面和绝缘材料的耐热能力决定的，与电动机轴上输出的额定功率相关联。轴上的机械负载增大到使电动机的定子绕组电流等于额定值时称为满载，超过额定值时称为过载。

短时少量过载，电动机尚可承受，长期大量过载将影响电动机寿命，甚至烧坏电动机。

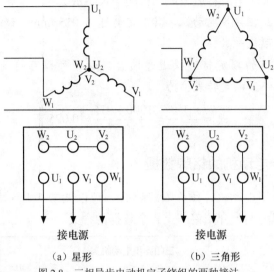

（a）星形　　　　　　　　（b）三角形

图 2.8　三相异步电动机定子绕组的两种接法

5．额定功率和额定效率

铭牌上标示的功率值是电动机额定运行状态下轴上输出的机械功率值。电动机输出的机械功率 P_2 与它输入的电功率 P_1 是不相等的。输入的电功率减掉电动机本身的铁损耗 ΔP_{Fe}、铜损耗 ΔP_{Cu} 及机械损耗 ΔP_α 后才等于 P_2。额定情况下的 $P_2=P_N$。

输出的机械功率与输入的电功率之比，称为电动机的效率，即

$$\eta = \frac{P_2}{P_1} \times 100\% = \frac{P_2}{P_2 + \Delta P_{\text{Fe}} + \Delta P_{\text{Cu}} + \Delta P_\alpha} \times 100\% \tag{2.3}$$

6．功率因数

电动机是感性负载，因此功率因数较低，在额定负载时为 0.7～0.9；在空载和轻载时更低，只有 0.2～0.3。因此异步电动机不宜运行在空载和轻载状态下，使用时必须正确选择电动机的容量，防止"大马拉小车"的浪费现象，并力求缩短空载的时间。

7．转速

由于生产机械对转速的要求各有差异，因此需要生产不同转速的电动机。电动机的转速与磁极对数有关，磁极对数越多的电动机转速越低。

8．极限温度与绝缘等级

电动机的绝缘等级是按其绕组所用的绝缘材料在使用时允许的极限温度来分等级的。所谓极限温度，是指电动机绝缘结构中最热点的最高容许温度。其技术数据见表 2.1。

表 2.1　　　　　　　　　异步电动机的极限温度与绝缘等级

绝缘等级	A	E	B	F	H
极限温度/℃	105	120	130	155	180

9．工作方式

异步电动机的运行情况，可分为 3 种基本方式：连续运行、短时运行和断续运行。其中连续工作方式用 S_1 表示；短时工作方式用 S_2 表示，分为 10min、30min、60min、90min 4

种；断续周期性工作方式用 S_3 表示。

【例 2.2】 有一台 JO$_2$-62-4 型三相异步电动机，其铭牌数据为：10kW、380V、50Hz，三角形接法，n_N=1450r/min，η=87%，$\cos\varphi$=0.86。试求该电机的额定电流和额定转差率。

【解】 从铭牌数据可知，该电动机的定子绕组为三角形接法，所以加在电动机各相定子绕组上的电压等于电源线电压 380V，由于三相异步电动机是对称三相负载，所以三相绕组中通过的电流也是对称的，3 个线电流也是对称的，因此可按单相的方法进行分析计算。

该电动机输入的电功率可根据铭牌数据中的额定功率及额定效率求得

$$P_1 = \frac{P_2}{\eta} = \frac{10}{0.87} \approx 11.5(\text{kW})$$

由三相电功率的计算公式 $P_1 = \sqrt{3}U_1 I_1 \cos\varphi$ 可进一步求出额定电流为

$$I_N = \frac{1150}{\sqrt{3}\times 380 \times 0.86} \approx 2.03(\text{A})$$

由铭牌数据可知电动机为 4 极电机，所以 $p=2$，同步转速 $n_0 = 1500\text{r/min}$，额定转差率为

$$s = \frac{1500-1450}{1500} \approx 0.033$$

问题与思考

1．能否说出三相鼠笼型异步电动机名称的由来？

2．如何从异步电动机结构上识别出鼠笼型和绕线型？两者的工作原理相同吗？

3．何谓异步电动机的转差速度、转差率？异步电动机处在何种状态时转差率最大？最大转差率等于多少？何种状态下转差率最小？最小转差率又为多大？

4．已知两台异步电动机的额定转速分别为 1450r/min、735r/min 和 585r/min，它们的磁极对数各为多少？额定转差率又为多少？

5．三相异步电动机启动前有一根电源线断开，接通电源后该三相异步电动机能否转动起来？若三相异步电动机在运行过程中"缺相"，情况又如何？

2.2 三相异步电动机的电磁转矩和机械特性

从三相异步电动机的转动原理可知，三相异步电动机的转子电流与旋转磁场相互作用，产生了电磁力和电磁转矩，在电磁转矩下驱使异步电动机转动。

2.2.1 三相异步电动机的电磁转矩

三相异步电动机的电磁转矩是它的一个重要参数。因为三相异步电动机是由转子绕组中电流与旋转磁场相互作用而产生的，所以转矩 T 的大小与旋转磁场的主磁通 Φ 及转子电流 I_2 有关。

三相异步电动机的电磁关系与变压器类似，定子绕组相当于变压器的一次侧绕组，闭合状态的转子绕组相当于变压器的二次侧绕组，旋转磁场主磁通相当于变压器中的主磁通。其数学表达式与变压器也相似，旋转磁场每极下的工作主磁通为

$$\Phi \approx \frac{U_1}{4.44k_1f_1N_1} \tag{2.4}$$

式中，U_1 是定子绕组相电压；k_1 是定子绕组结构常数；f_1 是电源频率；N_1 是定子每相绕组的匝数。由于 k_1、f_1 和 N_1 都是常数，因此旋转磁场每极下主磁通 Φ 与外加电压 U_1 成正比。根据主磁通原理可知，当 U_1 恒定不变时，Φ 基本上保持不变。

异步电动机的转子以（n_1-n）的相对速度与旋转磁场相切割，转子电路的频率为

$$f_2 = \frac{n_1-n}{60}p = \frac{n_1-n}{n_1} \times \frac{n_1}{60}p = sf_1 \tag{2.5}$$

可见，转子电路的频率与转差率 s 有关，s 越小，转子电路频率越低，当电动机的转速 $n=0$，转差率 $s=1$ 时，$f_2=f_1$。

电动机的气隙旋转磁场工作磁通不仅与定子绕组相交链，同时也交链着转子绕组，在转子绕组中产生的感应电动势为

$$E_2 = 4.44k_2f_2N_2\Phi = 4.44k_2sf_2N_2\Phi = sE_{20} \tag{2.6}$$

式中，k_2 是转子绕组结构常数；N_2 是转子绕组的匝数。

电动机的转子电流是由转子电路中的感应电动势 E_2 和阻抗 $|Z|_2$ 共同决定的，即

$$I_2 = \frac{E_2}{|Z|_2} = \frac{sE_{20}}{\sqrt{R_2^2+(sX_{20})^2}} \tag{2.7}$$

式（2.7）表明，转子电路的感应电动势随转差率的增大而增大，转子电路阻抗虽然也随转差率的增大而增大，但增加量与感应电动势相比较小，因此，转子电路中的电流随转差率的增大而上升。若转差率 $s=0$，则 $I_2=0$；当 $s=1$ 时，I_2 最大，其值为额定转速下转子电路电流 I_{2N} 的 4～7 倍。

由于转子电路中存在电抗 X_2，因而使转子电流 I_2 滞后转子感应电动势 E_2 一个相位差 φ_2，转子电路的功率因数为

$$\cos\varphi_2 = \frac{R_2}{\sqrt{R_2^2+(sX_{20}^2)}} \tag{2.8}$$

显然，转子电路的功率因数随转差率 s 的增大而下降。当电动机的转速 n 接近同步转速 n_0，转差率 $s\approx 0$ 时，$\cos\varphi_2 \approx 1$；当 $s=1$ 时，$\cos\varphi_2$ 的值很小，通常只有 0.2～0.3。

经实验和数学推导证明，异步电动机的电磁转矩与气隙磁通及转子电流的有功分量成正比，其关系式为

$$T=K_T\Phi I_2\cos\varphi_2 \tag{2.9}$$

式中，K_T 是电动机结构常数。将上述式（2.4）、式（2.7）和式（2.8）代入可得

$$T = K_T U_1^2 \frac{sR_2}{R_2^2+(sX_{20})^2} \tag{2.10}$$

式（2.10）表明，电磁转矩与电源电压的平方成正比，即 $T\propto U_1^2$。显然，当电源电压有效值 U_1 一定时，电磁转矩 T 是转差率 s 的函数。因此，异步电动机运行时，电源电压的波动对电动机的运行会造成很大的影响。其 $T=f(s)$ 关系曲线如图 2.9 所示，称为异步电动机的转矩特性曲线。

转矩特性曲线中的 s_m 称为临界转差率，对应电动机的最大电磁转矩。

最大电磁转矩 T_m 与额定转矩 T_N 之比是最大转矩倍数，也称作过载能力，用 λ_m 表示，即

$$\lambda_m = \frac{T_m}{T_N}$$

λ_m 是异步电动机的一个重要性能指标，它表明了电动机的适时过载极限能力。一般 Y 系列电动机的 λ_m 在 1.8～2.2。

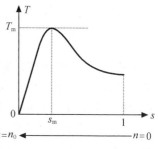

图 2.9　异步电动机的转矩特性曲线

异步电动机开始启动时，转速 $n=0$，转差率 $s=1$，此时对应的电磁转矩为启动转矩，用 T_{st} 表示。T_{st} 反映了异步电动机的启动能力。一般情况下，异步电动机的 T_{st}/T_N 均大于 1.0，高启动转矩的鼠笼型异步电动机，T_{st}/T_N 可达 2.0 左右。绕线型异步电动机的启动能力较大，T_{st}/T_N 可达 3.0 左右。

必须指出：$T \propto U_1^2$ 的关系并不意味着电动机的工作电压越高，电动机实际输出的转矩就越大。电动机稳定运行情况下，不论电源电压是高是低，其输出机械转矩的大小，只决定于负载转矩的大小。换言之，当电动机产生的电磁转矩 T 等于来自转轴上的负载阻转矩 T_L 时，电动机在某一速度下稳定运行；若 $T > T_L$ 时，电动机加速运行；在 $T < T_L$ 时，电动机将减速运行直至停转。

2.2.2　三相异步电动机的固有机械特性

当异步电动机电磁转矩改变时，异步电动机的转速随之发生变化，这种反映转子转速和电磁转矩之间对应关系 $n=f(T)$ 的曲线，如图 2.10

异步电动机的
机械特性

所示，称为异步电动机的固有机械特性。异步电动机的固有机械特性由电动机本身的结构、参数所决定，与负载无关。

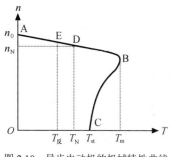

图 2.10　异步电动机的机械特性曲线

特性曲线上的 AB 段称为异步电动机的稳定运行段。一般情况下，异步电动机只能运行在稳定段。在 AB 段运行时，显然电动机的转速 n 随输出转矩的增大略有下降，说明异步电动机具有较硬的机械特性。当负载转矩增大和减小时，电动机的转速随之减小和增大，最后都将以某一转速稳定在转矩和机械特性的交点上，如 E 点和 D 点。

CB 段称为启动运行段。对于转矩不随转速变化的负载，不能稳定运行在此段，因此也称 CB 段为不稳定运行区。电动机开始启动的最初一瞬间，必有 $T_{st} > T_反$ 才能使电动机由 C 点从 $n=0$ 加速，沿曲线经 B 点仍加速，直到电动机的电磁转矩 T 等于额定电磁转矩 T_N 时，电动机才能稳定在 D 点运行，对应的转速 $n=n_N$。CB 段内，电动机始终处于不稳定的过渡过程状态。

曲线上 D 点对应的转矩称为额定转矩，用 T_N 表示。T_N 反映了电动机带额定负载时的电磁转矩。异步电动机轴上输出的机械功率为 $P_2 = T\omega$，其机械转矩遵循下述公式：

$$T_{N} = \frac{P_{2N}}{\omega_{N}} = \frac{P_{2N} \times 10^{3}}{\frac{2\pi n_{N}}{60}} = 9550\frac{P_{2N}}{n_{N}} \tag{2.11}$$

式中，P_{2N} 是电动机额定状态下输出的机械功率，单位是千瓦（kW）；额定转速 n_N 的单位是转每分钟（r/min）；T_N 是电动机在额定负载时产生的电磁转矩，可由电动机铭牌上的额定数据查得，单位是牛·米（N·m）。

特殊用途的异步电动机，如起重机用电动机、冶金机械用电动机的过载系数 λ_m 可超过2.0。异步电动机都具有一定的过载能力，目的是给电动机工作留有余地，使电动机工作时突然受到冲击性负荷情况下，不至于因电动机转矩低于负载转矩而发生停机事故，从而保证电动机运行时的稳定性。为了避免电动机出现过热现象，一般不允许电动机在超过额定转矩的情况下长期运行。

以上讨论的最大电磁转矩 T_m、启动转矩 T_{st} 和额定转矩 T_N，是分析异步电动机运行性能的 3 个重要转矩，学习中应充分理解，在理解的前提下牢固掌握。

2.2.3 三相异步电动机的人为机械特性

异步电动机的电磁特性，表明了电动机的电磁转矩 T 随转差率 s 变化而变化的情况。但在实际应用中，我们更关心的是：电动机的转速 n 因外部负载转矩 T_L 的变化而变化的情况，也就是关注电动机适应外界负载变化的能力，即人为地改变异步电动机的定子绕组端电压 U_1、电源频率 f_1、定子极对数 p、定子回路电阻或电抗、转子回路电阻或电抗中的一个或多个参数后，所获得的机械特性称为人为机械特性。

1. 降低定子端电压 U_1 时的人为机械特性

由于设计电动机时，在额定电压下磁路已经饱和，如升高电压会使励磁电流猛增，使电动机严重发热，甚至烧坏，故一般只能得到降压时的人为机械特性。

降低 U_1 的人为机械特性曲线的绘制，先绘出固有机械特性，在不同的转速（或转差率）处，固有机械特性上的转矩值乘以电压变化后与变化前比值的平方，即得人为机械特性上对应的转矩值，如图 2.11 所示。

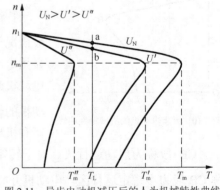

由图 2.11 可知，降低电压以后，最大转差率 s_m 和旋转磁场转速 n_1 与 U_1 无关，保持不变。值得注意的是：最大电磁转矩 T_m 及启动转矩 T_{st} 均与 U_1^2 成比例显著下降。

应当指出，如果负载转矩接近额定值，降低电源电压对电动机的运行是极为不利的。因为当负载为额定值不变时，若电源电压因故降低，气隙主磁

图 2.11 异步电动机减压后的人为机械特性曲线

通减小，但转速变化不大，其功率因数 $\cos\varphi_2$ 变化不大，则从公式 $T_{em}=C_T'\Phi_0 I_2'\cos\varphi_2$ 可知，转子电流 I_2 要增大，使定子电流 I_1 相应增大。从电机的损耗看，虽然 Φ_0 的减小能降低一部分铁损耗，但铜损耗与电流的平方成正比，若电动机长期低压运行，会使电动机过热甚至烧坏。

2. 定子回路串接三相对称阻抗时的人为机械特性

当其他量不变，仅在异步电动机定子回路串入三相对称电阻 R_f 时的人为机械特性如图 2.12

所示。s_m、T_m 及 T_{st} 都随 R_f 的增大而减小。定子串入对称阻抗，一般用于鼠笼型异步电动机的降压启动，以限制启动电流。

3. 转子回路串入三相对称电阻的人为机械特性

在绕线型异步电动机的转子回路串入对称三相电阻 R_P，其他条件都与固有特性时一样，所获得的人为机械特性称为转子回路串电阻的人为机械特性，如图 2.13 所示。

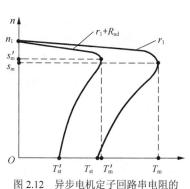

图 2.12　异步电机定子回路串电阻的
人为机械特性

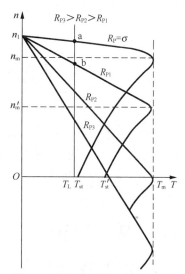

图 2.13　绕线型异步电动机转子回路
串对称电阻的人为机械特性

观察图 2.13，其特点如下。

（1）同步转速 n_1 不变，不同 R_P 的人为机械特性都通过固有特性的同步点 n_1。

（2）转子回路串电阻后，最大电磁转矩 T_m 不变，但临界转差率 s_m 随着 R_P 的增大成正比地增大，而 n_m 随 R_P 的增大而减小。

（3）转子回路串电阻后，T_{st} 值将改变，开始随 R_P 的增大而增大。但当 $s_m=1$ 时，$T_{st}=T_m$，若 R_P 继续增大，当 $s_m>1$ 以后，T_{st} 将随 R_P 的增大而减小。

绕线型异步电动机在转子回路中串接对称电阻，可用来对绕线型异步电动机速度的平滑调节，还适用于改善绕线型异步电动机的启动性能。

问题与思考

1．电动机的转矩与电源电压之间的关系如何？若在运行过程中电源电压降为额定值的 60%，假如负载不变，电动机的转矩、电流及转速有何变化？

2．为什么增加三相异步电动机的负载时，定子电流会随之增加？

3．将三相绕线型异步电动机的定子转子三相绕组开路，这台电动机能否转动？

4．三相异步电动机中的气隙大小对电动机运行有何影响？

5．已知三相异步电动机运行在额定状态下，当（1）负载增大；（2）电压升高；（3）频率升高时，试分别分析电动机的转速和电流的变化情况。

2.3 电力拖动的基本知识

采用电动机拖动生产机械，并实现生产工艺过程各种要求的系统，称为电力拖动系统。电力拖动系统一般由控制设备、电动机、传动机构、生产机械和电源等组成，如图 2.14 所示。

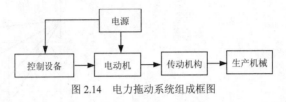

图 2.14 电力拖动系统组成框图

电动机作为原动机，通过传动机构拖动生产机械工作；控制设备由各种控制电动机、电器、自动化元器件及工业控制计算机、可编程控制器等组成，用以控制电动机的运行，从而实现对生产机械各种运动的控制；电源用来向电动机和控制设备供电；生产机械则是执行各种运动的机构。

2.3.1 电力拖动系统的运动方程式

电力拖动系统所用的电动机种类各异，生产机械的负载性质也各不相同。以电动机轴与生产机械旋转机构直接相连的单轴电力拖动系统为例，分析其运动方程式。

1．单轴电力拖动系统运动方程式

根据牛顿第二定律，做直线运动物体的运动方程式为

$$F-F_L=ma \tag{2.12}$$

式中，F 是拖动力，单位是牛顿（N）；F_L 是来自电动机轴上的负载阻力；m 是运动物体的质量，单位是千克（kg）；a 是运动物体获得的加速度，数值上 $a=\Delta v/\Delta t$。其中，v 是物体运动的线速度，单位是米每秒（m/s），加速度的单位是米每平方秒（m/s^2）。由此可得到

$$F-F_L=m\Delta v/\Delta t \tag{2.13}$$

与直线运动相似，由电动机拖动的单轴系统，旋转运动的方程式为

$$T-T_L=J\Delta\Omega/\Delta t \tag{2.14}$$

式中，T 是电动机的电磁转矩，单位是牛·米（N·m）；T_L 是来自电动机轴上的生产机械阻转矩；J 是旋转物体的转动惯量，单位是千克·平方米（kg·m^2）；Ω 是旋转物体的旋转角速度。数值上 $J=m\rho^2=\dfrac{G}{g}\left(\dfrac{D}{2}\right)=\dfrac{GD^2}{4g}$。其中，$\rho$ 是旋转物体的惯性半径，单位是米（m）；D 是旋转物体的惯性直径，单位是米（m）；GD^2 是飞轮力矩，单位是牛·平方米（N·m^2）。

将 $\Omega=2\pi n/60$ 和 $J=m\rho^2=\dfrac{G}{g}\left(\dfrac{D}{2}\right)=\dfrac{GD^2}{4g}$ 代入式（2.14），又可得到

$$T-T_L=\frac{GD^2}{375}\frac{\Delta n}{\Delta t} \tag{2.15}$$

式（2.15）就是常用的单轴电力拖动系统运动方程式。

2．运动方程式中各转矩正方向的确定及工作性质

① 任意规定某一旋转方向为转速 n 的正方向。电磁转矩 T 的正方向与转速 n 的正方向相同。当 T 为正值时，为拖动转矩；当 T 为负值时，为制动转矩。

② 负载转矩 T_L 的正方向与转速 n 的正方向相反。负载转矩 T_L 为正值时，为阻转矩；当 T_L 为负值时，为拖动转矩。

③ 加速转矩 $\dfrac{GD^2}{375}\dfrac{\Delta n}{\Delta t}$ 的大小及正负号由电磁转矩 T 和负载阻转矩 T_L 的代数和确定。

3．电力拖动系统的运动状态

电力拖动系统的运动状态有加速状态、减速状态和稳定运行状态 3 种，可以根据运行方程进行判断。

① 当 $T=T_L$ 时，$\Delta n/\Delta t=0$，则转速为零或一常数，电力拖动系统处于静止或匀速运动的稳定状态。

② 当 $T<T_L$ 时，$\Delta n/\Delta t<0$，电力拖动系统处于减速运动状态。

③ 当 $T>T_L$ 时，$\Delta n/\Delta t>0$，电力拖动系统处于加速运动状态。

由此可知，当电力拖动系统的电磁转矩和负载阻转矩相等时，电力拖动系统处于稳定运行状态，转速为定值。一旦受到外界干扰，这种稳定运行状态就会被打破，电动机的转速就会发生变化。对于一个稳定系统而言，当系统的平衡被打破时，应具有恢复平衡状态的能力。

2.3.2 电力拖动系统的负载转矩特性

负载的转矩特性，即 $n=f(T_L)$，指生产机械工作机构的负载转矩 T_L 与电动机的转速 n 之间的关系，即负载转矩特性。不同的生产机械在运动中所具有的转矩特性不同，大致可分为恒转矩负载特性、恒功率负载特性和通风机泵类负载特性 3 种类型。

1．恒转矩负载特性

恒转矩负载特性是指生产机械的负载转矩 T_L 与电动机的转速 n 无关的特性，分反抗性恒转矩负载特性和位能性恒转矩负载特性两种，如图 2.15 所示。

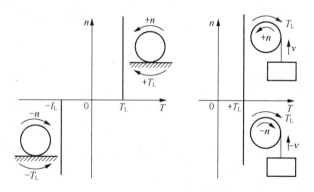

(a) 反抗性恒转矩负载特性　　(b) 位能性恒转矩负载特性

图 2.15　恒转矩负载特性

（1）反抗性恒转矩负载特性。这种负载转矩的大小不变，且方向始终与生产机械的运动方向相反，总是阻碍运动。按正方向规定，当 n 为正方向时，反抗性负载转矩 T_L 方向与 n 方向相反，即 T_L 也为正，如图 2.15（a）所示，负载在图中第 I 象限；当 n 为反方向时，

反抗性负载转矩 T_L 方向与 n 方向相反，即 T_L 为负，如图 2.15（a）所示，负载在图中第Ⅲ象限。

恒转矩负载的特点：工作机构转矩的绝对值恒定不变，转矩的性质总是阻碍运动的制动性转矩。工程实际中的轧钢机、电车平地行驶、行走机构等由摩擦力产生转矩的机械均属于此类负载。

（2）位能性恒转矩负载特性。位能性恒转矩负载是由重力作用产生的。其特点：不论生产机械运行方向变化与否，负载转矩的绝对值恒定不变，且方向也不变（与运动方向无关），总是重力作用的方向。如起重机提升和下放重物即属于此类负载。

当起重机提升重物时，负载转矩 T_L 方向与 n 方向相反，负载转矩 T_L 为阻转矩，如图 2.15（b）所示，负载在图中第Ⅰ象限；当起重机下放重物时，负载转矩 T_L 方向与 n 方向相同，即负载转矩 T_L 为负，如图 2.15（b）所示，负载在图中第Ⅳ象限。

2．恒功率负载特性

恒功率负载特性的特点是：当电动机的转速变化时，负载从电动机吸取的功率为恒定值，即 T_L 与 n 成反比，特性曲线如图 2.16 所示，为一条双曲线。

恒功率负载从电动机吸取的功率为

$$P_L = T_L \Omega = T_L \frac{2\pi n}{60} = 常数 \tag{2.16}$$

显然，当功率一定时，负载转矩与电动机的转速成反比。车床的车削加工就是恒功率负载，车床粗加工时，切削量大，负载阻力大，采用低速挡；精加工时，切削量小，负载阻力小，采用高速挡。

3．通风机泵类负载特性

通风机泵类负载特性为一条抛物线，如图 2.17 所示。水泵、油泵、鼓风机、通风机和螺旋桨等均属于此类负载。

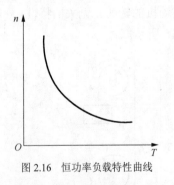

图 2.16　恒功率负载特性曲线

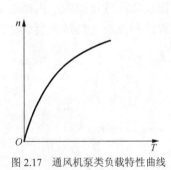

图 2.17　通风机泵类负载特性曲线

通风机泵类负载机械是按离心原理工作的，其特点是负载转矩 T_L 的大小与电动机转速 n 的平方成正比，即

$$T_L = cn^2 \tag{2.17}$$

式中，c 是比例常数。

应当指出的是，实际的负载可能是上述单一类型的，也可能是几种典型负载的综合。如起重机提升重物时，除位能性负载外，还要克服系统摩擦转矩这一反抗性负载转矩，所以此时电动机轴上的负载转矩 T_L 就为这两种转矩之和。

强调指出：在电力拖动系统中，电动机的机械特性与负载转矩特性有交点，即 $T=T_L$，这是系统稳定运行的必要条件。而电力拖动系统稳定运行的充分必要条件是：在 $T=T_L$ 处，$\dfrac{\Delta T}{\Delta n} < \dfrac{\Delta T_L}{\Delta n}$。

问题与思考

1. 当异步电动机的转速 n 下降，而外加电源电压不变时，电动机的电磁转矩会不会改变？
2. 什么是恒转矩负载，其负载特性有什么特点？
3. 在什么条件下，电力拖动系统处于静止或匀速运动的稳定状态？

2.4 三相异步电动机的控制技术

电动机拖动生产机械运动的情况随生产机械的不同而不同。有的生产机械如电梯、起重机等，启动时的负载转矩与正常运行时相同；机床电动机在启动过程中接近空载，待转速接近稳定时再加负载；鼓风机在启动时只有很小的静摩擦转矩，而转速一旦升高，负载转矩则很快增大；生产机械中还有一些电动机需频繁启动、停止等。这些都对电动机的启动控制、制动控制以及调速提出了不同的要求。

2.4.1 三相异步电动机的启动控制

异步电动机通电后转子从静止状态到稳定运行的过渡过程称为启动过程，简称启动。

三相异步电动机的启动控制

1. 三相鼠笼型异步电动机的启动

三相鼠笼型异步电动机的转子无法串电阻，只有全压启动和降压启动两种方法。

（1）全压启动。异步电动机若要启动成功，必须保证启动转矩 T_{st} 大于来自轴上的负载阻转矩 T_L。T_{st} 和 T_L 之间的差值越大，电动机启动过程越短，但差值过大又会引起传动机构受到较大的冲击力而造成损坏。频繁启动的生产机械，其启动时间的长短将对劳动生产率或线路产生一定的影响。如电动机启动的初始时刻，$n=0$，$s=1$，转子绕组以最大转差速度与旋转磁场相切割，因此转子绕组中的感应电流达到最大，一般中、小型鼠笼型异步电动机的启动电流 I_{st} 为额定电流 I_N 的 4～7 倍。这么高的电流为什么不会烧坏电动机呢？

启动不同于堵转，电动机的启动过程一般都很短，小型异步电动机的启动时间只有零点几秒，大型电动机的启动时间为十几秒到几十秒，从发热的角度考虑，这么短的时间内尽管通过电动机的电流很大，但对电动机不会构成永久损害。因为电动机一经启动后转速就会迅速升高，相对转差速度很快减小，从而使转子、定子电流很快下降。但是，当电动机频繁启动或电动机容量较大时，由于热量囤积或过大启动电流在输电线路上造成的短时较大压降，仍会对电动机造成损坏或影响同一电网上的其他设备的正常工作。

对此，人们对电动机的启动提出了要求：启动电流小，启动转矩大，启动时间短和所用启动装置及操作方法尽量简单易行。

同时满足上述几点显然困难，实际应用中常根据具体情况适当地选择启动方法。首先要考虑是否需要限制启动电流，若不需要，可用刀闸或其他设备直接将电动机与电源相接，这种启动方式称为全压启动或直接启动。

全压启动所需设备简单，操作方便，启动迅速。通常规定，电源容量在 180kV·A 以上、电动机容量在 7kW 以下的三相异步电动机才可采用直接启动的方法。也可遵照下面的经验公式来确定一台电动机能否全压启动：

$$\frac{I_{st}}{I_N} \leqslant \frac{3}{4} + \frac{\text{电源变压器容量（kV·A）}}{4 \times \text{电动机功率（kW）}} \tag{2.18}$$

凡不满足全压启动条件的，要考虑限制启动电流，但限制启动电流的同时应保证电动机有足够的启动转矩，并且尽可能采用操作方便、简单经济的启动设备进行降压启动。

（2）定子绕组串电阻或电抗的降压启动。电动机启动时，在定子电路中串入电阻或电抗，使加在电动机定子绕组上的相电压低于电源的相电压（定子绕组的额定电压），启动电流 I'_{st} 就会小于全压启动时的启动电流 I_{st}，待电动机启动完毕，再将串入定子绕组中的电阻或电抗切除，使电动机在额定电压下正常运行。定子绕组串电阻或电抗的降压启动原理电路和等效电路如图 2.18 所示。

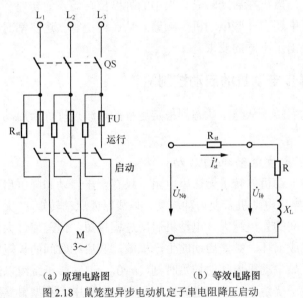

（a）原理电路图　　　　　　　　（b）等效电路图

图 2.18　鼠笼型异步电动机定子串电阻降压启动

这种启动方法具有启动平衡、运行可靠、设备简单等特点，但启动转矩随电动机定子相电压的平方降低，因此只适合空载或轻载启动，同时启动时电能损耗较大，所以对大容量的电动机往往采用定子绕组串电抗降压启动。

（3）Y-△降压启动。图 2.19 所示的启动方法显然只适用于正常运行时定子绕组为△接法的异步电动机。

降压启动过程：启动时把双向开关 QS_2 投向下方，三相异步电动机的定子绕组即成Y接，待转速上升到接近额定值时，QS_2 迅速投向上方，则电动机定子绕组切换成△运行。

由三相交流电的知识可知：Y形启动时线电流是△接时线电流的 1/3，启动转矩也是△接时的 1/3。Y-△启动方法设备简单，成本低，操作方便，动作可靠，使用寿命长。目前，Y系列 4～100kW 的异步电动机均设计成 380V 的△接，因此这种启动方法在实际应用中得到了广泛的应用。

（4）自耦降压启动。自耦降压启动是利用三相自耦变压器来降低加在定子绕组上的电压，如图 2.20 所示，又称为启动补偿器。

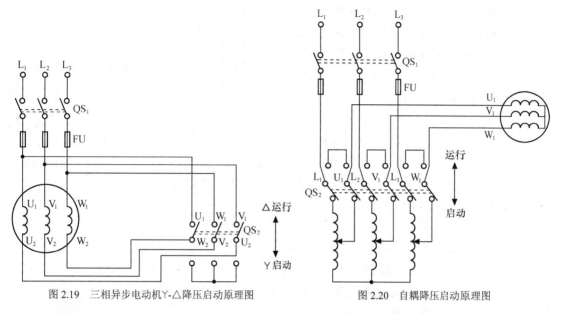

图 2.19　三相异步电动机Y-△降压启动原理图　　　　图 2.20　自耦降压启动原理图

启动时，先将开关 QS₂ 扳到"启动"位置，使自耦变压器的高压侧与电网相连，低压侧与电动机定子绕组相接，电源电压经自耦变压器降压后加到异步电动机的三相定子绕组上，当转速接近额定值时，再将 QS_2 扳向"运行"位置，将自耦变压器切除，电动机的定子绕组直接与电网相接，进入正常的全压运行状态。

自耦变压器备有 2～3 个不同的抽头，以便得到不同的电压（例如，80%和65%，80%、60%和40%），用户可依据对启动电流和启动转矩的要求选用。

自耦降压启动的优点是启动电压可根据需要来选择，可获得较大的启动转矩，故在 10kW 以上的三相鼠笼型异步电动机中得到了广泛的应用。但是自耦变压器的体积大、成本高，而且需要经常维修。因此，自耦降压启动方法只适用于容量较大或正常运行时不能采用Y-△降压启动的三相鼠笼式异步电动机。

2．三相绕线型异步电动机的启动

（1）转子串电阻降压启动。三相绕线型异步电动机启动时，只要在转子电路中串入适当的启动电阻 R_{st}，就可以达到减小启动电流、增大启动转矩的目的，如图 2.21 所示。

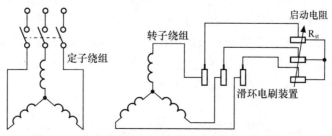

图 2.21　三相绕线型异步电动机转子串电阻降压启动接线图

启动过程中逐步切除启动电阻，启动完毕后将启动电阻全部短接，电动机正常运行。

（2）转子串频敏变阻器的降压启动。绕线型异步电动机除在转子回路中串电阻降压启动外，目前用得更多的是在转子回路中接频敏变阻器降压启动。

频敏变阻器是一种阻抗值随频率明显变化、静止的无触点电磁元件。频敏变阻器实质上是一个铁心损耗很大的三相电抗器，铁心做成三柱式，由较厚的钢板叠成。3 个钢板柱上每柱绕一个线圈，三相线圈接成星形，然后接到绕线型转子异步电动机的转子绕组上，如图 2.22（a）所示。

频敏变阻器在启动过程中能自动减小阻值，以代替人工切除启动电阻。绕线型三相异步电动机转子回路串频敏变阻器降压启动的优点是结构简单、使用方便、寿命长、启动电流小以及启动转矩大，且启动过程平滑性好。

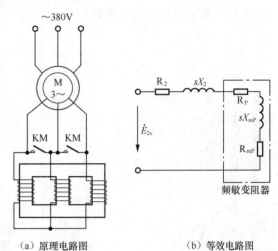

（a）原理电路图　　　　　（b）等效电路图

图 2.22　绕线型异步电动机转子串频敏变阻器降压启动

普通鼠笼型异步电动机启动转矩较小，满足不了有些特殊场合生产机械的需求，这时我们可选用具有较大启动转矩的双笼型或深槽型异步电动机。而绕线型异步电动机的启动转矩更大，常用于要求启动转矩较大的卷扬机、起重机等场合。

2.4.2　三相异步电动机的调速控制

随着电力电子技术、计算机技术和自动控制技术的迅猛发展，交流电动机的调速技术也在日趋完善，大有取代直流调速的趋势。

用人为的方法使电动机的转速从某一数值改变到另一数值的过程称为调速。

由 $n = (1-s)n_0 = (1-s)\dfrac{60f_1}{p}$ 可知，三相异步电动机的调速方法有变极（p）调速、变频（f_1）调速和变转差率（s）调速 3 种。

1．变极调速

这种调速方法只适用于三相鼠笼型异步电动机，不适合绕线型异步电动机。因为鼠笼型异步电动机的转子磁极数是随定子磁极数的改变而改变的，而绕线型异步电动机的转子绕组在转子嵌线时应当已确定了磁极数，一般情况下很难改变。

采用变极调速的电动机一般每相定子绕组由两个相同的部分组成，这两部分可以串联也可以并联，通过改变定子绕组接法可制作出双速、三速、四速等品种。变极调速时需有一个较为复杂的转换开关，但整个设备相对来讲比较简单，常用于需要调速而要求又不高的场合。变极调速能做到分级变速，不可能实现无级调速。但变极调速比较经济、简便，目前广泛应用于机床中各拖动系统，以简化机床的传动机构。

2．变频调速

改变电源频率可以改变旋转磁场的转速，同时也改变了转子的转速。这种调整方法的关键是为电动机设置专用的变频电源，因此成本较高。现在的晶闸管变频电源已经可以把 50Hz 的交流电源转换成频率可调的交流电源，以实现范围较宽的无级调速，随着电子器件成本的不断降低和可靠性的不断提高，这种调速方法的应用将越来越广泛。

工农业生产中常用的风机、泵类是用电量很大的负载，其中多数在工作中要求调速。若拖动它们的电动机转速一定，用阀门调节流量，相当一部分的功率将消耗在阀门的节流阻力上，使能量严重浪费，且运行效率很低。如果电动机改为变频调速，靠改变转速来调节流量，一般可节电20%～30%，其长期效益远高于增加变频电源的设备费用，因此变频调速是交流调速发展的方向。

控制理论的发展、微机控制技术及大规模集成电路的应用，为交流调速的飞速发展创造了技术和物质条件，使得交流变频技术愈加成熟。目前，我国在交流变频调速技术上也取得了突飞猛进的发展，变频器从单一变频调速的功能发展为含有逻辑和智能控制的综合功能，使得变频器不仅能实现宽调速，还可进行伺服控制。

3．变转差率调速

变转差率调速的方法只适用于绕线型异步电动机。在绕线型异步电动机的转子回路中串可调电阻，恒转矩负载通过调节电阻阻值的大小，可使转差率得到调整和改变。这种变转差率调速的方法，其优点是有一定的调速范围，且可做到无级调速，设备简单、操作方便。缺点是能耗较大，效率较低，并且随着调速电阻的增大，机械特性将变软，运行稳定性将变差。一般应用于短时工作制且对效率要求不高的起重设备中。

变转差率调速的特点是电动机同步转速不变。

三相异步电动机
的反转控制

2.4.3　三相异步电动机的反转控制

三相异步电动机的转动方向总是同旋转磁场的旋转方向相一致，而旋转磁场的方向取决于通入异步电动机定子绕组中的三相电流的相序。因此，只需把接到电动机定子绕组上的 3 根电源线中的任意两根对调一下位置，三相异步电动机即可改变旋转方向。

2.4.4　三相异步电动机的制动控制

采用一定的方法让高速运转的电动机迅速停转的措施称为制动。

三相异步电动机
的制动控制

正在运行的电动机断电后，由于转子旋转和生产机械的惯性，电动机总要经过一段时间后才能慢慢停转。为了提高生产机械的效率及安全，往往要求电动机能够快速停转；而起吊重物的起重用电动机，从安全角度考虑，要求限制电动机不致过速，这时就必须对电动机进行制动控制。三相异步电动机常用的制动控制方法有以下几种。

1．能耗制动

能耗制动的原理如图 2.23 所示。当电动机三相定子绕组与交流电源断开后，将直流电通入定子绕组，产生固定不动的磁场。转子由于惯性转动，与固定磁场相切割而在转子绕组中产生感应电流，这个感应的转子电流与固定磁场再相互作用，从而产生制动转矩。这种制动方法是把电动机轴上的旋转动能转变为电能，消耗在转子回路电阻上，故称为能耗制动。能耗制动的特点是制动准确、平稳，但需要直流电源，且制动转矩随转速降低而减小。能耗制动的方法常用于生产机械中的各种机床制动。

2．反接制动

反接制动的原理如图 2.24 所示。把与电源相连接的 3 根火线任意两根的位置对调，使旋转磁场反向旋转，产生制动转矩。当转速接近零时，利用某种控制电器将电源自动切断。反接制动方法制动力强，停车迅速，无须直流电源，但制动过程中冲击力大，电路能量消耗也大。反接制动通常适用于某些中型车床和铣床的主轴制动。

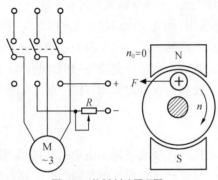

图 2.23 能耗制动原理图

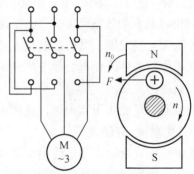

图 2.24 反接制动原理图

3．再生发电制动

再生发电制动的原理如图 2.25 所示。当多速电动机从高速调到低速的过程中，极对数增加时旋转磁场立即随之减小，但由于惯性，电动机的转速只能逐渐下降，这时出现了 $n > n_0$ 的情况；起重机快速下放重物时，重物拖动转子也会出现 $n > n_0$ 的情况。只要电动机转速 n 超过旋转磁场转速 n_0 的情况发生，电动机将从电动状态转入发电机运行状态，这时转子电流和电磁转矩的方向均发生改变，其中电动机的转矩成为阻止电动机加速、限制转速的制动转矩。在制动过程中，电动机将重物的势能转变为电能再反馈回送给电网，所以再生发电制动也常被称为反馈制动。反馈制动实际上不是让电动机迅速停转而是用于限制电动机的转速。

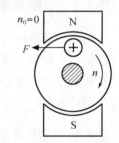

图 2.25 再生发电制动原理图

问题与思考

1．何谓三相异步电动机的启动？直接启动应满足什么条件？

2．何谓三相异步电动机的调速？三相鼠笼型异步电动机的调速方法有哪些？

3．三相异步电动机若要反转，需采取什么措施？

4．何谓三相异步电动机的制动？常用的制动方法有哪些？

5．一台 380V、Y接的鼠笼型异步电动机，能否采用Y-△启动？为什么？

2.5　三相异步电动机的选择

异步电动机的应用很广，它所拖动的生产机械多种多样，要求也各不相同。选用异步电动机应从技术和经济两个方面进行考虑，以实用、合理、经济和安全为原则，正确选用其种类、功率、结构、转速等，以确保安全可靠地运行。

三相异步电动机的选择

2.5.1　种类选择

三相异步电动机中鼠笼型电动机结构简单、坚固耐用、工作可靠、维护方便、价格低廉，但调速性能差，启动电流大，启动转矩较小，功率因数较低，一般用于无特殊调速要求的生产机械，如泵类、通风机、压缩机、金属切削机床等。

绕线型异步电动机与鼠笼型异步电动机相比较，启动性能和调速性能都较好，但结构复杂，启动、维护较麻烦，价格比较贵。它适用于需要有较大的启动转矩，且要求在一定范围内进行调速的起重机、卷扬机、电梯等。

2.5.2 功率选择

电动机功率的选择，是由生产机械决定的。如果电动机的功率选得过大，虽然能保证正常运行，但不经济；若电动机的功率选得过小，又不能保证电动机和生产机械的正常运行，长期过载运行还将导致电动机烧坏。电动机功率选择的原则是：电动机的额定功率等于或稍大于生产机械的功率。

2.5.3 结构选择

电动机的外形结构，根据使用场合可分为开启式、防护式、封闭式及防爆式等。应根据电动机的工作环境来进行选择，以确保其安全、可靠地运行。

开启式电动机在结构上无特殊防护装置，但通风散热好、价格便宜，适用于干燥、无灰尘的场所；防护式电动机的机壳或端盖处有通风孔，可防雨、防溅及防止铁屑等杂物掉入电动机内部，但不能防尘、防潮，适用于灰尘不多且较干燥的场所；封闭式电动机外壳严密封闭，能防止潮气和灰尘进入，但体积较大、散热差、价格较高，常用于多尘、潮湿的场所；防爆式电动机外壳和接线端全部密闭，不会让电火花溅到壳外，能防止外部易燃、易爆气体侵入机内，适用于石油、化工企业，煤矿及其他有爆炸性气体的场所。

2.5.4 转速选择

电动机额定转速是根据生产机械的要求来选择的。当电动机的功率一定时，转速越高，体积就越小，价格也越低，但需要变速比较大的减速机构。因此，必须综合考虑电动机和机械传动等诸方面因素。

问题与思考

1．在启动性能要求不高的场合，通常选用鼠笼型异步电动机还是选择绕线型异步电动机？
2．电动机的功率选择原则是什么？
3．工厂机床内的异步电动机通常采用哪种外形结构？

2.6 单相异步电动机

使用单相交流电源的异步电动机称为单相异步电动机。与同容量的三相异步电动机相比，单相异步电动机体积较大，运行性能较差，但当容量不大时，这些缺点并不明显，所以单相异步电动机的容量一般都较小，功率在几瓦到几百瓦。

2.6.1 单相异步电动机的启动问题及其分类

单相异步电动机

单相异步电动机具有结构简单、使用方便、运行可靠等优点，单相异步电动机主要制成小型电动机。各种电动小型工具（如手电钻）、家用电器（如洗衣机、电冰箱、电风扇）、医用器械、自动化控制系统及小型电气设备中都采用单相异步电动机。

1．单相异步电动机的启动问题

单相异步电动机的定子绕组通入大小和方向均按正弦规律变化的交流电时，会产生一个大小和极性随着电流变化，但磁场在空间的位置却始终不变的脉振磁场。这个只沿正、反两个方向反复交替变化的脉振磁场如图 2.26 所示。显然，脉振磁场作用下的单相异步电动机转子是不能产生启动转矩而转动的，即单相异步电动机不能自行启动。

若要单相异步电动机转动起来，就必须解决它的旋转磁场问题，给它增加一套产生启动转矩的启动装置。常用的启动方法是采用电容分相法和罩极法在气隙中产生旋转磁场。

2．电容分相法的启动原理

图 2.27 所示为单相电容分相法异步电动机的接线原理图。从图中可看出，单相电容式异步电动机解决自行启动问题的方法是在工作绕组两端并联一个容性的启动绕组，即在其定子铁心槽内，除原来的工作绕组外，再按照一定的工艺嵌入一个启动绕组，使得两个绕组在空间的安装位置相差 90°。

图 2.26 单相异步电动机的脉振磁场

电容分相法：在作为启动绕组的支路中串联一个电容器，容量选择恰当，使通入启动绕组中的电流相位，与工作绕组中通入的电流相位之差为 90°，如图 2.28 所示的波形图，然后与工作绕组相并联后接于单相交流电源上。

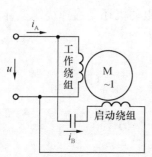

图 2.27 单相电容式异步电动机接线图

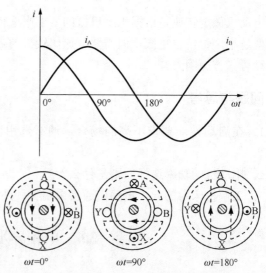

图 2.28 单相异步电动机旋转磁场的形成

相位正交的两绕组电流可在单相异步电动机定、转子之间的气隙中产生二相旋转磁场，如图 2.28 所示。

三相异步电动机运行时若断了一根电源线，称为"缺相"运行，"缺相"运行的三相异步电动机由于剩余两相构成串联，因此相当于单相异步电动机。此时，三相异步电动机虽然仍能继续运转下去，但由于"缺相"运行情况下电流大大超过其额定值，时间稍长必然导致电动机烧损。若三相异步电动机启动时电源线就断了一根，就构成了三相异步电动机的单相启动。由于此时气隙中产生的是脉动磁场，因此三相异步电动机转动不起来，但转子电流和定子电流都大于正常启动电流，应马上切断电源，否则将使电动机因堵转而产生烧损事故。

3．罩极法的启动原理

图2.29所示为单相异步电动机利用罩极法产生旋转场的示意图。

单相罩极式异步电动机的转子仍为鼠笼型，定子有凸极式和隐极式两种，图2.29所示为一台单相凸极式罩极异步电动机的结构原理图。单相罩极式异步电动机的铁心具有凸起的磁极，每个磁极装有主绕组，主磁极的极靴一侧$1/3 \sim 1/4$的部位开一个凹槽，经凹槽放置一个短路铜环，把磁极的小部分罩在环中。

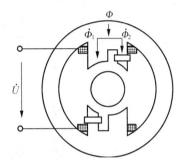

图 2.29 单相凸极式罩极异步电动机结构

定子磁极绕组接通单相交流电源，通入交流电流时，电动机内产生一个脉振磁动势，其交变磁通穿过磁极。其中大部分为穿过未罩部分的磁通Φ_1，另有一小部分与Φ_1同相位的磁通Φ_2穿过被罩部分。当Φ_2穿过短路环时，短路环内就会产生一个相位上落后于磁通Φ_2的感应电动势，感应电动势在短路环内产生的感应电流为相位上落后于感应电动势一个不大的电角度，使实际穿过被罩部分的磁通Φ_2'等于Φ_2与感应电流的磁通的相量和，短路环内的感应电动势应为Φ_2'感应产生，相位上落后Φ_1小于$90°$的电角度，这样，磁通Φ_1和Φ_2'不但在空间上相差一个电角度，时间上也不同相位，因而在电动机中形成的合成磁场为椭圆形旋转磁场，且旋转磁场的方向总是从未罩部分转向被罩部分。电动机在此椭圆旋转磁场作用下，产生启动转矩自行启动，其主要有运行绕组维持运行。由于磁通Φ_1与Φ_2'无论在空间位置上还是在时间相位上相差的电角度都小于$90°$，故启动转矩较小，只能空载或轻载启动。而且转向总是由磁极的未罩部分转向被罩部分，不能改变。这种电动机的优点是结构简单、维护方便、价格低廉，常使用于小型鼓风机、风扇和电唱机等。

2.6.2 单相异步电动机的调速与反转

1．单相异步电动机的调速

由于单相异步电动机有一系列的优点，所以使得它的使用领域越来越广泛，尤其在家用电器的使用上获得了迅速的发展。目前，各种家电品种已达几百种，规格款式数以千计。

家用电扇一般都要求能调速，单相异步电动机的调速方法很多，对于电风扇用电动机调速，目前常用的有串电抗调速和电动机绕组抽头调速。

（1）串电抗调速。将电抗器与电动机定子绕组串联，通电时，利用在电抗上产生的电压降使施加到电动机定子绕组上的电压低于电源电压，从而达到降低转速的目的。因此用串电抗器调速时，电动机的转速只能由额定转速往低调。图2.30所示为单相异步电动机串电抗器调速示意图。

串电抗调速方法线路简单，操作方便。缺点是电压降低后，电动机的输出转矩和功率明显降低，因此只适用于转矩及功率都允许随转速降低而降低的场合。其目前主要用于吊扇及台扇上。

（2）电动机绕组抽头调速。图 2.31 所示为单相异步电动机的抽头调速线路图。

电容式电动机较多地采用定子绕组抽头调速，此时电动机定子铁心槽中嵌有工作绕组、启动绕组和调速绕组。通过调速开关改变调速绕组与启动绕组及工作绕组的接线方法，以此改变电动机内部气隙磁场的大小，达到调节电动机转速的目的，这种调速方法通常有 T 形接法和 L 形接法两种，如图 2.31（a）、（b）所示。

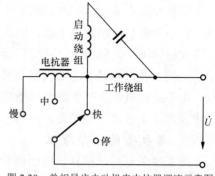

图 2.30 单相异步电动机串电抗器调速示意图

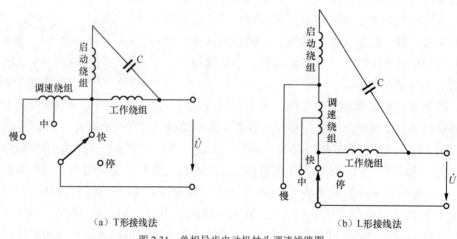

（a）T 形接线法　　　　　　　　　　　（b）L 形接线法

图 2.31 单相异步电动机抽头调速线路图

与串电抗调速比较，用绕组内部抽头调速不需电抗器，故材料省，耗电少，缺点是绕组嵌线和接线比较复杂，电动机与调速开关的接线较多。

2.单相异步电动机的反转

我们以洗衣机用电动机为例来分析单相异步电动机的反转。

洗衣机主要有滚筒式、搅拌式和波轮式 3 种。目前，我国有一部分家庭选用的洗衣机是波轮式，这种洗衣机的洗衣桶立轴，底部波轮高速转动带动衣服和水流在洗涤桶内旋转，由此使桶内的水形成螺旋涡流，并带动衣物转动，上下翻滚，使衣服与水流和桶壁摩擦并互相拧搅，在洗涤剂的作用下使衣服污垢脱落。

洗衣机工作时要求其电动机出力大，启动好，耗电少，温升低，噪声少，绝缘性能好，成本低等，且电动机在定时器的控制下能正反交替运转。改变单相电容运转式电动机转向的方法有两种：一是在电动机与电源断开时，将工作绕组或启动绕组中任何一组的首尾两端换接以改变旋磁场的方向，从而改变电动机的转向；二是在电动机运转时，将启动绕组上的电容器串接于工作绕组上，即工作绕组和启动绕组对调，从而改变旋转磁场和转子的转向。洗衣机大多采用后一种方法。因为洗衣机在正反转工作时情况完全一样，所以两相绕组可轮流充当工作绕组和启动绕组，因而在设计时，绕组应具有相同的线径、匝数、节距及绕组分布形式。

图 2.32 所示为洗衣机中的电动机与定时器原理接线图，当主触点 K 与 b 接触时，流进绕组 I 的电流超前于绕组 II 的电流某一角度。假如这时电动机按顺时针方向旋转，那么当 K 切换到 a 点，流进绕组 II 的电流超前绕组 I 的电流一个电角度，电动机便逆时针旋转。

洗衣机脱水用电动机也是采用电容运转式电动机，它的原理和结构同一般单相电容运转式电动机相同。由于脱水时一般不需要正反转，故脱水用电动机按一般单相电容运转异步电动机接线，即主绕组直接与电源相接，启动绕组和移相电容串联后再接入电源。由于脱水用电动机只要求单方向运转，所以工作绕组和启动绕组采用不同的线径和匝数绕制。

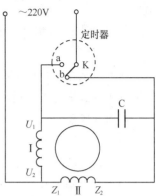

图 2.32　洗衣机中的电动机
与定时器原理接线图

显然，电容分相法的单相异步电动机，转动起来之后启动绕组仍可留在电路中，也可以利用离心式开关或电压、电流型继电器把启动绕组从电路中切断。按前者设计制造的叫作电容运转式电动机，按后者设计制造的叫作电容启动式电动机。

单相电容式异步电动机用于家用洗衣机时，就是由定时器控制转换开关转换的时间，使之一会儿启动绕组相连，一会儿和工作绕组相连，从而实现了洗衣机自动转向工作。

问题与思考

1．单相异步电动机通入单相正弦交流电后，产生的磁场有何种特点？
2．单相异步电动机采用什么方法可使之产生旋转磁场？
3．试述单相异步电动机常用的调速控制有哪些？简要说明串电抗调速的特点。
4．单相异步电动机利用什么样的方法达到正、反转控制的？

应用实践

小操作：单相异步电动机的检修（电风扇）

单相异步电动机（电风扇）在使用过程中，必须加强维护检修，以延长使用寿命；经常擦除风叶、机壳灰尘，摇头齿轮箱内润滑油脂每 2～3 年更换一次，且要用品质纯净的油脂；在每年使用结束时，做一次彻底清洗工作，并且用塑料套包装放于干燥场所。

电风扇中的单相异步电动机在使用过程中，因使用不当，可导致电动机出现不同的故障，同一现象的故障可能产生于多种原因，同一原因又可能表现出不同的故障形式。因此必须对故障做具体分析和认真检查，才能找出排除故障的措施和方法。电动机的故障分为电气故障与机械故障。

机械故障中轴承损坏是一种常见现象。风扇电动机轴承在长期使用过程中造成磨损，一旦发现磨损严重必须及时更换。拆卸轴承是一项比较复杂的工作，需要耐心。家用风扇的轴承有两种形式：一种是滚珠轴承，另一种是含油轴承。

滚珠轴承拆卸有两种方法：一种是用拉钩拆卸，拆卸时要使拉钩的钩手紧紧地扣住轴承的内圈，然后慢慢地转动螺杆把轴承卸下来；另一种是敲打法，用铜棒顶紧轴承内圈，用手锤沿轴承内圈均匀用力敲打铜棒使轴承卸下来。用铜棒的目的是不损伤电动机的转轴和轴承。

含油球形轴承拆卸比较简单，只要把轴承端盖内的压板垫与紧固螺钉旋松，即可将轴承取出。

含油轴承在装配前需要在轻质机油内浸泡数小时，使油充分地渗透到轴承里面，以便在使用过程中起良好的润滑作用。还要注意装配时，应使前后端盖孔与含油轴承保持同心。

在检修风扇时，若发现轴承和齿轮箱有故障，必须首先清洗轴承和齿轮箱，然后决定是否更换。清洗轴承和齿轮箱一般采用毛刷蘸取汽油、柴油、甲苯等溶液进行清洗。开始清洗时，不要很快地转动轴承及齿轮箱，以免杂物进入轴承中损伤轴承和齿轮。清洗完后用干净的布擦干，不要用棉纱头等多绒毛的东西擦轴承及齿轮箱，以免绒毛等杂物落入轴承内。清洗过的轴承及齿轮箱最好不要用手去触摸，以免轴承、齿轮箱沾染汗水而锈蚀，清洗后轴承齿轮箱要更换新的润滑油脂。

检修完的风扇，或较长时间没有使用的风扇，在使用前必须测量其绝缘电阻。取 500V 兆欧表一块，把表上"L"一端分别接在电动机的主、副绕组的引出线端，"E"一端接在电机外壳上，以 120r/min 左右的速度摇动兆欧表的手柄，此时表针所指示的数值即为电机绕组与机座之间的绝缘电阻值，如果电机的绝缘电阻在 0.5MΩ 以上，则说明绝缘良好，可以使用，如果绝缘电阻在 0.5MΩ 以下，甚至接近于零，则说明电机绕组已经受潮，不能继续使用，必须烘干。

操作要求：拆卸实验用的单相电容异步电动机或电风扇进行清洗、加油、测量其绝缘电阻，随后再进行组装及通电试用。

异步电动机的丫-△降压启动和自耦补偿降压启动

一、实验目的

1．熟悉实际电动机控制线路的连接，初步掌握三相异步电动机绕组的首、尾端判别方法及外引线连接方法。

2．掌握三相异步电动机启动瞬间电流的测量方法。

3．了解钳形电流表的使用。

二、实验主要设备

1．三相异步电动机　　　　2 台

2．三相自耦补偿器　　　　1 台

3．丫-△启动手动装置　　　1 个

4．钳形电流表　　　　　　1 块

5．电流表　　　　　　　　1 块

6．电源控制装置及导线

三、实验原理图

（1）丫-△降压启动原理图如图 2.33 所示。

（2）自耦补偿降压启动原理如图 2.34 所示。

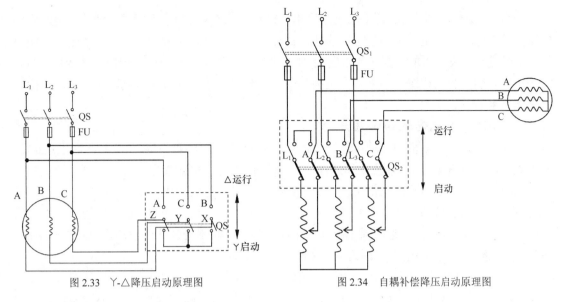

图 2.33 丫-△降压启动原理图   图 2.34 自耦补偿降压启动原理图

四、实验内容及步骤

1. 三相绕组的判别及首、尾端的确定

（1）三相绕组的判别。利用万用表的欧姆挡，对三相异步电动机定子绕组出线接线端进行测量，可以判别三相绕组。具体方法是用万用表的一只表棒固定一个接线端，另一只表棒分别与其他接线端接触，若有一个接线端使万用表读数接近零，则此两个端子为一相绕组。用相同的方法可以确定另外两相绕组。

（2）三相绕组首、尾端的确定。三相异步电动机定子绕组的出线端一般如图 2.35（a）所示。定子绕组可以接成丫或△两种，分别如图 2.35（b）、（c）所示。采用哪种接线则要根据电动机铭牌及电压等级来决定。

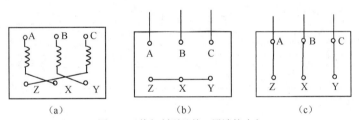

（a）   （b）   （c）

图 2.35 绕组判别及首、尾端的确定

当三相异步电动机出于检修或其他原因，出现不规则排列时，则要通过试验来判别各相绕组的首尾端。其试验方法是：首先用万用表将三相绕组确定下来后，把属于两个绕组的其中两个接线端短接，剩下两个端子接交流电压表，如图 2.36 所示。

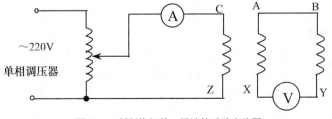

图 2.36 判断绕组首、尾端的试验电路图

把调压器的输出电压接在第三绕组两端，逐渐提高调压器的输出电压，使第三绕组中的电流约等于电动机额定电流的一半时为止。如果电压表的读数为零，则相短接的是两个绕组的同极性端，定为绕组的首端（或末端）；如果电压表有读数，则是两个异极性端相接，即一相绕组为首端，另一相绕组为末端。再换另外一相绕组，按上述方法再判断一次，即可确定出三相绕组的首、末端。

2．三相异步电动机的降压启动

由于三相异步电动机的启动电流较大，通常为额定电流的4～7倍，因此启动时间虽短，但可能使供电线路上的电流超过正常值，增大线路电压，使负载端电压降低，甚至造成同一电网上的其他用电设备不能正常工作或受到影响，这时应考虑降压启动。

（1）丫-△降压启动。按实验原理图连线。注意手动丫-△启动器内部触点的连接方法。线路接好无误后即可通电，丫连接通电瞬间利用测量装置观测启动瞬间的电流表指针偏转情况，与正常△运行时的稳定电流相比较，记录下来。

（2）自耦补偿降压启动。按实验原理图连线。注意操作手柄的操作方法。线路接好无误后即可通电，降压启动时用钳形电流表观测启动瞬间的指针偏转情况，与正常稳定运行情况下的指针偏转情况进行比较，记录下来。

五、实验思考题

1．由实验观测到的数据，电动机启动电流是正常运转情况下电流的多少倍？

2．对比两种降压启动方法，说一说各自的优、缺点。

3．丫-△降压启动能否用在正常工作下丫连接的电动机？

第2章 自测题

一、填空题

1．根据工作电源的类型，电动机一般可分为_____电动机和_____电动机两大类；根据工作原理的不同，交流电动机可分为_____电动机和_____电动机两大类。

2．异步电动机根据转子结构的不同可分为_____型和_____型两大类。它们的工作原理是_____。_____型电动机调速性能较差，_____型电动机调速性能较好。

3．三相异步电动机主要由_____和_____两大部分组成。电动机的铁心是由相互绝缘的_____片叠压制成的。电动机的定子绕组可以连接成_____或_____两种方式。

4．分析异步电动机运行性能时，接触到的3个重要转矩分别是_____转矩、_____转矩和_____转矩。其中_____转矩反映了电动机的过载能力。

5．旋转磁场的旋转方向与通入定子绕组中三相电流的_____有关。异步电动机的转动方向与_____的方向相同。旋转磁场的转速决定于电动机的_____。

6．转差率是分析异步电动机运行情况的一个重要参数。转子转速越接近磁场转速，则转差率越_____。对应于最大转矩处的转差率称为_____转差率。

7．若将额定频率为60Hz的三相异步电动机，接在频率为50Hz的电源上使用，电动机的转速将会_____额定转速。改变_____或_____可改变旋转磁场的转速。

8．电动机常用的两种降压启动方法是_____启动和_____启动。

9. 三相鼠笼型异步电动机名称中的三相是指电动机的＿＿＿＿＿＿＿＿＿＿＿，鼠笼型是指电动机的＿＿＿＿＿＿＿＿＿＿＿＿，异步指电动机的＿＿＿＿＿＿＿＿＿＿＿。

10. 降压启动是指利用启动设备将电压适当＿＿＿＿＿＿＿后加到电动机的定子绕组上进行启动，待电动机达到一定的转速后，再使其恢复到＿＿＿＿＿＿＿下正常运行。

11. 异步电动机的调速可以用改变＿＿＿＿＿＿、＿＿＿＿＿＿和＿＿＿＿＿3 种方法来实现。其中＿＿＿＿＿＿调速是发展方向。

12. 单相异步电动机的磁场是一个＿＿＿＿＿＿＿，因此不能＿＿＿＿＿＿＿，为获得旋转磁场，单相异步电动机采用了＿＿＿＿＿＿＿式和＿＿＿＿＿＿式。

二、判断题

1. 当加在定子绕组上的电压降低时，将引起转速下降，电流减小。 （　　）

2. 电动机的电磁转矩与电源电压的平方成正比，因此电压越高，电磁转矩越大。 （　　）

3. 启动电流会随着转速的升高而逐渐减小，最后达到稳定值。 （　　）

4. 异步电动机转子电路的频率随转速而改变，转速越高，则频率越高。 （　　）

5. 电动机的额定功率指的是电动机轴上输出的机械功率。 （　　）

6. 电动机的转速与磁极对数有关，磁极对数越多，转速越高。 （　　）

7. 鼠笼型异步电动机和绕线型异步电动机的工作原理不同。 （　　）

8. 三相异步电动机在空载下启动，启动电流小，在满载下启动，启动电流大。（　　）

9. 三相异步电动机在满载和空载下启动时，启动电流是一样的。 （　　）

10. 单相异步电动机的磁场是脉振磁场，因此不能自行启动。 （　　）

三、选择题

1. 二极异步电动机三相定子绕组在空间位置上彼此相差（　　）。
   A. 60° 电角度　　　　　B. 120° 电角度　　C. 180° 电角度　　　　D. 360° 电角度

2. 工作原理不同的两种交流电动机是（　　）。
   A. 鼠笼型异步电动机和绕线型异步电动机
   B. 异步电动机和同步电动机

3. 绕线型三相异步电动机转子上的 3 个滑环和电刷的功用是（　　）。
   A. 连接三相电源
   B. 通入励磁电流
   C. 短接转子绕组或接入启动、调速电阻

4. 三相鼠笼型异步电动机在空载和满载两种情况下的启动电流的关系是（　　）。
   A. 满载启动电流较大　　B. 空载启动电流较大　　　　　　C. 两者相同

5. 三相异步电动机的旋转方向与通入三相绕组的三相电流（　　）有关。
   A. 大小　　　　　　B. 方向　　　　　C. 相序　　　　　　D. 频率

6. 三相异步电动机旋转磁场的转速与（　　）有关。
   A. 负载大小　　　　　　　　　　　　B. 定子绕组上电压大小
   C. 电源频率　　　　　　　　　　　　D. 三相转子绕组所串电阻的大小

7. 三相异步电动机的电磁转矩与（　　）。
   A. 电压成正比　　　　　　　　　　　B. 电压平方成正比
   C. 电压成反比　　　　　　　　　　　D. 电压平方成反比

8. 三相异步电动机的启动电流与启动时的（　　）。

    A. 电压成正比　　　　　　　　　　B. 电压平方成正比

    C. 电压成反比　　　　　　　　　　D. 电压平方成反比

9. 能耗制动的方法就是在切断三相电源的同时（　　）。

    A. 给转子绕组中通入交流电　　　　B. 给转子绕组中通入直流电

    C. 给定子绕组中通入交流电　　　　D. 给定子绕组中通入直流电

10. 在起重设备中常选用（　　）异步电动机。

    A. 鼠笼型　　　　　B. 绕线型　　　　　C. 单相

四、简答题

1. 三相异步电动机在一定负载下运行，当电源电压因故降低时，电动机的转矩、电流及转速将如何变化？

2. 三相异步电动机电磁转矩与哪些因素有关？三相异步电动机带动额定负载工作时，若电源电压下降过多，往往会使电动机发热，甚至烧毁，试说明原因。

3. 有的三相异步电动机有 380V/220V 两种额定电压，定子绕组可以接成星形或者三角形，试问何时采用星形接法？何时采用三角形接法？

4. 在电源电压不变的情况下，如果将三角形接法的电动机误接成星形，或者将星形接法的电动机误接成三角形，将分别出现什么情况？

5. 如何改变单相异步电动机的旋转方向？

6. 当绕线型异步电动机的转子三相滑环与电刷全部分开时，在定子三相绕组上加上额定电压，转子能否转动起来？为什么？

7. 为什么异步电动机工作时转速总是小于同步转速？如何根据转差率来判断异步电动机运行状态？

五、计算题

1. 已知某三相异步电动机在额定状态下运行，其转速为 1430r/min，电源频率为 50Hz。求：电动机的磁极对数 p、额定运行时的转差率 s_N、转子电路频率 f_2 和转差速度 Δn。

2. 某 4.5kW 三相异步电动机的额定电压为 380V，额定转速为 950r/min，过载系数为 1.6。求（1）T_N、T_m；（2）当电压下降至 300V 时，能否带额定负载运行？

3. 一台三相异步电动机，铭牌数据为：丫连接，P_N=2.2kW，U_N=380V，n_N=2970r/min，η_N=82%，$\cos\varphi_N$=0.83。试求此电动机的额定电流、额定输入功率和额定转矩。

4. 已知一台三相异步电动机的型号为 Y132M-4，U_N=380V，P_N=7.5kW，$\cos\varphi_N$=0.85，n_N=1440r/min。试求额定电流、该电动机的极对数和额定转差率。

5. 一台三相八极异步电动机的额定数据为：P_N=260kW，U_N=380r/min，f_1=50Hz，n_N=727r/min，过载能力 λ_T=2.13，求：（1）产生最大转矩 T_m 时的转差率 s_m；（2）当 s=0.02 时的电磁转矩。

6. 一台三相鼠笼型异步电动机，已知 U_N=380V，I_N=20A，D 接法，$\cos\varphi_N$=0.87，η_N=87.5%，n_N=1450r/min，I_{st}/I_N=7，T_{st}/T_N=1.4，λ_T=2，试求：（1）电动机轴上输出的额定转矩 T_N；（2）若要能满载启动，电网电压不能低于多少伏？（3）若采用丫/D 启动，T_{st} 等于多少？

第 3 章
直流电动机

直流电动机是将直流电能转换为机械能的电动机。

与交流电动机相比，直流电动机结构复杂、成本高、运行维护较困难。但直流电动机具有良好的调速性能，且启动转矩大、过载能力强，因此在启动和调速要求较高的场合，仍获得了广泛的应用。直流电动机按励磁方式的不同可分为他励式、并励式、串励式和复励式4种。

学习目标

与交流电动机相比，直流电动机的最大弱点就是存在电流的换向问题，消耗有色金属较多，结构复杂、成本高，运行中的检修和维护也比较困难。因此直流电动机使用的广泛程度远比不上交流电动机。作为直流电源的直流发电机虽已逐步被晶闸管整流装置所取代，但在电镀、电解方面仍被继续使用。而直流电动机因为其调速性能较好、启动转矩较大、过载能力强，仍然得到对启动和调速要求较高的大型轧钢设备、大型精密机床、矿井卷扬机、市内电车及汽车、拖拉机电路等的广泛应用。在控制系统中，直流测速电动机、直流伺服电动机的应用也非常广泛。

本章以直流电动机为主要内容，介绍其工作原理、机械特性、启动、调速、制动等。通过对本章的学习，学习者应了解直流电动机的结构组成；理解直流电动机的工作原理和分类；了解其铭牌数据；理解直流电动机的运行特性及各类直流电动机的机械特性情况；能分析电动机的换向及改善换向方法；会利用直流电动机的工作特性和机械特性分析实际问题；熟悉直流电动机的启动、制动、调速等概念及控制原理。

理论基础

直流电动机是将直流电能转换为机械能的转动装置。直流电动机的定子提供磁场，直流电源向转子绕组提供电流，换向器使转子电流与磁场产生的转矩保持方向不变。

3.1 直流电动机的结构原理

3.1.1 直流电动机的结构组成

直流电动机主要由定子、转子两大部分及一些辅件组成。其产品外形及基本结构如图 3.1 所示。

直流电动机的
结构组成

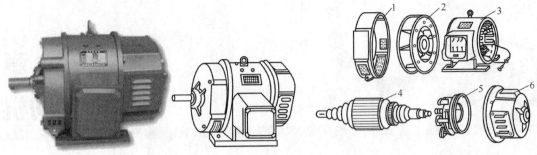

(a) 整体外形图　　　　　　　　　　　(b) 分解图

1—后端盖　2—通风机　3—定子　4—转子　5—电刷装置　6—前端盖

图 3.1　直流电动机的基本结构

1. 定子

定子是直流电动机的机械支撑且用来产生电动机磁路。定子主要由机座、主磁极、换向极和电刷装置组成。

（1）机座。定子中机座起着机械支撑和导磁磁路两个作用。机座既可用来作为安装电动机所有零件的外壳，又是联系各磁极的导磁铁轭。机座通常为铸钢件，也有采用钢板焊接而成的。

（2）主磁极。主磁极是一个电磁铁，如图 3.2 所示，主要由铁心和线圈两部分组成。主磁极铁心一般用 1～1.5mm 厚的薄钢板冲片叠压后再用铆钉铆紧成一个整体。小型直流电动机的主磁极线圈用绝缘铜漆包线（或铝线）绕制而成，大中型直流电动机主磁极线圈用扁铜线绕制，并进行绝缘处理，然后套在主磁极铁心外面。整个主磁极用螺钉固定在机座内壁。

（3）换向极。换向极又称为附加极，装在两个主磁极之间，用来改善直流电动机的换向。换向极也由铁心和线圈构成。换向极铁心大多用整块钢加工而成。但在整流电源供电的功率较大的电动机中，为了更好地改善电动机换向，换向极铁心也采用叠片结构。换向极线圈与主磁极线圈一样，也是用圆铜漆包线或扁铜线绕制而成的，经绝缘处理后套在换向极铁心上，最后用螺钉将换向极固定在机座内壁。

（4）电刷装置。直流电动机的电刷装置的作用是：通过电刷与换向器表面的滑动接触，把转动的电枢绕组与外电路相连。电刷装置一般由电刷、刷握、刷杆、刷杆座等部分组成，电刷一般用石墨粉压制而成。电刷放在刷握内，用弹簧压紧在换向器上，刷握固定在刷杆上，刷杆装在刷杆座上，构成一个整体部件，如图 3.3 所示。

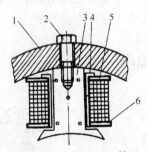

1—机座　2—螺钉　3—铁心
4—框架　5—绕组　6—绝缘衬垫

图 3.2　直流电动机的主磁极

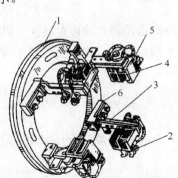

1—刷杆座　2—弹簧　3—刷杆
4—电刷　5—刷握　6—绝缘杆

图 3.3　直流电动机的电刷装置

2．转子

直流电动机的转子通常称为电枢，电枢主要由转轴、电枢铁心、电枢绕组和换向器等组成。

（1）转轴。转轴的作用是传递转矩，一般用合金钢锻压而成。

（2）电枢铁心。电枢铁心是电动机磁路的一部分，也是承受电磁力作用的部件。当电枢在磁场中旋转时，电枢铁心中将产生涡流和磁滞损耗，为了减小这些损耗的影响，电枢铁心通常用 0.5mm 厚的硅钢片叠压制成。电枢铁心固定在转子支架或转轴上，沿铁心外圆均匀地分布有槽，在槽内嵌放电枢绕组。电枢铁心及电枢铁心冲片如图 3.4 所示。

（3）电枢绕组。电枢绕组的作用是产生感应电势和通过电流产生电磁转矩，实现机电能量转换。直流电动机的电枢绕组是直流电动机的主要电路部分。电枢绕组通常采用圆形或矩形截面的导线绕制而成，再按一定规律嵌放在电枢槽内，上、下层之间以及电枢绕组与铁心之间都要妥善地绝缘。为了防止离心力将绕组甩出槽外，槽口处需用槽楔将绕组压紧，伸出槽外的绕组端接部分用无纬玻璃丝带绑紧。绕组端头则按一定规律嵌放在换向器钢片的升高片槽内，并用锡焊或氩弧焊焊牢。

（4）换向器。换向器是直流电机的结构特征，其作用是机械整流。在直流电动机中，它将外加的直流电流逆变成绕组内的交流电流；在直流发电机中，它将绕组内的交流电势整流成电刷两端的直流电势。换向器由许多换向片组成，换向片间用云母片绝缘。换向片凸起的一端称作升高片，用以与电枢绕组端头相连，换向片下部做成燕尾形，利用换向器套筒、V形压圈及螺旋压圈将换向片、云母片紧固成一个整体。在换向片与换向器套筒、压圈之间用 V 形云母环绝缘，最后将换向器压装在转轴上。换向器的结构如图 3.5 所示。

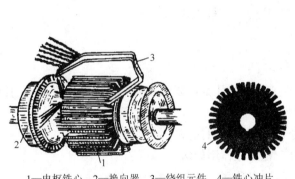

1—电枢铁心　2—换向器　3—绕组元件　4—铁心冲片

图 3.4　电枢铁心及电枢铁心冲片

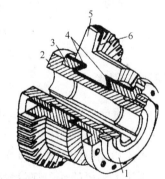

1—螺旋压圈　2—换向器套筒　3—V 形压圈
4—V 形云母环　5—换向铜片　6—云母片

图 3.5　换向器

3.1.2　直流电动机的铭牌数据

铭牌数据都是生产厂家根据国家标准要求，设计和试验所得的一组反映电动机性能的主要数据，它们包括以下几个。

（1）额定功率 P_N。额定功率指直流电动机按规定工作方式运行时，能向负载提供的输出功率。直流电动机的额定功率是指电动机转轴上输出的有效机械功率，单位为千瓦（kW）。直流电动机上额定功率、额定电压和额定电流的关系为

直流电动机的
铭牌数据

$$P_N=U_N I_N \eta_N \qquad (3.1)$$

式中，η_N 为额定效率。

（2）额定电压 U_N。额定电压指额定输出时电动机接线端子间的电压，单位为伏（V）。

（3）额定电流 I_N。额定电流指电动机按照规定的工作方式运行时，电动机绕组允许流过的最大安全电流，单位为安（A）。

（4）额定转速 n_N。额定转速指电动机在额定电压、额定电流和额定输出功率时，直流电动机的旋转速度，单位为转每分（r/min）。

此外，直流电动机的额定数据还有工作方式、励磁方式、额定励磁电压、额定温升、额定效率等。

额定值是选用或使用电动机的主要依据，一般希望电动机按额定值运行。工程实际中选择电动机时，应根据负载的要求，尽可能使电动机运行在额定值附近。

【例 3.1】 一台 Z_252 型直流电动机，已知其铭牌数据为：$P_N=13\text{kW}$，$U_N=220\text{V}$，$\eta_N=0.86$，$n_N=3000\text{r/min}$。试求该直流电动机的额定输入功率、额定电流和额定转矩。

【解】 根据已知铭牌数据，可求得额定输入功率为

$$P_{1N} = \frac{P_N}{\eta_N} = \frac{13}{0.86} \approx 15.1(\text{kW})$$

额定电流为

$$I_N = \frac{P_N}{U_N \eta_N} = \frac{13 \times 10^3}{220 \times 0.86} \approx 68.7(\text{A})$$

额定转矩为

$$T_N = 9550 \frac{P_N}{n_N} = 9550 \frac{13}{3000} \approx 41.4(\text{N} \cdot \text{m})$$

问题与思考

1. 在直流电动机中，电枢所加电压已是直流，为什么还要加装换向器？如果直流电动机没有换向器，还能转动吗？

2. 直流电动机的定子都包含哪几部分？各部分作用如何？

3. 直流电动机的转子都包含哪几部分？各部分作用如何？

4. 何谓直流电动机的铭牌数据？其中的额定功率，是电功率还是机械功率？

3.2 直流电动机的工作原理

直流电动机的工作原理也是建立在电磁力和电磁感应的基础上的。为了便于分析问题，我们把复杂的直流电动机结构用图 3.6 所示的直流电动机简化模型来代替。

3.2.1 直流电动机的转动原理

在图 3.6 中，N 和 S 为直流电动机的一对定子磁极，电枢绕组用单匝线圈表示，线圈的两个引出端分别连在两个换向片上，换向片上压着电刷 A 和 B。

直流电动机的
转动原理

直流电动机的电刷 A 和 B 如果与直流电源相接，且电刷 A 接电源正极，电刷 B 接电源负极，就会在电枢绕组中有电流流过。图 3.6（a）中线圈的 a、b 边与 A 刷所压的换向片相接触，线圈的 d、c 边与 B 刷所压的换向片相接触，电流的流向为 A 刷→a→b→c→d→B 刷；图 3.6（b）中线圈的 a、b 边与 B 刷所压的换向片相接触，线圈的 d、c 边与 A 刷所压的换向片相接触，电流的流向为 A 刷→d→c→b→a→B 刷。即 N 极下线圈有效边中的电流总是同一个方向，S 极下线圈有效边中的电流总是另一个方向。

当线圈由图 3.6（a）中位置转动到 S 极下时，线圈中流过的电流方向必须随之发生改变，才能保证电磁力的方向不变。实现这一过程的元件是换向器。电枢绕组的每一匝都与换向片相连，电枢转动时，换向片随着电枢一起转动，外加电压的电流则通过压紧在换向器上的电刷流入电枢绕组内，由于两个电刷的位置不变，所以 a、b 边转到 N 极下时电流流向为图 3.6（a）所示，转到 S 极下的电流方向如图 3.6（b）所示，即虽然电源供出的

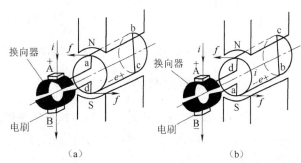

（a）　　　　　　　　　（b）

图 3.6　直流电动机的简化模型

是直流电，但由于电刷、换向器的作用，流入电枢中的电流则是交变了的。

显然，无论是上述哪一种电流流向，电枢绕组上的两个线圈有效边上的电流方向总是相反的：处在 N 极下的导体所受电磁力总是向左，处在 S 极上的导体所受电磁力总是向右，在电磁力矩的作用下，电枢将一直沿着逆时针方向旋转下去，这就是直流电动机的基本工作原理。

3.2.2　直流电动机的电枢电动势和电磁转矩

1．电枢电动势

直流电动机转动时电枢绕组中的导体在不断地切割磁力线，因此每根载流导体中都会产生感应电动势，由于感应电动势产生的电流与电枢中通过的电源电流方向相逆，因此这一电动势 E_a 称为反电动势。反电动势的方向由右手定则判定，大小可用下式计算：

$$E_a = C_e n \Phi \qquad (3.2)$$

式中，C_e 是电势常数，其大小决定于电动机的结构；n 是电枢相对于磁场的切割速度；Φ 是电动机每磁极下的磁通量。

2．电磁转矩

直流电动机是在电枢绕组中通入直流电流，并与电动机磁场相互作用而产生电磁力的，电磁力对轴形成电磁转矩 T，使电动机旋转。电磁力 $F=BIl$，对于给定的电动机，磁感应强度 B 与每极下工作主磁通 Φ 成正比，线圈导体中的电流与电枢电流 I_a 成正比，而导体在磁极磁场中的有效长度 l 及转子半径都是固定的，仅取决于电动机的结构，因此直流电动机的电磁转矩计算式为

$$T = C_T \Phi I_a \qquad (3.3)$$

式中，C_T 是与电动机结构有关的常数，称为转矩系数；电磁转矩 T 的方向由左手定则确定。

直流电动机中的电磁转矩是驱动转矩，驱动电枢转动。因此，电动机的电磁转矩 T 必须与机械负载的阻转矩 T_2 及空载损耗转矩 T_0 相平衡。当轴上的机械负载发生变化时，则电动机的转速、电动势、电流及电磁转矩将自动进行调整，以适应负载的变化，保持新的平衡。例如当负载增加时，轴上的机械转矩增大，原来的平衡被打破，动力矩小于阻力矩，因此电动机的转速下降，随着转速的下降，切割速度减小，反电动势减小，则电枢中的电流增大，电磁转矩增大，直至达到新的平衡为止，电动机的转速重新稳定在一个较低的数值上。

直流电动机的电磁转矩 T 与转速 n 及轴上输出功率 P 的关系式为

$$T = 9550\frac{P}{n} \tag{3.4}$$

式中，P 是电动机轴上输出的机械功率，单位是千瓦（kW）。

直流电动机的
励磁方式

3.2.3 直流电动机的励磁方式

直流电动机将电能转换为机械能，其必要条件之一就是定子和转子之间必须具有气隙磁场，使电枢电流与气隙磁场相互作用而产生电磁转矩，实现机电能量的转换。

直流电动机的励磁方式是指直流电动机励磁绕组和电枢绕组之间的连接方式。不同励磁方式的直流电动机，其特性差异很大。励磁方式的选择对直流电动机很重要。直流电动机的励磁方式有他励、并励、串励、复励4种，如图3.7所示。

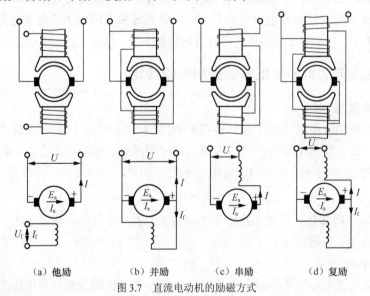

　　（a）他励　　　　　（b）并励　　　　（c）串励　　　　（d）复励

图3.7　直流电动机的励磁方式

1．他励直流电动机

他励直流电动机的励磁绕组与电枢绕组各自分开，励磁绕组由独立的直流电源供电，如图3.7（a）所示。励磁电流 I_f 的大小只取决于励磁电源的电压和励磁回路的电阻，而与电动机的电枢电压大小及负载无关。用永久磁铁作主磁极的电动机可当作他励电动机。

2．并励直流电动机

并励直流电动机的励磁绕组与电枢绕组相并联，如图3.7（b）所示。励磁电流一般为额定电流的5%。并励直流电动机通常绕组匝数多，导线较细，才能产生足够大的磁通。所以，并励发电机电压建立的首要条件就是其磁极必须存在剩磁。

3．串励直流电动机

串励直流电动机的励磁绕组与电枢绕组相串联，如图 3.7（c）所示。励磁电流与电枢电流相同，数值较大，因此，串励绕组匝数很少，导线较粗。

4．复励直流电动机

复励直流电动机至少有两个励磁绕组，一个是串励绕组，另一个是并励（或他励）绕组，如图 3.7（d）所示。通常并励绕组起主要作用，串励绕组起辅助作用。若串励绕组和并励绕组所产生的磁势方向相同，称为积复励；若串励绕组和并励绕组所产生的磁势方向相反，称为差复励。并励绕组匝数多，导线细；串励绕组匝数少，导线粗，外观上有明显的区别。

在上述励磁方式不同的直流电动机中，并励直流电动机和他励直流电动机应用得比较多。

问题与思考

1．为什么说直流电动机中的感应电动势是反电动势？这个反电动势与发电机中的感应电动势有何不同？

2．直流电动机的电枢绕组中通过的电流是直流吗？为什么？

3．直流电动机都有哪些励磁方式？应用得较多的有哪几种？

3.3 直流电动机特性分析

3.3.1 直流电动机的运行特性

直流电动机的主要参数有电动机输出功率、电压、电枢电流、转速、电磁转矩、输出转矩和效率等。电动机运行特性即是指这些参数间的变化关系，或是指这些参数随时间的变化规律。

直流电动机的
特性分析

1．电动势平衡方程式

直流电动机稳定运行情况下，其电压应满足如下关系。

$$U = E_a + \Delta U \tag{3.5}$$

式中，ΔU 是直流电动机的电枢压降。对串励直流电动机来讲，电流流过电枢时，引起的电压降为

$$\Delta U = I_a(R_a + R_m) \tag{3.6}$$

式中，R_a 是电枢电路的铜损耗电阻；R_m 是磁系统电路的电阻。对于永磁直流电动机，则有

$$\Delta U = I_a R_a \tag{3.7}$$

2．转矩平衡方程式

电动机稳定运转情况下，电动机产生的电磁转矩为

$$T = T_2 + T_0 \tag{3.8}$$

空载电磁转矩 T_0 是因电动机上的轴承、电刷和整流环间的摩擦、电枢和磁系统的旋转以及铜损耗而形成的阻转矩。空载阻转矩 T_0 的数值可以用没有负载时的电动机功率 P_0 来计算。空载功率是能保持额定转速时的最低电压与电流的乘积。

直流电动机的空载损耗 P_0 很小，只是额定输出功率的 2%～3%，故空载阻转矩也为输出转矩的 2%～3%。

输出转矩 T_2 是直流电动机输出电磁转矩，其大小取决直流电动机拖动的负载大小。

3.3.2 直流电动机的机械特性

直流电动机的机械特性是指电动机的转速 n 与电磁转矩 T 之间的关系。

设他励直流电动机电枢中的反电动势 $E_a = C_e n \Phi = U - I_a R_a$，电动机转速为

$$n = \frac{E_a}{C_e \Phi} = \frac{U - I_a R_a}{C_e \Phi} \tag{3.9}$$

将式（3.3）代入式（3.9）可得直流电动机的机械特性表达式为

$$n = \frac{U}{C_T \Phi} - \frac{R_a}{C_T C_e \Phi^2} T = n_0 - CT \tag{3.10}$$

式中，$n_0 = \dfrac{U}{C_T \Phi}$ 为理想空载转速；$C = \dfrac{R_a}{C_T C_e \Phi^2}$ 是一常数，反映了电动机机械特性曲线的斜率。

图 3.8 所示为他励直流电动机的机械特性曲线。他励直流电动机的电枢电阻很小，当负载增大使电枢电流增大时，电枢电阻上的压降增加很少，因此转速下降很少。所以，他励直流电动机的机械特性曲线是一条略向下倾斜的直线，显然他励直流电动机的机械特性为硬特性。

并励直流电动机的机械特性通常和他励直流电动机的机械特性差别不大，可以认为其机械特性相同。

串励直流电动机的机械特性较软，因为串励直流电动机的励磁电流就是电枢电流。当负载增大时励磁电流随之增大，在不考虑磁通量的饱和影响时，磁通量与励磁电流成正比增大，电磁转矩变化也较大，其机械特性曲线是一条随负载增大，转速下降很快的软特性曲线。如果串励直流电动机轻载，转速将很高，严重

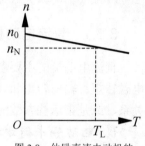

图 3.8 他励直流电动机的机械特性曲线

时还会造成飞车事故。因此，串励直流电动机不允许在空载或轻载下运行。

复励直流电动机的机械特性介于他励直流电动机和串励直流电动机之间。

【例 3.2】 一台并励直流电动机，已知其铭牌数据为：$P_N = 15\text{kW}$，$U_N = 110\text{V}$，$\eta_N = 0.83$，$n_N = 1800\text{r/min}$，$R_a = 0.05\Omega$，$R_f = 25\Omega$。试求：该直流电动机的额定电流 I_N、励磁电流 I_f、电枢电流 I_a、反电动势 E_a 及额定电磁转矩 T_N。

【解】 根据已知铭牌数据，可求得额定输入功率为

$$P_{IN} = \frac{P_N}{\eta_N} = \frac{15}{0.83} \approx 18.1(\text{kW})$$

额定电流为

$$I_N = \frac{P_{IN}}{U_N} = \frac{18.1 \times 10^3}{110} \approx 165(\text{A})$$

额定转矩为

$$T_N = 9550 \frac{P_N}{n_N} = 9550 \frac{15}{1800} \approx 79.6(\text{N} \cdot \text{m})$$

励磁电流为

$$I_f = \frac{U_N}{R_f} = \frac{110}{25} = 4.4(\text{A})$$

电枢电流为

$$I_a = I_N - I_f = 165 - 4.4 = 160.6(\text{A})$$

反电动势为

$$E_a = U_N - I_a R_a = 110 - 160.6 \times 0.05 \approx 102(\text{V})$$

问题与思考

1．直流电动机的运行特性是什么？直流电动机的机械特性是什么？
2．各种励磁方式的直流电动机，哪些属于硬特性？哪些属于软特性？

3.4　直流电动机的控制技术

直流电动机驱动机械时，生产机械对其也有启动、制动和调速性能的要求。本节以他励直流电动机或并励直流电动机为例，介绍直流电动机的启动、调速及制动的控制过程。

3.4.1　直流电动机的启动控制

生产机械对直流电动机的启动要求有：①有足够大的启动转矩；②启动电流限制在允许范围内，通常为额定电流的 1.5～2.5 倍；③启动时间短；④启动设备简单、经济、可靠。为此，直流电动机的启动根据需要一般有直接启动、电枢回路串电阻启动和降压启动 3 种方式。

1．直接启动

不采取任何限流措施，电枢绕组直接与电源相接的启动方法称直接启动。直接启动瞬间，电动机电枢转速 $n=0$，电枢电动势 $E_a=0$，则此时加额定电压时电枢的启动电流为

$$I_{st} = \frac{U - E_a}{R_a} = \frac{U}{R_a} \tag{3.11}$$

电枢电阻的数值通常很小，启动电流常可达额定电流的 10～20 倍，超出额定电流这么多的启动电流会在换向器上产生火花而损坏换向器。启动转矩正比于启动电流，所以直接启动时启动转矩也很大，电动机的转轴在直接启动时会受到较大的机械冲击而造成机械性损伤。因此，直接启动方法只允许用于容量很小的直流电动机中。

2．电枢回路串电阻启动

为限制启动电流，常在电枢回路串入适当的限流电阻 R_{st}，则启动瞬间的电流为

$$I_{st} = \frac{U}{R_a + R_{st}} \tag{3.12}$$

启动过程中，随着电动机转速的不断升高，可逐渐切除启动电阻，直到正常运行状态时全部切除。需要注意的是：并励直流电动机和他励直流电动机启动和运行时，其励磁绕组要可靠连接，不允许开路情况发生，否则磁通就会接近于零值，造成反电动势为零，导致电枢电流骤增，绕组会因此而烧损。

3．降压启动

直流电动机在有可调电源的情况下，可以采用降压启动，以限制启动电流。启动时，以较低的电源电压启动电动机，启动电流便随电压的降低而正比减小。随着电动机转速的上升，反电动势逐渐增大，再逐渐提高电源电压，使启动电流和启动转矩保持在一定的数值上，从而保证电动机按需要的加速度升速。

降压启动方法大多用于直流发电机-电动机组。降压启动虽然需要专用电源，设备投资较大，但它启动平稳，启动过程中能量损耗小，因而得到了广泛的应用。

3.4.2 直流电动机的反转控制

直流电动机的
反转控制

许多生产机械要求电动机能够正、反转运行，如起重机的升、降，龙门刨床的前进与后退等。要改变直流电动机的旋转方向，必须改变电磁转矩的方向，由 $T = C_T \Phi I_a$ 可知，电磁转矩的方向由主磁通和电枢电流共同决定，只要其中一项改变方向，便能使电磁转矩反向，电动机反转。如果同时改变两者的方向，电动机的转向不会改变。

直流电动机的励磁绕组电感较大，换接时会产生很高的自感电压，造成操作的极不安全。因此，在实际使用中通常采用的方法是改变电枢电流达到反转目的。

3.4.3 直流电动机的调速控制

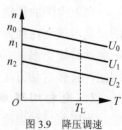

直流电动机的
调速控制

为了提高生产效率或满足生产工艺的要求，许多生产机械在工作过程中都需要调速。例如车床切削工件时，精加工用高转速，粗加工用低转速。轧钢机在轧制不同品种和不同厚度的钢材时，也必须有不同的工作速度。

电力拖动系统可以采用机械调速、电气调速或两者配合起来调速。通过改变传动机构速比的方法称为机械调速，通过改变电动机参数的方法称为电气调速（电气调速包括变电压调速、弱磁调速等）。

1．变电压调速

电动机的工作电压不允许超过额定电压，因此电枢电压只能在额定电压以下进行调节。降低电源电压调速的原理及调速过程可用图 3.9 说明。

变压调速过程中，负载转矩不变。当端电压下降时，电枢电流减小，电磁转矩随之减小，使负载转矩大于电磁转矩，转速下降。此时反电动势也随之减小，使电枢电流回升，直到与负载转矩重新平衡。

降压调速时，直流电动机的机械特性硬度不变，能在低速下稳定运行。当电压平滑调节时，可达到无级调速，调速范围广，调压电源可兼作启动电源。鉴于上述优点，电枢回路串电阻的降压启动方法在直流拖动系统中应用广泛。

图 3.9 降压调速

2．弱磁调速

额定运行的电动机，其磁路已基本饱和，即使励磁电流增加很多，磁通也增加很少，从电动机性能考虑不允许磁路过饱和。因此，只能采取从磁通额定值往下调的弱磁调速。

弱磁调速的过程中，负载转矩不变，当励磁电流减小使磁通量减小时，开始瞬间由于机械惯性转速基本不变，但磁通量减小致使反电动势减小，反电动势减小又使电枢电流增大、电磁转矩增大，且电磁转矩的增大远比磁通量减小明显得多，造成电磁转矩大于负载阻转矩，电动机转速上升。转子转速的上升使反电动势回升，电枢电流又减小，电磁转矩随之减小，直到与负载阻转矩重新达到平衡，电动机重新稳定在一个新的转速。

弱磁调速时，改变励磁电流是从额定励磁向下调，也就是使电动机转速上升的方向。设电动机拖动恒转矩负载 T_L 在固有特性曲线上 A 点运行，其转速为 n_N。若磁通由 Φ_N 减小至 Φ_1，则达到新的稳态后，工作点将移到对应特性曲线上的 B 点，其转速上升为 n_1'。从图 3.10 可见，工作磁通越弱，稳态转速将越高。

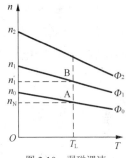

图 3.10 弱磁调速

弱磁调速可在励磁回路中串电阻调节励磁，因此控制方便，设备简单，经济；弱磁调速平滑，可达到无级调速。另外，这种调速方法机械特性硬度较好，运行的稳定性较好。

除此之外，还可以采用电枢绕组串电阻的方法进行调速，3 种方法均可达到无级调速。直流电动机由于机械强度和换向的限制，通常转速不允许调得过高，一般以额定转速的 1.2～1.5 倍为限，对于特殊设计的弱磁调速电动机，允许达到额定转速的3～4 倍。

【例 3.3】 一台他励直流电动机的额定数据为 U_N=220V，I_N=41.1A，n_N=1500r/min，R_a=0.4Ω，保持额定负载转矩不变，求：①电枢回路串入 1.65Ω 电阻后的稳态转速；②电源电压降为 110V 时的稳态转速；③磁通减弱为 90%Φ_N 时的稳态转速。

【解】 根据题目数据可计算出

$$C_e\Phi_N = \frac{U_N - I_N R_a}{n_N} = \frac{220 - 41.1 \times 0.4}{1500} \approx 0.136$$

① 因为负载转矩不变，且磁通不变，所以电枢电流 I_a 不变，有

$$n = \frac{U_N - (R_a + R_s)I_a}{C_e\Phi_N} = \frac{220 - (0.4 + 1.65) \times 41.1}{0.136} \approx 998(\text{r/min})$$

② 与①相同，$I_a = I_N$ 不变，所以

$$n = \frac{U_N - R_a I_a}{C_e\Phi_N} = \frac{110 - 0.4 \times 41.1}{0.136} \approx 688(\text{r/min})$$

③ 因为

$$T_m = C_T\Phi_N I_N = C_T\Phi' I_a' = 常数$$

所以

$$I_a' = \frac{\Phi_N}{\Phi'}I_N = \frac{1}{0.9} \times 41.1 \approx 45.7(\text{A})$$

$$n = \frac{U_N - R_a I'_a}{C_e} = \frac{220 - 0.4 \times 45.7}{0.9 \times 0.136} \approx 1648(\text{r/min})$$

直流电动机的
制动控制

3.4.4 直流电动机的制动控制

实际生产中有许多生产机械需要快速停车或者在高速运行下迅速转为低速运行，这就要求电动机进行制动。

电动机拖动生产机械运转时，电磁转矩为驱动转矩，电动机将电能转换成机械能；电动机制动状态时，电磁转矩为制动转矩，电动机将机械能转换成电能。直流电动机的制动方法可采用机械制动，也可采用电气制动，其中电气制动的方法有能耗制动、反接制动和回馈制动。

1．能耗制动

能耗制动原理：把正在做电动机运行的他励直流电动机的电枢绕组从电网中断开，并立即接到一个制动电阻器 R_{bk} 上构成闭合回路。其控制电路如图 3.11 所示。

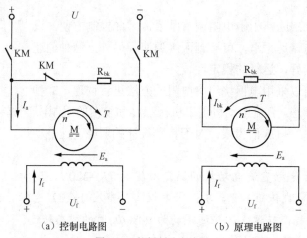

（a）控制电路图　　　　　（b）原理电路图

图 3.11　能耗制动电路图

能耗制动的机械特性方程为

$$n = -\frac{R_a + R_{bk}}{C_e C_T \Phi_N^2} T \tag{3.13}$$

式中，C_e、C_T 均为与电动机结构有关的常数。

能耗制动的机械特性曲线是一条过坐标原点、位于第 II 象限的直线，如图 3.12 所示。若原电动机拖动反抗性恒转矩负载运行在电动状态的 a 点，当进行能耗制动时，在制动切换瞬间，由于转速 n 不能突变，电动机的工作点从 a 点跳变至 b 点，此时电磁转矩反向，与负载转矩同方向。在它们的共同作用下，电动机沿曲线减速，随着 $n\downarrow \rightarrow E_a\downarrow \rightarrow I_a\downarrow \rightarrow$ 制动电磁转矩 $T\downarrow$，直至 0 点，n=0，E_a=0，I_a=0，T=0，电动机迅速停车。

若电动机拖动的是位能性负载，如图 3.13 所示。采用能耗制动时，从图 3.12 所示的机械特性的 a→b→0 为其能耗制动过程，与上述电动机拖动反抗性负载时完全相同。但在 0 点，T=0，拖动系统在位能性负载转矩 T_L 作用下开始反转，n 反向，E_a 反向，I_a 反向，T 反向，这时机械特性进入第 IV 象限，如图 3.12 中的虚线所示。随着转速的增加，电磁转矩 T 也增加，直到 T=T_L，获得稳定运行，重物匀速下放，此状态称为稳定能耗制动运行状态。

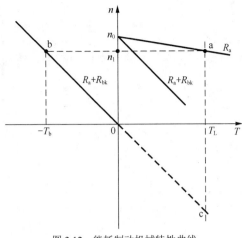

图 3.12 能耗制动机械特性曲线

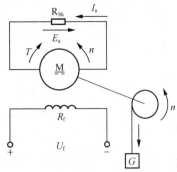

图 3.13 位能性负载的能耗制动

整个制动过程中，电动机储存的动能转换成电能全部消耗在电枢电阻和制动电阻上，故称为能耗制动。

【例 3.4】 一台他励直流电动机的铭牌数据为 $P_N=10kW$，$U_N=220V$，$I_N=53A$，$n_N=1000r/min$，$R_a=0.3\Omega$，电枢电流最大允许值为 $2I_N$。①电动机在额定状态下进行能耗制动，求电枢回路应串接的制动电阻值；②用此电动机拖动起重机，在能耗制动状态下以 300r/min 的转速下放重物，电枢电流为额定值，求电枢回路应串入多大的制动电阻。

【解】 ①制动前电枢电动势为

$$E_a=U_N-R_aI_N=220-0.3\times53=204.1（V）$$

此时制动电阻值为

$$R_{bk}=\frac{E_a}{2I_N}-R_a=\frac{204.1}{2\times53}-0.3\approx1.625(\Omega)$$

②因为励磁保持不变，则

$$C_e\Phi_N=\frac{E_a}{n_N}=\frac{204.1}{1000}=0.2041$$

下放重物时，转速为 $n=-300r/min$，由能耗制动的机械特性 $n=-\dfrac{R_a+R_{bk}}{C_eC_T\Phi_N^2}T$，且 $I_a=\dfrac{T}{C_T\Phi_N}$

可得

$$n=-\frac{R_a+R_{bk}}{C_e\Phi_N}I_a$$

将上述数值代入得

$$-300=-\frac{0.3+R_{bk}}{0.2041}\times53$$

电枢绕组中应串入的制动电阻为

$$R_{bk}\approx0.855(\Omega)$$

2．反接制动

在正、反转频繁，要求快速停车的生产设备中，常采用反接制动。所谓反接制动，就是在电动机制动时，电枢电压反向接在电枢两端，使其与反电动势同向，在电枢中就会立即产生很大的反向电流与相反的制动转矩，从而使电动机迅速停车。通常反接制动的时间是由速度继电器来控制的。

反接制动分为电枢反接制动和倒拉反接制动两种。

（1）电枢反接制动。电枢反接制动是将电枢反接在电源上，同时电枢回路串入制动电阻 R_{bk}，其控制电路图和机械特性如图 3.14 所示。

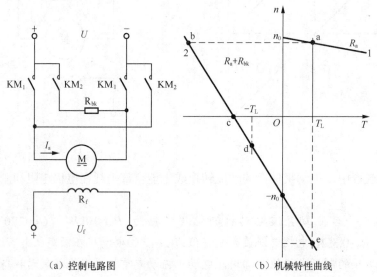

（a）控制电路图　　　　　　　（b）机械特性曲线

图 3.14　电枢反接制动

当接触器 KM_1 线圈通电吸合，KM_2 线圈断电释放时，KM_1 常开触点闭合，KM_2 常开触点断开，电动机稳定运行在电动状态。当 KM_1 线圈断电释放，KM_2 线圈通电吸合时，由于 KM_1 常开触点断开，KM_2 常开触点闭合，把电枢反接，并串入限制反接制动电流的制动电阻 R_{bk}。

电枢反接瞬间，转速 n 因惯性不能突变，电枢电动势 E_a 也不变，但电枢电压由原来的正值变为负值。此时，在电枢回路内，U 与 E_a 顺向串联，共同产生很大的反向电流 I_{abk}。

$$I_{abk} = \frac{-U_N - E_a}{R_a + R_{bk}} \tag{3.14}$$

反向的电枢电流 I_{abk} 产生很大的反向电磁转矩 T_{embk}，从而产生很强的制动作用。

电动状态时，电枢电流的大小由 U_N 与 E_a 之差决定，而反接制动时，电枢电流的大小由 U_N 与 E_a 之和决定，因此反接制动时电枢电流是非常大的。为了限制过大的电枢电流，反接制动时必须在电枢回路中串接制动电阻 R_{bk}。反接制动时电枢电流不超过电动机的最大允许值 $I_{max} = (2 \sim 2.5)I_N$，因此应串入的制动电阻值为

$$R_{bk} \geq \frac{U_N + E_a}{(2 \sim 2.5)I_N} - R_a \tag{3.15}$$

反接制动电阻值和能耗制动电阻值相比，约是能耗制动的制动电阻的两倍。

（2）倒拉反接制动。倒拉反接制动通常用于起重机下放较重物体时，是为防止物体下放过快而出现事故所使用的一种制动方法。其控制电路及机械特性如图 3.15 所示。

电动机提升重物时，接触器线圈 KM 通电吸合，其常开触点闭合，短接电阻 R_{bk}，电动机运行在 a 点，如图 3.15（b）所示。下放重物时，接触器 KM 线圈断电释放，其常开触点打开，电枢电路串入较大电阻 R_{bk}。此时电动机转速因惯性不能突变，工作点从电动状态的 a 点跳至对应的人为机械特性的 b 点上，由于电磁转矩 $T < T_L$，电动机减速沿特性曲线下降至 c 点。在

c 点，$n=0$，但 $T<T_L$，在负载重力转矩作用下，电动机被倒拉而反转起来，从而下放重物。

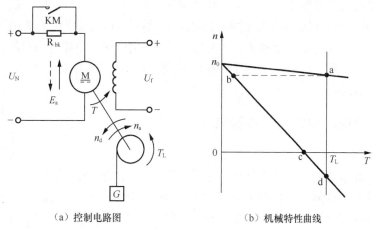

（a）控制电路图　　　　　　　（b）机械特性曲线

图 3.15　倒拉反接制动

当运行点沿人为机械特性下降并通过 c 点时，由于转速 n 反向成为负值，反电动势 E_a 也反向成为负值，电枢电流 I_a 成为正值，所以此时电磁转矩保持提升时的原方向，即与转速方向相反，电动机处于制动状态。此运行状态是由于位能性负载转矩拖动电动机反转而形成的，因此称为倒拉反接制动。

电动机过 c 点后，仍有 $T<T_L$，电动机反向加速，E_a 增大，电枢电流 I_a 和 T 也相应增大，直到 d 点，$T=T_L$，电动机以 d 点的转速匀速下放重物。

综上所述，电动机进入倒拉反接制动状态必须有位能性负载反拖电动机，同时电枢回路必须串入较大电阻，此时位能性负载转矩为拖动转矩，而电动机的电磁转矩是制动转矩，它抑制重物下放的速度，使其安全下放。

3．回馈制动

电动状态下运行的电动机，在某种条件下（如电动机拖动的机车下坡时）会出现运行转速 n 高于理想空载转速 n_0 的情况，此时 $E_a>U$，电枢电流反向，电磁转矩的方向也随之改变：由驱动转矩变成制动转矩。从能量传递方向看，电动机处于发电状态，将机车下坡时失去的位能变成电能回馈给电网，因此这种状态称为回馈制动状态，如图 3.16 所示。

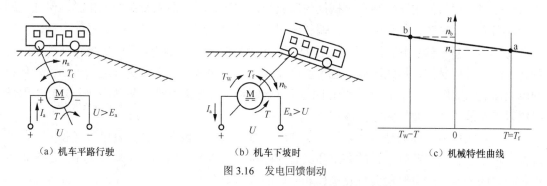

（a）机车平路行驶　　　　　（b）机车下坡时　　　　　（c）机械特性曲线

图 3.16　发电回馈制动

机车在平路行驶时，如图 3.16（a）所示，电磁转矩 T 与负载阻转矩 T_f 相平衡，电动机稳定运行在正向电动状态固有机械特性的 a 点上，如图 3.16（c）所示。

当机车下坡时，如图 3.16（b）所示，负载阻转矩依然存在，但由于车重产生的转矩 T_W

是帮助运动的，若 $T_W>T$，则合成后的负载阻转矩 $T_f'=-T+T_W$ 将与转速 n 的方向相同，于是负载阻转矩与电动机电磁转矩共同作用，使电动机转速上升，当 $n>n_0$ 时，$E_a>U$，I_a 反向，T 反向成为制动转矩，电动机运行在发电回馈制动状态，这时合成负载阻转矩 T_f' 拖动电动机电枢将轴上输入的机械功率变为电磁功率 E_aI_a，大部分 UI_a 回馈电网，小部分为电枢绕组的铜损耗。

由于电磁转矩的制动作用，抑制了转速的继续上升，当 $T'=T_f'=T_W-T$ 时，电动机便稳定运行在 b 点，且 $n_b>n_0$。

3.4.5 直流电动机的常见故障处理

1. 换向故障

换向器是直流电动机中的关键部件，也是观察直流电动机故障的主要窗口，直流电动机的故障很多，但最常见的也是最难处理的是换向故障。直流电动机的换向故障主要有换向产生火花，严重时出现环火，使换向器受损、电刷损坏等。

直流电动机的常见故障及处理

（1）换向产生火花。火花是电刷与换向器间的电弧放电现象，是换向不良的明显标志。产生火花的原因通常可分为 3 类：电磁原因、机械原因和负载与环境原因。

① 电磁原因：主要是由于换向元件合成电动势不等于零造成换向元件产生附加电流，在换向时使电刷电流密度增大，元件的电磁能以火花形式释放出来；也可能是电枢绕组开焊或匝间短路使电动机电枢电路不对称而造成火花产生；电刷不在几何中心线上也是换向元件换向时产生电火花的原因。

② 机械原因：主要有换向器偏心或变形，换向器表面粗糙，换向片凸出变形，片间绝缘凸出、老化等造成电刷与换向器的接触不良而产生电火花等。

③ 负载与环境原因：主要有严重过载、带冲击性负载时造成换向困难产生火花。同时，环境湿度、温度过高或过低时造成的油雾、有害气体、粉尘等会破坏换向器表面氧化膜的平衡而影响正常滑动接触，造成电火花的产生。

处理这类问题的方法通常有以下几种。

① 电磁原因的处理方法：检查换向器的励磁绕组是否正常励磁，处理电枢绕组的短路开焊，将电刷移动至几何中心线上。

② 机械原因的处理方法：如果换向器表面出现轻微条纹或凹槽，这时可以采取研磨或抛光方式处理，然后使用干净绸布擦拭换向器表面，这样有利于形成和保护氧化膜，保证电刷与换向器的良好接触；校平衡消振；调整刷握间隙和弹簧压力；选择合适牌号的电刷。

③ 负载与环境原因的处理方法：使负载在电动机的额定范围内，否则更换合适功率的电动机；改善环境条件，加强通风，避免温度过高；防止油雾、粉尘和潮气进入电动机，使换向器表面的氧化膜保持平衡。另外还要注意日常运行中对直流电动机的精心保养，必须保持换向器表面的清洁，要做到定期清扫。

（2）环火故障。环火是恶性事故，出现环火时，正、负极电刷之间有电弧飞越，换向器表面出现一圈弧光，此时电弧的高温和具有的能量不仅会严重损坏换向器和电刷，还会造成电枢电路的短路，严重时还会危及操作和维修的人员安全。

环火产生的主要原因有：①换向片的片间绝缘被击穿；②换向器表面不清洁；③短路或带严重冲击性负载；④换向器片间电压过高；⑤严重换向不畅；⑥电枢绕组开焊等。

处理这类问题的方法：更换片间绝缘；注意维修保养，保持清洁；清除短路、开焊和过电压；改善换向。

2．绕组故障

绕组中包含定子绕组和转子绕组。定子绕组中包含有主磁极励磁绕组、换向极励磁绕组和补偿绕组；转子绕组就是电枢绕组。

运行时绕组常见故障：绕组过热、匝间短路、接地、绝缘电阻下降以及极性接错等。

问题与思考

1．直流电动机的启动方法中，最常用的启动方法是什么？

2．调速和电动机的速度变化是否是同一个概念？直流电动机的调速性能和交流电动机相比如何？共有哪几种调速方法？

3．何谓直流电动机的制动？起重机中常采用哪种制动方法？

4．直流电动机的常见故障有哪些？其中换向故障又包括哪些？造成直流电动机绕组过热的原因有哪些？

第 3 章　自测题

一、填空题

1．直流电动机主要由_____和_____两大部分构成。_____是直流电动机的静止部分，主要由_____、_____、_____和_____ 4 部分组成；旋转部分则由_____、_____、_____和_____4 部分组成。

2．直流电动机按照励磁方式的不同可分为_____电动机、_____电动机、_____电动机和_____电动机 4 种类型。

3．_____电动机和_____电动机的机械特性较硬；_____电动机的机械特性较软；_____电动机的机械特性介于并励与他励电动机之间。

4．直流电动机的额定数据通常包括额定_____、额定_____、额定_____、额定_____和额定_____等。

5．直流电动机的机械特性是指电动机的_____与_____之间的关系。

6．直流电动机的启动方法有_____启动、_____启动和_____启动 3 种。直流电动机要求启动电流为额定电流的_____倍。

7．直流电动机通常采用改变_____的方向来达到电动机反转的目的。

8．直流电动机的调速方法一般有_____调速、_____调速和_____调速，这几种方法都可以达到_____调速性能。

9．用_____或_____的方法使直流电动机迅速停车的方法称为_____。

10．直流电动机常见的故障有_____故障和_____故障。

二、判断题

1．不论直流发电机还是直流电动机，其换向极绕组都应与主磁极绕组串联。（　　）

2．直流电动机中换向器的作用是构成电枢回路的通路。（　　）

3．并励直流电动机和他励直流电动机的机械特性都属于硬特性。（　　）

4．直流电动机的调速性能较交流电动机的调速性能平滑。（　　）

5. 直流电动机的直接启动电流和交流电动机一样，都是额定值的 4～7 倍。　　（　　）

6. 直流电动机的电气制动包括能耗制动、反接制动和回馈制动 3 种方法。　　（　　）

7. 串励直流电动机和并励直流电动机一样，可以空载启动或轻载启动。　　（　　）

8. 直流电动机绕组过热的主要原因是通风散热不良、过载或匝间短路。　　（　　）

9. 一般中、小型直流电动机都可以采用直接启动方法。　　（　　）

10. 调速就是使电动机的速度发生变化，因此调速和速度改变概念相同。　　（　　）

三、选择题

1. 按励磁方式分类，直流电动机可分为（　　）种。

　　A. 2 　　　　　　B. 3 　　　　　　C. 4 　　　　　　D. 5

2. 直流电动机主磁极的作用是（　　）。

　　A. 产生换向磁场　B. 产生主磁场　　C. 削弱主磁场　　D. 削弱电枢磁场

3. 直流电动机中机械特性较软的是（　　）。

　　A. 并励直流电动机　　　　　　　　B. 串励直流电动机

　　C. 他励直流电动机　　　　　　　　D. 复励直流电动机

4. 使用中不能空载或轻载的电动机是（　　）。

　　A. 并励直流电动机　　　　　　　　B. 串励直流电动机

　　C. 他励直流电动机　　　　　　　　D. 复励直流电动机

5. 起重机制动的方法是（　　）。

　　A. 能耗制动　　　B. 反接制动　　　C. 回馈制动

6. 不属于直流电动机定子部分的器件是（　　）。

　　A. 机座　　　　　B. 主磁极　　　　C. 换向器　　　　D. 电刷装置

四、简答题

1. 直流电动机中换向器的作用是什么？将换向器改成滑环后，电动机还能旋转吗？

2. 试述如何改变并励直流电动机的旋转方向。

3. 他励直流电动机，在负载转矩和外加电压不变的情况下若减小励磁电流，电枢电流将如何变化？

4. 试述换向产生火花的原因有哪几类。

五、计算题

1. 一台 $Z_3 73$ 直流电动机，已知其铭牌数据为：$P_N=17kW$，$U_N=440V$，$n_N=1000r/min$。试求额定状态下该直流电动机的额定输入功率 P_{1N}、额定效率 η_N 和额定电磁转矩 T_N。

2. 一台并励直流电动机，已知其铭牌数据为：$P_N=40kW$，$U_N=220V$，$I_N=208A$，$n_N=1500r/min$，$R_a=0.1\Omega$，$R_f=25\Omega$。试求额定状态下该直流电动机的额定效率 η_N、总损耗 P_0、反电动势 E_a。

3. 一台并励直流电动机，已知其铭牌数据为：$P_N=7.5kW$，$U_N=220V$，$n_N=1000r/min$，$I_N=41.3A$，$R_a=0.15\Omega$，$R_f=42\Omega$。保持额定电压和额定转矩不变，试求：①电枢回路串入 $R=0.4\Omega$ 的电阻时，电动机的转速和电枢电流；②励磁回路串入 $R=10\Omega$ 的电阻时，电动机的转速和电枢电流。

4. 一台并励直流电动机，已知其铭牌数据为：$P_N=10kW$，$U_N=220V$，$I_N=50A$，$n_N=1500r/min$，$R_a=0.25\Omega$。在负载转矩不变的条件下，如果用降压调速的方法将转速下降 20%，电枢电压应降到多少？

第4章
常用特种电机

随着科技的进步，在普通旋转电机的基础上产生出多种具有特殊性能的、体积和输出功率较小的微型电机或特种精密电机，它们在自动控制系统中作为测量和检测放大元件、执行元件及解算元件，被称为特种电机。

从基本工作原理来看，特种电机与普通电机并没有本质上的区别，只是它们在工程中的使用场合不同，普通电机主要用于电力拖动系统中，用来完成机电能量的转换；特种电机则主要用于自动控制系统、自动调节系统、遥控遥测系统、自动监视系统、自动仪表和自动记录装置等，着重于特性的高精度和对控制信号的快速响应等。

常用特种电机使用场合的特殊性，使它们在结构、性能、用途或原理等方面都与常规电机不同，一般其外径不大于130mm，输出功率较小，从数百毫瓦到数百瓦。

学习目标

常用特种电机可以分为驱动用电机和控制用电机两大类，前者主要用来驱动各种机构、仪表以及家用电器等；后者是在自动控制系统中传递、变换和执行控制信号的小功率电机的总称，用作执行元件或信号元件。

目前，特种电机已经成为现代工业自动化系统、现代军事装备中必不可少的重要元件，使用范围非常广泛，如用于机床加工过程的自动控制和自动显示、阀门的遥控、火炮和雷达的自动定位、飞机的自动驾驶、舰船方向舵的自动操纵、遥远目标位置的显示，还有电子计算机、自动记录仪表、医疗设备、录音、录像、摄影等方面的自动控制系统等。本章仅介绍机械工业中常用的执行用控制电机以及测速用的控制电机，包括伺服电动机，步进电动机和测速发电机等。

通过本章的学习，希望学习者掌握伺服电动机、步进电动机和测速发电机的结构、性能和工作原理；了解控制电机在生产领域中的实际应用。

理论基础

传统上除交流异步电动机和有刷直流电动机外，所有电动机都属于特种电机。控制用的特种电机分为测量元件和执行元件。测量元件包括旋转变压器，交、直流测速发电机等。执行元件主要有交、直流伺服电动机，步进电动机等。

4.1 伺服电动机

伺服电动机在自动控制系统中用作执行元件，它将输入的电压信号转换成转矩或速度输出，以驱动控制对象。输入的电压信号称为控制信号，也称为控制电压，改变控制电压的极性和大小，即可改变伺服电动机的转向和转速。

伺服电动机概述

伺服电动机包括直流伺服电动机和交流伺服电动机两大类。直流伺服电动机输出功率较大，为 1~600W，一般用于功率稍大的系统中；交流伺服电动机的输出功率为 0.1~100W。

在自动控制系统中，对伺服电动机的性能有如下要求。

（1）调速范围宽。

（2）机械特性和调节特性为线性。

（3）无"自转"现象。

（4）快速响应。

4.1.1 直流伺服电动机

直流伺服电动机

直流伺服电动机按照励磁方式的不同可分为永磁式直流伺服电动机和电磁式直流伺服电动机：永磁式直流伺服电动机的磁极由永久磁铁制成，不需要励磁绕组和励磁电源。电磁式直流伺服电动机一般采用他励结构，磁极由励磁绕组构成，通过单独的励磁电源供电。因此，直流伺服电动机实质上就是一台微型的他励直流电动机。

按照转子结构的不同，直流伺服电动机分为空心杯形转子直流伺服电动机和无槽电枢直流伺服电动机。空心杯形转子直流伺服电动机由于其性能指标较低，现在已很少采用；无槽电枢直流伺服电动机的转子是直径较小的细长型圆柱铁心，通过耐热树脂将电枢绕组固定在铁心上，具有散热好、性能指标高、快速性好的特点。

图 4.1 所示为直流伺服电动机产品外形及无槽电枢直流伺服电动机结构示意图。

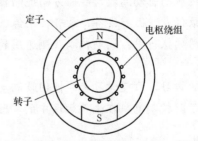

（a）直流伺服电动机产品外形图　　（b）无槽电枢直流伺服电动机结构示意图

图 4.1　直流伺服电动机

工程中采用直流电压信号控制伺服电动机的转速和转向，其控制方式有两种：一种称为电枢控制，在电动机的励磁绕组上加上恒压励磁，将控制电压作用于电枢绕组进行控制；另一种称为磁场控制，在电动机的电枢绕组上施加恒压，将控制电压作用于励磁绕组进行控制。由于磁场控制性能不如电枢控制，因此工程实际中多采用电枢控制。

以图 4.2 所示的他励直流伺服电动机为例，分析一下它的控制原理。

当励磁绕组流过励磁电流时，气隙磁场建立，其中的磁通 Φ 与电枢电流 I_a 相互作用产生电磁转矩 T，驱动电动机旋转。

电枢控制方式下，作用于电枢的控制电压为 U_c，励磁电压 U_f 保持不变，直流伺服电动机的励磁绕组接于恒压直流电源 U_f 上，当通以恒定励磁电流 I_f 时，产生恒定磁通 Φ，将控制电压 U_c 加在电枢绕组上来控制电枢电流 I_c，进而控制电枢转矩 T，以达到控制电机转速的目的。

电枢控制时，直流伺服电动机的机械特性表达式为

$$n = \frac{U_c}{C_e\Phi} - \frac{R_a}{C_e C_T \Phi^2}T \tag{4.1}$$

式中，C_e 为电势常数；C_T 为转矩常数；R_a 为电枢回路电阻。由于直流伺服电动机的磁路一般不饱和，我们可以不考虑电枢反应，认为主磁通 Φ 大小不变。

伺服电动机的机械特性，指控制电压一定时转速随转矩变化的关系。当作用于电枢回路的控制电压 U_c 不变时，转矩 T 越大，电动机的转速 n 越低，转矩 T 与转速 n 之间呈线性关系，不同控制电压作用下的机械特性如图 4.3 所示。

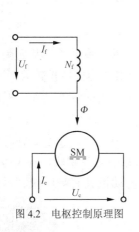

图 4.2　电枢控制原理图

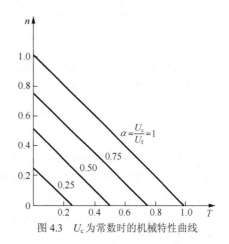

图 4.3　U_c 为常数时的机械特性曲线

由图 4.3 可知，在负载转矩 T 一定，磁通不变时，控制电压 U_c 高，转速 n 也高，转速 n 的增加与控制电压的增加成正比；当 $U_c=0$ 时，$n=0$，电动机停转。要改变直流伺服电动机的转向，可通过改变控制电压 U_c 的极性来实现，所以直流伺服电动机具有可控性。

直流伺服电动机使用时，应先接通励磁电源，然后加上电枢电压，在工作过程中，一定要防止励磁绕组断电，避免电动机因超速而损坏。

常用的直流伺服电动机为 SZ 系列。直流伺服电动机的机械特性的线性度好，启动转矩大，调整范围大，效率高；缺点是电枢电流较大，电刷和换向器维护工作量大，接触电阻不稳定，电刷与换向器之间的火花有可能对控制系统产生干扰，而且直流伺服电动机不灵敏，不能带太大负载。

4.1.2　交流伺服电动机

1．结构

交流伺服电动机结构上类似于单相异步电动机，其定子铁心中安放着

交流伺服电动机
的结构组成

空间相差 90° 电角度的两相绕组：一相称为励磁绕组，一相称为控制绕组。电动机工作时，励磁绕组接单相交流电压，控制绕组接控制信号电压，要求两相电压要同频率。

交流伺服电动机的转子有两种结构形式：一种是如图 4.4（a）所示的笼型转子，另一种是如图 4.4（b）所示的非磁性空心杯转子。

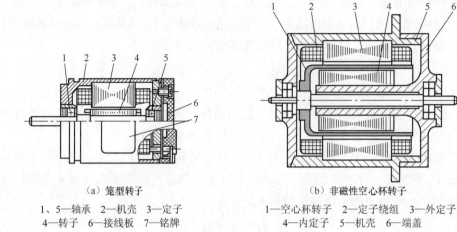

（a）笼型转子

1、5—轴承　2—机壳　3—定子
4—转子　6—接线板　7—铭牌

（b）非磁性空心杯转子

1—空心杯转子　2—定子绕组　3—外定子
4—内定子　5—机壳　6—端盖

图 4.4　交流伺服电动机结构示意图

笼型转子与普通三相异步电动机笼型转子相似，只不过在外形上更细长，从而减小了转子的转动惯量，降低了电动机的机电时间常数。笼型转子交流伺服电动机体积较大，气隙小，所需的励磁电流小，功率因数较高，电动机的机械强度大，但快速响应性能稍差，低速运行不够平稳。

空心杯转子交流伺服电动机的转子做成了杯状结构，为了减小气隙，在空心杯转子内还有一个内定子，内定子上不设绕组，只起导磁作用，转子用铝或铝合金制成，杯壁厚 0.2～0.8mm，转动惯量小且具有较大的电阻。空心杯转子交流伺服电动机具有响应快、运行平稳的优点，但结构复杂，气隙大，空载电流大，功率因数较低。

2．工作原理

交流伺服电动机的工作原理与具有启动绕组的单相异步电动机相似。在励磁绕组 N_1 中串入电容 C 进行移相，使励磁电流 I_f 与控制绕组 N_e 中的电流 I_c 在空间位置上相差 90° 电角度，如图 4.5 所示。

交流伺服电动机工作时，励磁绕组通入恒定交流电压，控制绕组由伺服放大器供电通入控制电压，两个电压的频率相同，并且在相位上也相差 90° 电角度。这样，两个绕组共同作用在电动机内部产生了一个旋转磁场，在旋转磁场的作用下会在转子中产生感应电动势和电流，转子电流与旋转磁场相互作用产生电磁转矩，带动转子转动。

交流伺服电动机是单相电动机，如果其控制绕组断开后，伺服电动机仍然转动而处于"自转"状态是伺服电动机所不能允许的。为防止自转现象的发生，只需要增加伺服电动机的转子电阻即可。

交流伺服电动机的
工作原理

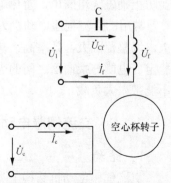

图 4.5　交流伺服电动机工作原理图

伺服电动机的机械特性如图 4.6 所示。

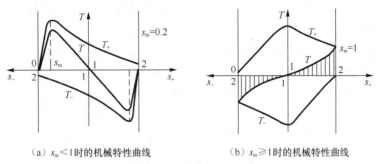

（a）$s_m<1$ 时的机械特性曲线　　　　（b）$s_m\geqslant1$ 时的机械特性曲线

图 4.6　交流伺服电动机的机械特性曲线

当控制绕组断开后，只有励磁绕组起到励磁作用，单相交流绕组产生的是一个脉振磁场，脉振磁场可以分解为两个方向相反、大小相同的旋转磁场。

转子电阻较小，临界转差率 $s_m<1$ 时，伺服电动机的机械特性如图 4.6（a）所示。曲线 T_+ 为正向旋转磁场作用下的机械特性，曲线 T_- 为反向旋转磁场作用下的机械特性，曲线 T 为合成机械特性曲线，此时电磁转矩的方向与转速方向相同，电动机仍然能够转动。

当转子电阻较大，临界转差率 $s_m\geqslant1$ 时，伺服电动机的机械特性如图 4.6（b）所示。可以看出，电磁转矩与转速的方向相反，在电磁转矩的作用下，电动机能够迅速地停止转动，从而消除了交流伺服电动机的"自转"。

3．控制方式

交流伺服电动机运行时，控制绕组上所加的控制电压 U_c 是变化的，改变其大小或者改变 U_c 与励磁电压 U_f 之间的相位角，均可使电动机气隙中的旋转磁场椭圆度发生变化，从而影响电磁转矩 T。当负载转矩一定时，可以通过调节控制电压的大小或相位来改变电动机转速或转向，其控制方式有幅值控制、相位控制和幅值-相位控制 3 种。

（1）幅值控制。幅值控制是通过改变控制电压 U_c 的幅值来控制电机的转速，而 U_c 的相位始终保持不变，使控制电流 I_c 与励磁电流 I_f 保持 90° 电角度的相位关系。如 $U_c=0$，则转速 $n=0$，电动机停转。幅值控制的接线如图 4.7 所示。

（2）相位控制。相位控制是通过改变控制电压 U_c 的相位，从而改变控制电流 I_c 与励磁电流 I_f 之间的相位角来控制电动机的转速，在这种情况下，控制电压 U_c 的大小保持不变。当两相电流 I_c 与 I_f 之间的相位角为 0° 时，则转速为 0，电动机停转。

（3）幅值-相位控制。幅相控制是指通过同时改变控制电压 U_c 的幅值及 I_c 与 I_f 之间的相位角来控制电机的转速。具体方法是在励磁绕组回路中串入一个移相电容器 C 以后，再接到稳压电源 U_c 上，这时励磁绕组上的电压与 $U_f=U_1-U_{cf}$，如图 4.5 所示。控制绕组上加与 U_1 相同的控制电压 U_c，那么当改变控制电压 U_c 的幅值来控制电动机转速时，由于转子绕组与励磁绕组之间的耦合作用，励磁绕组的电流 I_f 也随着转速的变化而发生变化，从而使励磁绕组两端的电压 U_f 及电容器 C 上的电压 U_{cf} 也随之变化。这样改变 U_c 幅值的结果使 U_c、U_f 的幅值，它们之间的相位角以及相应电流 I_c、I_f 之间相位角也都发生变化，所以属于幅值和相位复合控制方式。当控制电压 $U_c=0$ 时，电动机的转速 $n=0$，使电动机停转。

当交流伺服电动机的电源频率为 50Hz 时，电压有 36V、110V、220V、380V；当电源频率为 400Hz 时，电压有 20V、26V、36V、115V 等多种。

交流伺服电动机运行平稳、噪声小，但控制特性是非线性的，并且由于转子电阻大，损耗大，效率低。因此，其与同容量的直流伺服电动机相比，体积大、重量大，所以只适用于 0.5～100W 的小功率控制系统。

伺服电动机的应用领域十分广泛，如机床、印刷设备、包装设备、纺织设备、激光加工设备、机器人、自动化生产线等对工艺精度、加工效率和工作可靠性等要求相对较高的设备，都会用到伺服电动机。图 4.8 所示为数控机床伺服系统。

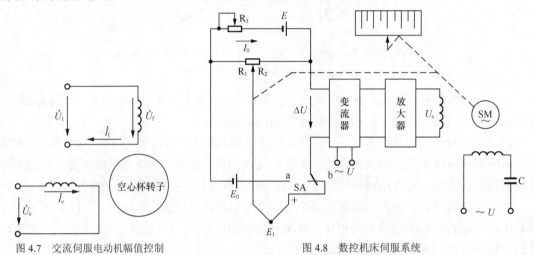

图 4.7　交流伺服电动机幅值控制　　　　　图 4.8　数控机床伺服系统

数控机床伺服系统是以机床移动部件的机械位移为直接控制目标的自动控制系统，也称位置随动系统，它接收来自插补器的步进脉冲，经过变换放大后转化为机床工作台的位移。高性能的数控机床伺服系统还由检测元件反馈实际的输出位置状态，并由位置调节器构成位置闭环控制。

问题与思考

1. 常用的控制电动机有哪些？自动控制系统对常用特种电动机的要求有哪些？
2. 在自动控制系统中，对伺服电动机的性能有哪些要求？
3. 为什么要求交流伺服电动机有较大的电阻？
4. 交流伺服电动机有哪几种控制方式？

4.2　测速发电机

测速发电机广泛用于各种速度或位置控制系统。它在自动控制系统中作为检测速度的元件，用以调节电动机转速或通过反馈来提高系统稳定性和精度；在解算装置中可作为微分、积分元件，也可作为加速或延迟信号用，或用来测量各种运动机械在摆动或转动以及直线运动时的速度。测速发电机按照输出信号的不同，可分为直流测速发电机和交流测速发电机两类。

4.2.1　直流测速发电机

直流测速发电机是一种微型直流发电机，其定子和转子结构与直流发电机基本相同，按励磁方式可分为他励式和永磁式两种，其中以永磁式直

直流测速发电机

流测速发电机应用最为广泛。

直流测速发电机的工作原理如图 4.9 所示。在恒定磁场 Φ_0 中，当被测机械拖动发电机以转速 n 旋转时，测速发电机的空载感应电动势为

$$E_{a0}=C_e\Phi_0 n \tag{4.2}$$

可见空载运行时，直流测速发电机空载电动势的大小与转速成正比，极性与电枢绕组的旋转方向有关。改变电枢绕组的旋转方向，电枢电动势的极性相应改变。

若接入负载电阻 R_L，则负载电流会引起电枢电阻压降和电刷与换向器之间的接触压降。如不考虑电枢反应对磁场的影响，则输出电压：$U=E_a-IR_a$，其中 $I_a=U/R_L$，所以

$$U = \frac{E_a}{1+\dfrac{R_a}{R_L}} = \frac{C_e\Phi_0}{1+\dfrac{R_a}{R_L}}n = kn \tag{4.3}$$

由式（4.3）可知，直流测速发电机负载时的输出电压 U 与转速 n 仍成正比。只是测速发电机输出特性的斜率随负载电阻 R_L 的减小而降低，如图 4.10 所示。

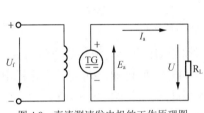

图 4.9 直流测速发电机的工作原理图

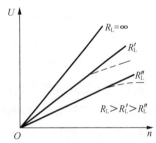

图 4.10 直流测速发电机的输出特性曲线

测速发电机空载时，相当于 $R_L=\infty$，电枢电流 $I_a=0$，此时输出电压 $U=E_a$，当负载电阻 R_L 逐渐减小时，电枢电流 I_a 逐渐增大，如果转速 n 恒定，输出电压 U 下降越多，特别在高速时，当 R_L 减小时，线性误差将增加。输出特性如图 4.10 中虚线所示。为此，所使用的 R_L 应尽可能取大些。

为改善输出特性，就必须削弱电枢反应的去磁影响，尽量使测速发电机的气隙磁通保持不变，常用的措施有以下几点。

① 对电磁式直流测速发电机，可以在定子磁极上安装补偿绕组。

② 在设计时，应选取较小的线负荷，并适当加大发电机的气隙。

③ 在使用时，负载电阻的值 R_L 不应小于规定值。

因此，直流测速发电机的技术数据中给出了"最小负载电阻"和"最高转速"，以确保控制系统的精度。

4.2.2 交流测速发电机

交流测速发电机有空心杯转子异步测速发电机、笼型转子异步测速发电机和同步测速发电机 3 种类型。为了提高系统的快速性和灵敏度，减小转动惯量，空心杯转子异步测速发电机的应用最为广泛。

交流测速发电机

1. 空心杯转子异步测速发电机

（1）结构原理。空心杯转子测速发电机主要由内定子、外定子及在它们之间的气隙中转

动的空心杯转子所组成。

空心杯转子测速发电机的结构原理如图 4.11 所示。励磁绕组、输出绕组嵌在定子上，定子 N_1 为励磁绕组，N_2 为正交的输出绕组，在空间上彼此相差 90° 电角度。空心杯转子由电阻率较大的非磁性材料磷青铜制成，杯内装有硅钢片制成的铁心，为内铁心，用来减小磁路的磁阻。转子为非磁空心杯，杯壁可看成无数条鼠笼导条紧靠在一起排列而成。

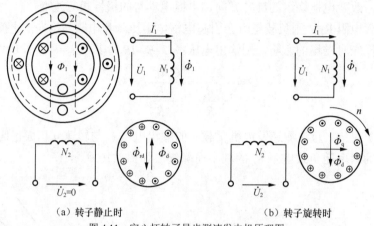

（a）转子静止时　　　　　　　　　　　　（b）转子旋转时

图 4.11　空心杯转子异步测速发电机原理图

测速发电机的励磁绕组接到稳定的交流电源上，励磁电压为 U_1，流过的电流为 I_1，在励磁绕组的轴线方向产生的交变脉动磁通为 Φ_1，由 $U_1 \approx 4.44 f_1 N_1 \Phi_1$ 可知，Φ_1 正比于电源电压 U_1。

转子静止时，励磁后由空心杯转子电流产生的磁场与输出绕组轴线垂直，输出绕组不感应电动势；当转子旋转时，由空心杯转子产生的磁场与输出绕组轴线重合，在输出绕组中感应的电动势大小正比于空心杯转子的转速，而频率和励磁电压频率相同，与转速无关。反转时输出电压相位也相反。空心杯转子是传递信号的关键，其质量好坏对性能起很大作用。由于它的技术性能比其他类型交流测速发电机优越，结构不是很复杂，同时噪声低，无干扰且体积小，因此是目前应用较为广泛的一种交流测速发电机。

（2）输出特性。测速发电机在实际工作时，输出特性如图 4.12 所示。因为 Φ_1 是由励磁电流与转子电流共同产生的，而转子电动势和转子电流与转子转速 n 有关。因此，当转速 n 变化时，励磁电流和磁通 Φ 都将发生变化，即 Φ_1 并非常数，这就使得输出电压 U_2 与转速 n 不再是线性关系了，如图 4.12（b）所示。

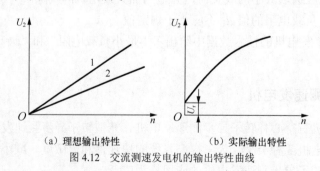

（a）理想输出特性　　　　　　　　　　　（b）实际输出特性

图 4.12　交流测速发电机的输出特性曲线

2．笼型转子异步测速发电机

笼型转子异步测速发电机与交流伺服电动机相似，因输出的线性度较差，仅用于要求不高的场合。

3．同步测速发电机

同步测速发电机是指以永久磁铁作为转子的交流测速发电机。由于输出电压和频率随转速同时变化，又不能判别旋转方向，使用不便，因此在自动控制系统中用得很少，主要供转速的直接测量用。

在图 4.13 所示的自动控制系统中，测速发电机耦合在电动机轴上作为转速负反馈元件，其输出电压作为转速反馈信号送回到放大器的输入端。调节转速给定电压，系统可达到所要求的转速。当电动机的转速由于某种原因减小（或增大）时，测速发电机的输出电压随之减小（或增大），转速给定电压和测速反馈电压的差值相应增大（或减小）。

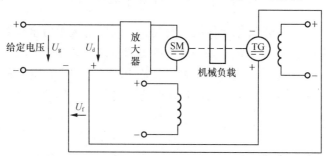

图 4.13　测速发电机在自动控制系统中的应用示意图

差值电压信号经放大器放大后，使电动机的电压增大（或减小），电动机开始加速（或减速），测速发电机输出的反馈电压增加（或减小），差值电压信号减小（或增大），直到近似达到所要求的转速为止。即只要系统转速给定信号不变，无论何种原因试图改变电动机转速时，由于测速发电机输出电压的反馈作用，系统均能自动调节到所要求的转速。

问题与思考

1．测速发电机的作用是什么？

2．直流测速发电机的输出电压与转速有何关系？转向改变对输出电压有何影响？

3．直流测速发电机使用时，为什么转速不能过高？负载电阻不能过小？

4．交流测速发电机的输出电压与转速有何关系？若转向改变，其输出电压有何变化？

4.3　步进电动机

步进电动机是可以把电脉冲信号变换成角位移以控制转子转动的微型特种电机。在自动控制装置中用作执行元件。每输入一个脉冲信号，步进电动机就前进一步，故又称脉冲电动机。步进电动机的应用十分广泛，如机械加工、绘图机、机器人、计算机的外部设备、自动记录仪表等。它主要用于工作难度大，要求速度快、精度高等场合。

4.3.1　步进电动机的分类

步进电动机可分为机电式、磁电式及直线式 3 种基本类型。

步进电动机的分类

1．机电式

机电式步进电动机由铁心、绕组、凸齿轮机构等组成，其结构如图 4.14 所示。

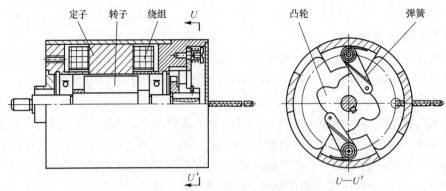

图 4.14　机电式步进电动机的结构示意图

机电式步进电动机的定子绕组至少应具有两相，而转子应为带永久磁性的转子。当步进电动机的一相定子绕组通电时，定子磁极产生的磁力总是力图使转子磁性与定子磁极保持一致，结果推动其铁心转子运动，通过凸轮机构使输出轴转动一个角度，通过抗旋转齿轮使输出转轴保持在新的工作位置上；另外一相绕组通电，转轴又会转动一个角度，依次进行步进运动。

2．磁电式

磁电式步进电动机主要有永磁式、反应式和永磁感应子式 3 种形式。

（1）永磁式步进电动机。永磁式步进电动机由四相绕组组成。A 相绕组通电时，转子磁钢将转向该相绕组所确定的磁场方向。A 相断电、B 相绕组通电时，又会产生一个新的磁场方向，这时，转子再转动一个角度而位于新的磁场方向上，被激励相的顺序决定了转子转动的方向。永磁式步进电动机消耗功率较小，步距角较大。缺点是启动频率和运行频率较低。

（2）反应式步进电动机。反应式步进电动机在定子铁心、转子铁心的内外表面上设有按一定规律分布的相近齿槽，利用这两种齿槽相对位置变化引起磁路磁阻的变化产生转矩。这种步进电动机步矩角可做到 $1°\sim15°$ 甚至更小，精度易保证，启动和运行频率高，但功耗大、效率低。

（3）永磁感应子式步进电动机。永磁感应子式步进电动机又称混合式步进电动机，是永磁式步进电动机和反应式步进电动机两者的结合，并兼有两者的优点。

3．直线式

直线式步进电动机有反应式和索耶式两类。索耶式直线步进电动机由静止部分的反应板和移动部分的动子组成，如图 4.15 所示。

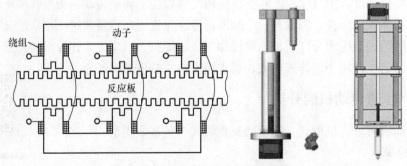

图 4.15　直线式步进电动机结构示意图

直线式步进电动机的静止部分由软磁材料制成，上面均匀地开有齿和槽。电动机的移动部分由永久磁铁和带线圈的磁极组成，由气垫支撑，以消除在移动时的机械摩擦，使电动机运行平稳并提高定位精度。这种电动机的最高移动速度可达 1.5m/s，加速度可达 2g，定位精度可达 20μm。由两台索耶式直线步进电动机相互垂直组装就构成平面电动机。给 x 方向和 y 方向两台电动机以不同组合的控制电流，就可以使电动机在平面内做任意几何轨迹的运动。大型自动绘图机就是把计算机和平面电动机组合在一起的新型设备。平面电动机也可用于激光剪裁系统，其控制精度和分辨力可达几十微米。

4.3.2　步进电动机的工作原理

步进电动机的定子铁心和转子铁心都是由硅钢片叠压制成的。感应子式步进电动机的定子极靴和转子外圆均匀分布着许多小齿，图 4.16 所示的结构图中，其定子磁极有均匀分布的 6 个磁极，为了提高步进精度，在磁极的极靴上开有多个小齿。每两个相对的磁极上有同一相控制绕组，同一相控制绕组根据需要可以并联也可以串联（图 4.16 所示为串联）。转子铁心上没有绕组，转子铁心的外圆上开有与定子磁极相对应的小齿槽。

与传统的反应式步进电动机相比，感应子式步进电动机转子结构上加有永磁体，以提供软磁材料的工作点，而定子激磁只需提供变化的磁场而不必提供磁材料工作点的耗能，因此感应子式步进电动机具有效率高、电流小、发热低的显著优点。

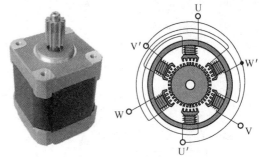

图 4.16　感应子式步进电动机产品及结构示意图

1. 需要理解的几个概念

（1）一拍：步进电动机中的"一拍"，是指其一相控制绕组输入一个脉冲信号后，使步进电动机的转子转过一个角度，从而使步进电动机转子从一个位置变换到另一个位置。

（2）步距角：步进电动机经过"一拍"后转动的角度称为步距角，用 θ 表示：

$$\theta = \frac{360°}{z_r N} \tag{4.4}$$

式中，z_r 是转子的齿数；N 是步进电动机的运行一个循环的拍数。

（3）三相步进电动机的控制方式。

① 三相单三拍："三相"指步进电动机的定子绕组为三相，"单"指每次切换有一相绕组单独通电，"三拍"指经过三次切换，控制绕组的通电状态完成一个循环。

此处"三相"与三相正弦交流电不同，步进电动机的驱动电源由变频脉冲信号源、脉冲分配器及脉冲放大器组成，由驱动电源向步进电动机绕组提供脉冲电流。

② 三相双三拍："三相"与"三拍"均与前面解释相同。这里的"双"则指每次切换有两相绕组同时通电。

③ 三相单六拍："六拍"指经过六次切换控制绕组的通电状态才完成一个循环。

还有三相双六拍控制方式，其中的含义不再赘述。

2．三相单三拍控制方式

由于反应式步进电动机工作原理比较简单。下面均以三相反应式步进电动机为例分析其工作原理。

三相步进电动机的定子上具有均匀分布的 6 个磁极，每个磁极上都装有绕组，两个相对的绕组组成一相，共有 U、V、W 三相绕组，三相定子绕组的连接方式是星形。为了分析方便，假设定子磁极的极靴上没有小齿，转子只有均匀分布的 4 个齿，且齿宽等于定子极靴的宽度，步进电动机工作原理的分析模型如图 4.17 所示。

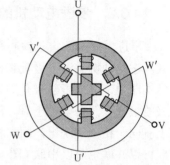

图 4.17 所示的步进电动机原理分析模型有三相控制绕组 U、V、W，每相两个绕组相串联绕在 6 个均匀分布的磁极上，相邻两个磁极的极距为 360°/6=60°，转子齿数 z_r=4，则转子的齿距角为 360°/4=90°。

三相单三拍控制方式时，如果按 U→V→W→U 的顺序在控制绕组中通电，步进电动机就会顺时针转动，如图 4.18 所示。

图 4.17　步进电动机原理分析模型

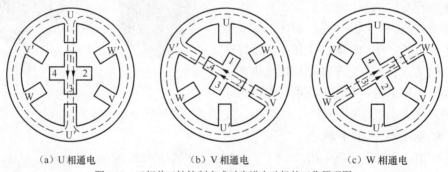

（a）U 相通电　　　　　　（b）V 相通电　　　　　　（c）W 相通电

图 4.18　三相单三拍控制方式时步进电动机的工作原理图

U 相控制绕组首先通电，V、W 两相控制绕组不通电，由于磁力线总是通过磁阻最小的路径闭合，转子将受到磁阻转矩的作用，使转子齿 1 和 3 与定子 U 相的磁极轴线对齐，如图 4.18（a）所示。此时磁力线所通过的磁路磁阻最小，磁导最大，转子只受径向力而无切向力作用，转子停止转动。

当 V 相控制绕组通电，U、W 两相控制绕组不通电时，与 V 相磁极最近的转子齿 2 和 4 会旋转到与 V 相磁极相对的位置，这时转子顺时针转过的步距角为

$$\theta = \frac{360°}{z_r N} = \frac{360°}{4 \times 3} = 30°$$

V 相绕组通电时步进电动机转动的位置如图 4.18（b）所示。

当 W 相控制绕组通电，U、V 两相控制绕组不通电时，与 W 相磁极最近的转子齿 1 和 3 随即旋转到与 W 相磁极相对的位置，转子再次顺时针转过 30°，如图 4.18（c）所示。这样按 U→V→W→U 的顺序轮流给各相控制绕组通电，转子就会在磁阻转矩的作用下按顺时针方向一步一步地转动。

如果步进电动机的通电顺序改为 U→W→V→U，则步进电动机就会沿逆时针方向旋转，即步进电动机转动方向取决于控制绕组中三相脉冲电的先后顺序。

三相单三拍控制方式由于每次只有一相通电，致使电动机转子在平衡位置附近来回摆动，运行不稳定，故实际工程中很少采用。

3．三相双三拍控制方式

三相双三拍控制的通电顺序为 UV→VW→WU→UV，如图 4.19 所示。

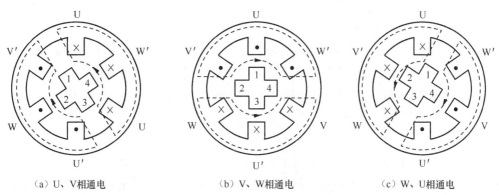

　（a）U、V 相通电　　　　　　（b）V、W 相通电　　　　　　（c）W、U 相通电

图 4.19　三相双三拍控制方式时步进电动机的工作原理图

首先在 U、V 两相通电，W 相断电，各绕组中电流方向如图 4.19（a）所示，根据右手螺旋定则可判断出电流的合成磁场方向如图中虚线所示。这时离 W 相磁极最近的转子齿 1 和 3 会旋转到与 W 相磁极相对的位置。

在 V、W 两相通电，U 相断电，各绕组中电流方向如图 4.19（b）所示，根据右手螺旋定则可判断出电流的合成磁场方向如图中虚线所示。这时离 U 相磁极最近的转子齿 2 和 4 旋转到与 U 相磁极相对的位置，与 U、V 相通电相比，转子转过的步距角 $\theta=30°$。

在 W、U 两相通电，V 相断电，各绕组中电流方向如图 4.19（c）所示，根据右手螺旋定则可判断出电流的合成磁场方向如图中虚线所示。这时离 V 相磁极最近的转子齿 1 和 3 旋转到与 V 相磁极相对的位置，与 V、W 相通电相比，转子又顺时针转过了一个 30°。

三相双三拍控制方式，每一拍都有两相绕组同时通电，每一循环也需要切换 3 次，因此步距角与三相单三拍控制方式相同，也是 30°。

4．三相六拍控制方式

三相单六拍、三相双六拍控制方式统称三相六拍控制方式，控制原理如图 4.20 所示。

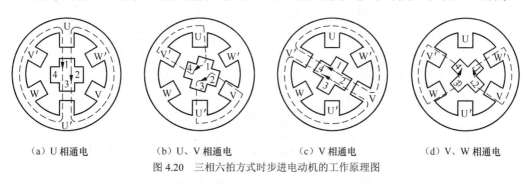

　（a）U 相通电　　　（b）U、V 相通电　　　（c）V 相通电　　　（d）V、W 相通电

图 4.20　三相六拍方式时步进电动机的工作原理图

三相六拍控制方式步进电动机的通电顺序为 U→UV→V→VW→W→WU→U，共切换 6

次。首先 U 相通电，然后 U、V 两相同时通电，再断开 U 相使 V 相单独通电，再使 V、W 两相同时通电，等等，依此顺序不断轮流通电，完成一次循环需要六拍。三相六拍控制方式的步距角只有三相单三拍和双三拍的一半，为 15°。

与单三拍控制相比，单三拍通电方式的步进电动机在切换断电的瞬间，转子失去自锁能力，容易造成失步，使转子转动步数与拍数不相等，在平衡位置容易产生振荡。而三相双三拍控制方式和三相六拍控制方式则不同，在切换过程中，它们始终保证有一相绕组持续通电，力图使转子保持原有位置，工作比较平稳。

5. 小步距角的步进电动机

按预定的工作方式分配各个绕组的通电脉冲，定子绕组通电状态改变速度越快，其转子旋转的速度也越快，即通电状态的变化频率越高，转子的转速越高。若脉冲频率为 f，步距角 θ 的单位为弧度（rad），当脉冲为连续通入步进电动机绕组时，步进电动机的转速 n 为

$$n = \frac{\theta f}{2\pi} \times 60 = \frac{60f}{z_r N} \tag{4.5}$$

所以，步进电动机的转速与脉冲频率 f 成正比，并与频率同步。

由式（4.5）可知，步进电动机的转速取决于脉冲频率、转子齿数和控制拍数，与电压和负载等因素无关。在转子齿数一定时，转速与输入脉冲频率成正比，与拍数成反比。

前面所讲的三相步进电动机模型的步距角太大，难以满足生产中小位移量的要求，为了减小步距角，实际中将转子和定子磁极都加工成多齿结构，如图 4.21 所示。

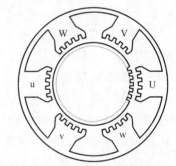

由于步进电动机的步距角只取决于电脉冲频率，并与频率成正比，其转速不受电压和负载变化的影响，也不受环境条件温度、压力等的限制，仅与脉冲频率成正比，所以应用于加工零件精度要求高、形状比较复杂的生产中。

图 4.21 小步距角的步进电动机

数字程序控制的线切割机床是采用专门计算机进行控制的步进电动机应用实例，简称数控线切割机床。数控线切割机床利用钼丝与被加工工件之间电火花放电所产生的电蚀现象，来加工复杂形状的金属冲模或零件的一种机床。数控线切割机床在加工过程中，钼丝的位置固定，工件则固定在十字拖板上，如图 4.22（a）所示，通过十字拖板的纵横运动完成对加工工件的切割。

图 4.22（b）所示为数控线切割机床的工作原理示意图。

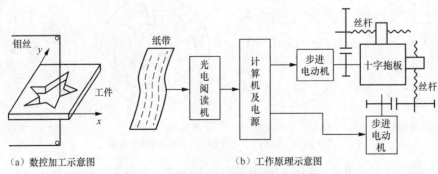

（a）数控加工示意图　　　　　　　　　　（b）工作原理示意图

图 4.22 步进电动机的具体应用电路示意图

线切割机床加工零件时，是根据图纸上零件的形状、尺寸和加工工序来编制出相应的计算机程序，并将该程序记录在穿孔纸带上，而后由光电阅读机读出并送入计算机，注意：十字拖板有 x 和 y 方向的两根丝杆，分别由两台步进电动机拖动，计算机对每一方向的步进电动机给出控制电脉冲，指挥它们运转，通过传动装置拖动十字拖板按加工要求连续移动，进行加工，从而切割出符合要求的零件。

问题与思考

1．步进电动机的转速与哪些因素有关？如何改变其转向？

2．步进电动机采用三相六拍方式供电与采用三相三拍方式相比，有什么优缺点？

3．步距角为 1.5°/0.75° 的磁阻式三相六极步进电动机转子有多少个齿？若频率为 2000Hz，电动机转速是多少？

应用实践

交流伺服电动机的操作使用

一、任务目标

1．学会交流伺服电动机的接线。

2．测试交流伺服电动机的性能。

二、工具、仪器和设备

1．三相交流调压电源 1套

2．交流伺服电动机 1台

3．变压器（127/220V） 1台

4．调压器（220/0～250V） 1台

5．交流电压表 2块

6．转速表 1块

三、实践过程

1．绘制交流伺服电动机的工作电路。参考电路如图 4.23 所示。交流电压表选用 300V 量程，交流电源输出电压调至最小，控制绕组调压器输出调至最小。

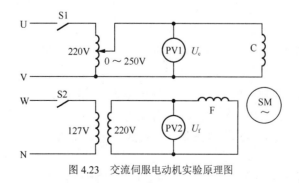

图 4.23 交流伺服电动机实验原理图

2．接通励磁电源开关 S2，升高交流电源输出电压使励磁电压 U_f=220V，再接通控制电

源开关 S_1，慢慢升高控制电压 U_c，注意观察并记录交流伺服电动机的始动电压 U_{st}。

3. 继续升高交流伺服电动机的控制电压和转速，直至 $U_c=220V$。

4. 逐渐减小控制电压使电动机减速，用转速表测量交流伺服电动机对应于不同控制电压时的转速，记录对应的电压和转速，测取 7～8 组数据，记录于表 4.1 中。

表 4.1　　　　　　　　　　　交流伺服电动机的调速特性

u/V								
$n/$（r/min）								

5. 测试结果经指导教师确认后，依次断开开关 S2 和 S1。

四、注意事项

1. 控制绕组的调压器接到 U、V 相，引入电压 U_{UV}，励磁绕组的变压器接到 W 相，引入相电压 U_W，这样才能使 U_f 和 U_c 相差 90°。

2. 测试过程中注意变压器和电动机的电压不能调得过高，以防发生事故。

五、应用实践报告

1. 应用实践项目名称。

2. 应用实践的任务目标。

3. 应用实践所用的工具、仪器和设备。

4. 绘制交流伺服电动机的实践应用电路。

5. 记录实训的过程、现象和数据结果。

6. 画出交流伺服电动机的调速特性曲线。

六、思考与练习

1. 伺服电动机的作用是什么？自动控制系统对伺服电动机有什么要求？

2. 直流伺服电动机有哪几种控制方式？一般采用哪种控制方式？

3. 交流伺服电动机有哪几种控制方式？如何使其反转？

4. 什么叫"自转"现象？交流伺服电动机是如何消除"自转"现象的？

5. 实际操作中，交流伺服电动机是如何获得相位差 90° 电角度的两相对称交流电的？其原理是什么？

第 4 章　自测题

一、填空题

1. 控制用特种电机的主要功能是实现控制信号的＿＿＿＿和＿＿＿＿，在自动控制系统中作为执行元件或检测元件。

2. 伺服电动机用于将输入的＿＿＿＿转换成电机转轴的＿＿＿＿输出。伺服电动机的转速和转向随着＿＿＿＿的大小和极性的改变而改变。

3. 40 齿的三相步进电动机在单三拍工作方式下步距角为＿＿＿＿，在六拍工作方式下步距角为＿＿＿＿。

4. 步进电动机每输入一个＿＿＿＿，电动机就转动一个＿＿＿＿或前进一步，转速与＿＿＿＿频率成正比。

5．步进电动机是一种把_____信号转换成角位移或直线位移的执行元件，伺服电动机的作用是将输入_____信号转换为轴上的角位移或角速度输出。

6．交流异步测速发电机在结构上分为_____和_____两种类型。为了提高系统的快速性和灵敏度，减小转动惯量，_____异步测速发电机的应用最为广泛。

7．电磁式直流伺服电动机一般采用_____结构，磁极由励磁绕组构成，通过单独的励磁电源供电。

8．为了减小交流伺服电动机的转动惯量，转子结构采用_____材料制成的_____。

9．步进电动机是由_____信号进行控制的，其转速大小取决于控制绕组的脉冲频率、_____和_____，与_____、_____和_____等因素无关，其旋转方向取决于的轮流通电顺序。

二、判断题

1．对于交流伺服电动机，改变控制电压大小就可以改变其转速和转向。　（　　）

2．当交流伺服电动机取消控制电压时就不能自转。　（　　）

3．步进电动机的转速与电脉冲的频率成正比。　（　　）

4．单拍控制的步进电动机控制过程简单，应多采用单相通电的单拍制。　（　　）

5．改变步进电动机的定子绕组通电顺序，不能控制电动机的正反转。　（　　）

6．控制电机在自动控制系统中的主要任务是完成能量转换、控制信号的传递和转换。

（　　）

7．交流伺服电动机与单相异步电动机一样，当取消控制电压时仍能按原方向自转。　（　　）

8．测速发电机的转速不得超过规定的最高转速，否则线性误差加大。　（　　）

9．测速发电机在控制系统中，输出绕组所接的负载可以近似作开路处理。如果实际连接的负载不大则应考虑其对输出特性的影响。　（　　）

10．由于转子的惯性作用，使得永磁式同步电动机的启动比较容易。　（　　）

三、选择题

1．直流控制电机中，作为执行元件使用的是（　　）。
A．测速发电机　　B．伺服电动机　　C．步进电动机　　　　D．自整角机

2．直流伺服电动机在没有控制信号时，定子内（　　）。
A．没有磁场　　　　　　　　B．只有旋转磁场
C．只有恒定磁场　　　　　　D．只有脉动磁场

3．伺服电动机将输入的电压信号变换成（　　），以驱动控制对象。
A．动力　　　　　B．位移　　　　　C．电流　　　　　　D．转矩和速度

4．测速发电机是一种将旋转机械的转速变换成（　　）输出的小型发电机。
A．电流信号　　B．电压信号　　C．功率信号　　　D．频率信号

5．直流测速发电机在负载电阻较小、转速较高时，输出电压随转速升高而（　　）。
A．增大　　　　　B．减小　　　　　C．线性上升　　　D．不变

6．若被测机械的转向改变，则交流测速发电机输出电压的（　　）。
A．频率改变　　　　　　　　B．大小改变
C．相位改变 90°　　　　　　D．相位改变 180°

7．三相六极步进电动机的转子上有 40 齿，采用单三拍供电，则电动机步矩角为（　　）。

    A．3°   B．6°   C．9°   D．12°

8．步进电动机是利用电磁原理将电脉冲信号转换成（　　）信号的。

    A．电流   B．电压   C．位移   D．功率

9．步进电动机的步距角是由（　　）决定的。

    A．转子齿数   B．脉冲频率

    C．转子齿数和运行拍数   D．运行拍数

10．在使用同步电动机时，如果负载转矩（　　）最大同步转矩，将出现"失步"现象。

    A．等于   B．大于   C．小于   D．以上都有可能

四、简答题

1．为什么交流伺服电动机的转子转速总是比磁铁转速低？

2．简述直流测速发电机的输出特性；负载增大时输出特性如何变化？

3．直流伺服电动机调节特性死区大小与哪些因素有关？在不带负载时，其调节特性有无死区？

4．直流测速发电机的电枢反应对其输出特性有何影响？在使用过程中如何保证电枢反应产生的线性误差在限定的范围内？

五、计算题

已知一台交流伺服电动机的技术数据上标明空载转速是 1000r/min，电源频率为 50Hz，请问这是几极电动机？空载转差率是多少？

第 5 章
常用低压电器

低压电器是一种能根据外界信号和要求，手动或自动地接通、断开电路，以实现对电路或非电对象的切换、控制、保护、检测、变换和调节的元件或设备。常用低压电器可分为低压配电电器和低压控制电器两大类，是成套电气设备的基本组成元件。

当今社会，无论是在工业、农业、交通、国防还是各种用电部门中，大多数采用低压供电，因此常用低压电器的用途极为广泛。一个工厂所用的低压电器产品往往有几千件，涉及几百个品种规格。随着科学技术的进步，电器产品的型号不断更新，低压电器也在发展，且这种发展取决于国民经济的发展和现代工业自动化发展的需要，以及新技术、新工艺、新材料研究与应用。目前正朝着高性能、高可靠性、小型化、数模化、模块化、组合化和零部件通用化的方向发展。

学习目标

现代工厂企业中的机械运动部件，大多是由电动机拖动运转的。而电动机的控制、保护电路是由电机及一些常用的低压电器构成的。低压电器是组成低压控制线路的基本器件。工厂中常用继电器、接触器、按钮和开关等电器组成电动机的启动、停止、反转和制动控制线路。控制系统的可靠性和先进性等均与所用低压电器有着直接的关系。

本章以常用的低压电器为主线，以低压控制电器为重点，详细介绍各种常用低压电器的结构、工作原理、主要技术参数选择方法等。通过对本章的学习，希望学习者掌握各种常用低压电器的名称、用途、规格、基本结构、工作原理、图形符号与文字符号；了解常用低压电器的交、直流灭弧装置的构造与灭弧方法；掌握常用低压电器的基本知识。

理论基础

采用电磁原理构成的低压电器称为电磁式低压电器；利用集成电路或电子元件构成的低压电器称为电子式低压电器；利用现代控制原理构成的低压电气元件或装置，称为自动化电器、智能化电器或可通信电器。低压电器是电器工业的重要组成部分，根据外界的信号和要求，低压电器可手动或自动地接通、断开电路，以实现对电路或非电对象的切换、控制、保护、检测、变换等。

5.1 常用低压电器的基本知识

用于额定电压在交流 1200V 或直流 1500V 及其以下的电路中起通断、保护、控制和调节作用的电器，称为低压电器。

5.1.1　低压电器的发展

目前我国电力基本建设持续保持较大投资规模，全国基建新增装机量和全国装机容量增长很快，如此多的发电设备势必需要相应的低压电气元件配套。

现代化企业中，采用计算机控制系统代替由电气-机械元件组成的系统，已是机械电气控制系统的主流。该系统要求电器产品具有高可靠性、高抗干扰性，还要求触点能可靠接通低电压、弱电流，触点断开时的电弧不能干扰电子电路的正常运行。因此，一段时间以来，低压电器产品趋向于电子化。

在现代化电站和工矿企业中，已广泛采用电子计算机监控系统，对与之相配套的低压断路器提出了高性能、智能化的要求，并要求产品具有保护、监测、试验、自诊断、显示等功能，因此，目前低压电器产品趋向于智能化。

将不同功能的模块按不同的需求组合成模块化组合电器，是当今低压电器行业的发展方向。在接触器的本体上加装辅助触点组件、延时组件、自锁组件、接口组件、机械连锁组件及浪涌电压组件等，可以适应不同场合的要求，从而扩大产品适用范围，简化生产工艺，方便用户安装、使用与维修。与此同时，还将进一步提高产品的可靠性和产品质量。因此，低压电器产品向着组合化、模块化方向发展。

5.1.2　低压电器的分类

低压电器的种类繁多，功能多样，用途广泛，结构各异，工作原理也各不相同，分类方法有很多种。

1．按动作方式分类

（1）手动电器：依靠外力直接操作来进行切换的电器，如刀开关、按钮开关等。

（2）自动电器：依靠指令或物理量变化而自动动作的电器，如接触器、继电器等。

2．按用途分类

（1）低压配电电器：用于供、配电系统进行电能输送和分配的电器，如刀开关、低压断路器、熔断器等。要求这类电器分断能力强、限流效果好、动稳定性和热稳定性好。

（2）低压控制电器：主要用于各种控制电路和控制系统的电器，如组合开关、接触器、各种保护继电器、电磁阀、熔断器和各种控制器等。要求这类电器有一定的通断能力，且耐受操作频率高、电气寿命和机械寿命长。

（3）低压主令电器：用来发送控制指令的电器，如按钮、行程开关、主令控制器和转换开关等。要求这类电器耐受操作频率高、电器机械寿命长和抗冲击性能好。

（4）低压保护电器：用来保护电路及用电设备的电器，如熔断器、热继电器、电压继电器和电流继电器等。这类电器要求可靠性高、反应灵敏，具有一定的通、断能力。

（5）低压执行电器：用来完成某种动作或传送功能的电器，如电磁铁、电磁耦合器等。要求这类电器可靠性高、反应灵敏，具有一定的通、断能力。

3．按工作原理分类

（1）电磁式低压电器：依据电磁感应原理来工作的电器，如交直流接触器、各种电磁式继电器等。

（2）非电量控制电器：其工作是靠外力或某种非电物理量的变化而动作的电器，如刀开关、速度继电器、压力继电器、温度继电器等。

低压电器按使用场合可分为一般工业用电器、特殊工矿用电器、航空工程用电器、船舶工程用电器、建筑工程用电器、农业用电器等。

5.1.3 低压电器的电磁机构及执行机构

电气控制系统中以电磁式低压电器的应用最为普遍。电磁式低压电器是一种用电磁现象实现电器功能的电器类型，此类电器在工作原理及结构组成上大体相同，结构上主要由电磁机构和执行机构（触点系统）组成，其次还有灭弧系统或其他缓冲机构等。

1. 电磁机构

（1）结构形式：电磁机构是电磁式低压电器的感测部件，其作用是将电磁能量转换成机械能量，带动触点动作使之闭合或断开，从而实现电路的接通或分断。电磁机构通常由电磁线圈、铁心（静铁心）和衔铁（动铁心）3 部分组成。电磁机构的结构形式按衔铁的运动方式可分为直动式和拍合式，其中拍合式又分为衔铁沿棱角转动和衔铁沿轴转动两种，如图 5.1 所示。

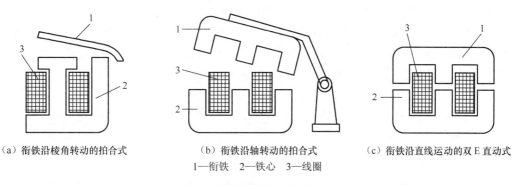

（a）衔铁沿棱角转动的拍合式　　　（b）衔铁沿轴转动的拍合式　　　（c）衔铁沿直线运动的双 E 直动式

1—衔铁　2—铁心　3—线圈

图 5.1　低压电器的电磁机构形式

衔铁做直线运动的直动式铁心多用于交流接触器、继电器以及其他交流电磁机构的电磁系统；衔铁沿棱角转动的拍合式铁心广泛应用于直流电器中；衔铁沿轴转动的拍合式铁心其形状有 E 形和 U 形两种，此结构类型多用于触点容量较大的交流电器中。

通以直流电的线圈都称为直流线圈，通入交流电的线圈称为交流线圈。对于直流线圈和交流线圈，其铁心通常由电工钢片叠压而成，以减少铁损耗。

交流电磁机构和直流电磁机构的铁心（衔铁）有所不同，直流电磁机构的铁心为整体结构，其衔铁和铁心均由软钢或工程纯铁制成。铁心不发热，只有线圈发热，所以直流电磁线圈做成高而薄的瘦高型，且不设线圈骨架，使线圈与铁心直接接触，易于散热。交流电磁机构的铁心中存在磁滞损耗和涡流损耗，为减小和限制铁心的发热程度，交流电磁线圈设有骨架，使铁心与线圈隔离，铁心采用硅钢片叠制而成，并将线圈制成短而厚的矮胖型，有利于线圈和铁心的散热。此外，交流电磁机构的铁心装有短路环，以防止电流过零时（滞后 90°）电磁吸力不足使衔铁振动。短路环起到磁通分相的作用，把极面上的交变磁通分成两个交变磁通，并且使这两个磁通之间产生相位差，那么它们所产生的吸力间有一个相位差，这样，两部分吸力不会同时达到零值，当然合成后的吸力就不会有零值的时刻，如果使合成后的吸力在任一时刻都大于弹簧拉力，就消除了振动。

另外，根据线圈在电路中的连接方式可分为串联线圈（电流线圈）和并联线圈（电压线圈）。电流线圈串接于线路中，流过的电流较大，为减少对电路的影响，所用的线圈导线粗，匝数少，线圈的阻抗较小；电压线圈并联于线路上，为减小分流作用，降低对原电路的影响，需较大的阻抗，所以线圈导线细且匝数多。

（2）工作原理：衔铁在电磁吸力作用下产生机械位移使铁心与之吸合。

当电磁线圈中通入电流时，线圈中产生磁通作用于衔铁，产生电磁吸力，从而使衔铁产生机械位移，带动触点动作。当线圈断电后，衔铁失去电磁吸力，由回位弹簧将其拉回原位，从而带动触点复位。因此作用在衔铁上的力有两个，即电磁吸力与反力。电磁吸力由电磁机构产生，反力则由回位弹簧和触点弹簧所产生。

若要使电磁机构吸合可靠，在整个吸合过程中，吸力都必须大于反力，但也不易过大，否则会影响电器的机械寿命。这就要求吸力和反力尽可能接近；在释放电磁铁时，其反力必须大于剩磁吸力，才能保证衔铁的可靠释放。电磁机构应确保电磁铁的吸力和反力的正确配合。

2. 执行机构（触点系统）

电磁系统的执行机构是由静触点和动触点构成的，起接通和分断电路的作用，因此必须具有良好的接触性能。

对于电流容量较小的低压电器，如机床电气控制线路所应用的接触器、继电器等，常采用银质材料作触点，其优点是银的氧化膜电阻率与纯银相近，与其他材质（比如铜）相比，可以避免因长时间工作而使触点表面氧化膜电阻率增加，造成触点接触电阻增大。

① 触点的接触形式：点接触、线接触和面接触3种，如图5.2所示。

（a）点接触形式　　　　　　　　（b）线接触形式　　　　　　　（c）面接触形式

图5.2 低压电器的触点接触形式

点接触由两个半球形触点或一个半球形与一个平面形触点构成，常用于小电流的电器中，如接触器的辅助触点和继电器触点；线接触常做成指形触点结构，接触区是一条直线，触点通、断过程是滚动接触并产生滚动摩擦，适用于通电次数多、电流大的场合，多用于中容量电器；面接触触点一般在接触表面镶有合金，允许通过较大电流，中、小容量接触器的主触点多采用这种结构。

② 触点的结构形式：触点在接触时，要求其接触电阻尽可能小，为使触点接触更加紧密而减小接触电阻、消除开始接触时产生的振动，在触点上装有接触弹簧，使触点刚刚接触时产生初压力，触点初压力随着触点闭合过程逐渐增大。

触点按其吸引线圈未通电时触点的原始状态可分为常开触点和常闭触点。原始状态时触点为打开，线圈通电后闭合的触点叫作常开触点或动合触点；原始状态时触点为闭合，线圈通电后打开的触点叫作常闭触点或动断触点，线圈断电后所有触点均回复到原始状态。

接触器上一般有主触点和辅助触点之分，主触点是用来接通主回路也就是连接电源和负载的，所以主触点的触点容量一般都比较大，因为它不但要通过设备运行当中的运行电流，投运和停运时还要承担瞬间的过电流，电流较大时会有电弧产生，会给其动、静触点带来烧灼现象，甚至会将其熔化，主触点都是常开触点形式。接触器的辅助触点或是继电器的触点都是连接于控制、信号、保护等小电流回路的，因此相对容量小很多，一般有常开和常闭之分，可根据实际需要另行配置。由于辅助触点与主触点同步动作，因此在这些回路中起到间接指示接触器动作情况的作用，另外如果回路电流较小时，中间继电器的触点可以起到增加触点数量的作用。触点的结构形式主要有桥式触点和指形触点，如图 5.3 所示。

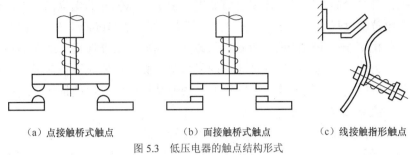

（a）点接触桥式触点　　　　（b）面接触桥式触点　　　　（c）线接触指形触点

图 5.3　低压电器的触点结构形式

　　桥式触点在接通与断开时由两个触点共同完成，有利于灭弧，这类结构触点的接触形式一般是点接触和面接触。指形触点在接通或断开时产生滚动摩擦，能去掉触点表面的氧化膜，从而减小触点的接触电阻，指形触点多采用线接触。

　　③ 接触电阻：触点闭合且有工作电流通过时的状态称为电接触状态，电接触状态时触点之间的电阻称为接触电阻，其大小直接影响电路的工作情况。如果接触电阻较大，电流流过触点时会造成较大的电压降，对弱电控制系统影响较严重，同时电流流过触点时电阻损耗大，将使触点发热导致温度升高，严重时可使触点熔焊，就会影响到工作的可靠性，降低触点寿命。触点接触电阻的大小主要与触点的接触形式、接触压力、触点材料及触点表面状况等都有关。减小接触电阻，首先应选用电阻系数小的材料，使触点本身的电阻尽量减小，增加触点的接触压力，一般在动触点上安装触点弹簧。实际使用中还要注意尽量保持触点的清洁，改善触点表面状况，避免或减小触点表面氧化膜的形成。

3. 电弧的产生和灭弧方法

　　（1）电弧的产生。当用开关电器断开电流时，如果电路电压不低于 12～20V，电流不小于 80mA～1A，电器的触点间便会产生电弧。电弧的产生通常经历以下 4 个物理过程。

电弧的产生及灭弧方法

　　① 强电场发射：电弧的形成是触点间中性质子（分子和原子）被游离的过程。触点分离时，触点间距离很小，电场强度很高，当电场强度超过 3×10^6V/m 时，阴极表面的电子就会被电场力拉出而形成触点空间的自由电子。这种游离方式称为强电场发射。

　　② 撞击电离：从阴极表面发射出来的自由电子和触点间原有的少数电子，在电场力的作用下向阳极做加速运动，途中不断地和中性原子相碰撞。只要电子的运动速度足够高，电子的动能足够大，就可能从中性原子中撞击出电子，形成自由电子和正离子，称为撞击电离。

　　③ 热电子发射：新形成的自由电子也向阳极做加速运动，同样地会与中性原子碰撞而发生撞击电离。撞击电离连续进行的结果是触点间充满了电子和正离子，具有很大的电导，在外加电压下，介质被击穿而产生电弧，电路再次被导通。触点间电弧燃烧的间隙称为弧隙。电弧形成后，弧隙间的高温使阴极表面的电子获得足够的能量而向外发射，形成热电子发射。

　　④ 高温游离：在高温的作用下（电弧中心部分维持的温度可达 10000℃以上），气体中的中性原子的不规则热运动速度增加。当电弧温度达到或超过 3000℃时，气体分子发生强烈的不规则热运动并造成相互碰撞，中性原子被游离而形成电子和正离子，这种因高温使分子撞击所产生的游离称为高温游离。

　　随着触点分开的距离增大，触点间的电场强度逐渐减小，这时电弧的燃烧主要是依靠高温游离维持的。在开关电器的触点间，发生游离过程的同时，还发生着使带电质点减少的去游离过程。

　　电力系统中开关分断电路时会出现电弧放电。由于电弧弧柱的电位梯度小，如大气中几百安以上电弧电位梯度只有 15V/cm 左右。在大气中开关分断 100kV、5A 电路时，电弧长度超过 7m。电流再大，电弧长度可达 30m。因此要求高压开关能够迅速地在很小的封闭容器内使电弧熄灭，为此，专门设计出各种各样的灭弧室。高压电器灭弧室常采用六氟化硫、真空和油等介质，低压电器采用气吹、磁吹等方式快速从电弧中导出能量和迅速拉长电弧等。直流电弧要比交流电弧难以熄灭。

　　（2）灭弧方法。灭弧的基本方法主要有以下几种形式。

　　① 电动力吹弧：电弧在电动力作用下产生运动的现象，叫作电动力吹弧。由于电弧在周围介质中运动，它起着与气吹的同样效果，从而达到灭弧的目的。这种灭弧的方法在低压开关电器中应用得较为广泛。图 5.4 所示为一种桥式结构双断口触点。

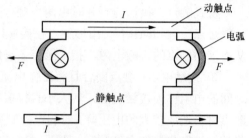

图 5.4　双断口电动力吹弧触点

　　当触点断开电路时，在断口处产生电弧，电弧电流在两电弧之间产生图 5.4 所示的磁场，根据左手定则判断，电弧电流受到指向外侧的电磁力 F 的作用，使电弧向外运动并拉长，保证电弧迅速冷却并熄灭。此外，这种装置还可以通过将电弧一分为二的方法来削弱电弧的作用。

　　② 磁吹灭弧：在触点电路中串入磁吹线圈，如图 5.5 所示。该线圈产生的磁场由导磁夹板引向触点周围。

　　磁吹线圈产生的磁场与电弧电流产生的磁场相互叠加，导致电弧下方的磁场强于上方的磁场。在下方磁场作用下，电弧受到力 F 的作用被吹离触点，经引弧角引进灭弧罩，使电弧熄灭。这种方法常用于直流灭弧装置中。

　　③ 栅片灭弧：如图 5.6 所示，用铁磁物质制成金属灭弧栅。当电弧发生后，立刻把电弧吸引到栅片内，将长弧分割成一串短弧，当电弧过零时，每个短弧的附近会出现 150～250V 的介质强度，如果作用于触点间的电压小于各个介质强度的总和，电弧就立即熄灭。这种灭弧方法在低压开关电器中应用得较多。

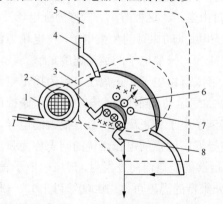

1—磁吹线圈　2—铁心　3—导磁夹板　4—引弧角　5—灭弧罩
6—磁吹线圈磁场　7—电弧电流磁场　8—动触点

图 5.5　磁吹灭弧

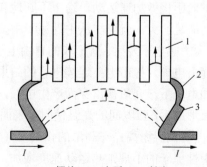

1—栅片　2—电弧　3—触点

图 5.6　栅片灭弧

除以上几种灭弧方法，还有窄缝灭弧、介质灭弧、多断口灭弧等多种灭弧方法，在此不一一赘述。

问题与思考

1. 高压电器和低压电器是根据什么来划分的？低压电器是如何定义的？
2. 触点的接触形式有哪几种？其结构形式又有哪几种？
3. 什么是撞击电离？
4. 试述栅片灭弧原理。

5.2　开关电器和主令电器

低压开关的作用主要对电动机的工作大电流电路进行隔离、转换、接通和分断，而主令电器的作用主要用来接通或断开小电流的电动机控制电路。

5.2.1　低压开关电器

1. 刀开关

刀开关又称闸刀开关或隔离开关，是手控电器中最简单而使用又较广泛的一种低压电器，图 5.7 所示为 HK 系列瓷瓶底胶盖刀开关，是最简单的手柄操作式单级开关。

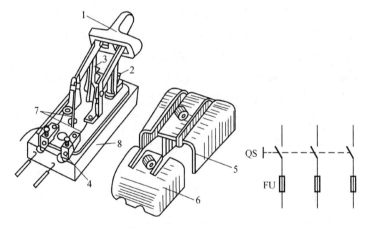

（a）HK 系列瓷瓶底胶盖刀开关外形图　　　　（b）刀开关符号

1—瓷质手柄　2—进线座　3—静夹座　4—出线座　5—上胶盖　6—下胶盖　7—熔丝　8—瓷底座

图 5.7　HK 系列瓷瓶底胶盖刀开关

刀开关的主要作用是隔离电源，或作不频繁接通和断开电路用。刀开关的基本结构主要由静插座、触刀、操作手柄和绝缘底板组成。

刀开关的种类很多。按刀的极数可分为单极、双极和三极；按灭弧装置可分为带灭弧装置和不带灭弧装置；按刀的转换方向又可分为单掷和双掷；等等。图 5.8 所示为部分刀开关产品实物图。

安装刀开关时，应使合上开关时手柄在上方，不得倒装或平装，因为倒装时手柄可能因为自身重力下滑而引起误操作造成人身安全事故。接线时，将电源连接在熔丝上端，负载连接在熔丝下端，拉闸后刀开关与电源隔离，便于更换熔丝。

（a）双掷单相刀开关　（b）双掷三相刀开关　（c）低压隔离刀开关　（d）负荷刀开关（开启式）（e）铁壳负荷开关（封闭式）

图 5.8　部分刀开关产品实物图

表 5.1 为 HK2 系列刀开关技术数据。

表 5.1　　　　　　　　　　　　　　HK2 系列刀开关技术数据

额定电压/V	额定电流/A	极数	熔体极限分断能力/A	控制电动机 最大容量/kW	机械 寿命/次	电气 寿命/次
250	10	2	500	1.1	10000	2000
	15		500	1.5		
	30		1000	3.0		
500	15	3	500	2.2	10000	2000
	30		1000	4.0		
	60		1000	5.5		

应根据负载额定电压来选择开关的额定电压。正常情况下，普通负载可根据负载额定电流来决定刀开关的额定电流。若用刀开关控制电动机，考虑电动机的启动电流，刀开关应降低容量使用，一般开关的额定电流应是电动机额定电流的 3 倍。

图 5.8（e）所示的封闭式负荷开关是在图 5.8（d）所示的开启式负荷开关的基础上改进设计的一种开关，其灭弧性能、操作性能、通断能力和安全防护等方面都优于开启式负荷开关。因其外壳多为铸铁或用薄钢板冲压而成，俗称铁壳开关。铁壳开关通常用于手动不频繁接通和分断的负载电路，还可作为线路末端的短路保护，也可控制 15kW 以下的交流电动机不频繁的直接启动和停止。

封闭式负荷开关 HR5 系列与熔体电流配用关系见表 5.2。

表 5.2　　　　　　　　　　　　　HR5 系列开关与熔体电流配用关系

型　　号	熔体号码	熔体电流值/A
HR5-100	0	4，6，10，16，20，25，32，35，40，50，63，80，100，125，160
HR5-200	1	80，100，125，160，200，224，250
HR5-400	2	125，160，200，224，250，300，315，355，400
HR5-630	3	315，355，400，425，500，630

常用的负荷开关还有 HH3 系列［见图 5.8（e）］、HH4 系列等。

HH4 系列为全国统一设计产品，结构如图 5.9 所示。HH4 系列产品主要由刀开关、熔断器、操作机构和外壳组成。其主要特点有两个：一是采用储能分合闸机构，提高了通断能力，延长了使用寿命；二是设置联锁装置，当打开防护铁盖时，不能将开关合闸，确保了操作的安全性。

2．组合开关

组合开关又称转换开关，是由多节触点组合而成的刀开关。在电气控制线路中常被用作电源的引入开关，可以用它来直接启动或停止小功率电动机或使电动机正反转，额定持续电流有 10A、25A、60A、100A 等多种。与普通闸刀开关的区别是，转换开关用动触点代替闸刀，操作手柄在平行于安装面的平面内可左右转动。常用的组合开关有 HZ10 系列，其结构、电路图形符号和产品实物如图 5.10 所示。

图 5.10 中三极组合开关有 3 对静触点和 3 个动触点，分别装在 3 层绝缘底板上。静触点一端固定在胶木盒内，另一端伸出盒外，以便和电源或负载相连接。

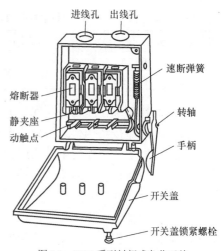

图 5.9　HH4 系列封闭式负荷开关

3 个动触点由两个磷铜片或硬紫铜片和消弧性能良好的绝缘钢纸板铆合而成，和绝缘垫板一起套在附有手柄的绝缘方杆上，每次可使绝缘方轴按正或反方向作 90° 转动，带动 3 个动触点分别与 3 对静触点接通或断开，完成电路的通断动作。组合开关结构紧凑，安装面积小，操作方便，广泛应用于机床设备的电源引入开关，也可用来接通或分断小电流电路，控制 5kW 以下电动机。其额定电流一般选择为电动机额定值的 1.5～2.5 倍。由于组合开关通断能力较低，因此不适用分断故障电流。

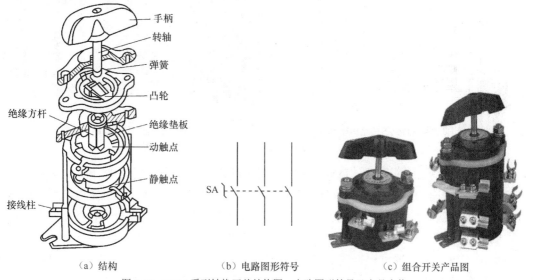

（a）结构　　　　　　　　（b）电路图形符号　　　　　（c）组合开关产品图

图 5.10　HZ10 系列转换开关结构图、电路图形符号及产品实物

组合开关的顶盖部分是由滑板、凸轮、扭簧和手柄等构成的操作机构。由于采用了扭簧储能，其可使触点快速闭合或分断，从而提高了开关的通断能力。

组合开关的常用产品有 HZ5、HZ6、HZ10、HZ15 系列。表 5.3 为 HZ5 系列组合开关额定电流及控制电动机功率。

3．断路器

断路器即低压自动空气开关，又称自动空气断路器。

表5.3   HZ5系列组合开关额定电流及控制电动机功率

型　　号	HZ5-10	HZ5-20	HZ5-40	HZ5-60
额定电流/A	10	20	40	60
控制电动机功率/kW	1.7	4.0	7.5	10

（1）结构与工作原理。图5.11所示为DZ型低压断路器结构原理及产品实物示意图。

低压断路器按结构形式可分为塑料外壳式（又称装置式）、框架式（又称万能式）两大类。框架式断路器主要用作配电网络的保护开关，而塑料外壳式断路器除用作配电网络的保护开关外，还用作电动机、照明线路的控制开关。在此重点介绍塑料外壳式的低压断路器。

工作原理：如图5.11（a）所示，低压断路器的3副主触点串联在被保护的三相主电路中，由于搭钩钩住弹簧，使主触点保持闭合状态。线路正常工作时，电磁脱扣器线圈产生的吸力不能将其衔铁吸合。当线路发生短路产生较大过电流时，电磁脱扣器的线圈所产生的吸力增大，将衔铁吸合，同时杠杆沿支点转动，把搭钩顶上去，回位弹簧拉动主触点切断主电路，实现了短路保护。当线路上电压下降或突然失去电压时，欠电压脱扣器的吸力减小或失去吸力，衔铁在支点处受右边弹簧拉力而向上撞击杠杆，把搭钩顶开，切断主触点，实现了欠电压及失电压保护。当电路中出现过载现象时，绕在热脱扣器的双金属片上的线圈中电流增大，致使双金属片受热弯曲向上顶开搭钩，切断主触点，从而实现了过载保护。

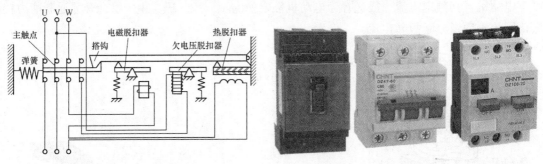

（a）DZ型低压断路器的结构原理图　　　　　　（b）DZ系列低压断路器的产品实物
图5.11　DZ型低压断路器结构原理及产品实物示意图

（2）DZ10型低压断路器。DZ10系列如图5.11（b）中左图所示，属于大电流系列，其额定电流的等级有100A、250A、600A 3种，分断能力为7～50kA。在机床电气系统中常用250A以下的等级，作为电气控制柜的电源总开关。通常将它装在控制柜内，将操作手柄伸在外面，露出"分"与"合"的字样。

DZ10型低压断路器可根据需要装设热脱扣器（用双金属片作过负荷保护）、电磁脱扣器（只作短路保护）和复式脱扣器（可同时实现过负荷保护和短路保护）。

DZ10型低压断路器的操作手柄有3个位置。

① 合闸位置。手柄向上扳，搭钩被锁扣扣住，主触点闭合。

② 自由脱扣位置。搭钩被释放（脱扣），手柄自动移至中间，主触点断开。

③ 分闸和再扣位置。手柄向下扳，主触点断开，使搭钩又被锁扣扣住，从而完成了"再扣"的动作，为下一次合闸做好了准备。如果断路器自动跳闸后，不把手柄扳到再扣位置（即分闸位置），不能直接合闸。

DZ10型低压断路器采用钢片灭弧栅，因为脱扣机构的脱扣速度快，灭弧时间短，一般断路时间不超过一个周期（0.02s），断流能力就比较大。

（3）漏电保护断路器。漏电保护断路器通常称作漏电开关，是一种安全保护电器，在线路或设备出现对地漏电或人身触电时，可迅速自动断开电路，能有效地保证人身和线路的安全。电磁式电流动作型漏电断路器工作原理图如图 5.12 所示。

该漏电保护断路器主要由零序互感器 TA、漏电脱扣器 W_S、试验按钮 SB、操作机构和外壳组成。实质上就是在一般的自动开关中增加一个能检测电流的感受元件零序互感器和漏电脱扣器。零序互感器是一个环形封闭的铁心，主电路的三相电源线均穿过零序互感器的铁心，为互感器的一次绕组。环形铁心上绕有二次绕组，其输出端与漏电脱扣器的线圈相接。在电路正常工作时，无论三相负载电流是否平

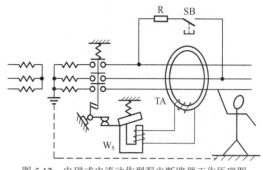

图 5.12　电磁式电流动作型漏电断路器工作原理图

衡，通过零序电流互感器一次侧的三相电流相量和为零，二次侧没有电流。当出现漏电和人身触电时，漏电或触电电流将经过大地流回电源的中性点，因此零序电流互感器一次侧三相电流的相量和就不为零，互感器的二次侧将感应电流，此电流通过漏电脱扣器线圈，使其动作，则低压断路器分闸切断了主电路，从而保障了人身安全。

为经常检测漏电开关的可靠性，开关上设有试验按钮，与一个限流电阻 R 串联后跨接于两相线路。当按下试验按钮后，漏电断路器立即分闸，证明该开关的漏电保护功能良好。

（4）塑壳式低压断路器的选择。塑壳式低压断路器的选择原则如下。

① 断路器额定电压等于或大于线路额定电压。

② 断路器额定电流等于或大于线路或设备额定电流。

③ 断路器通断能力等于或大于线路中可能出现的最大短路电流。

④ 欠电压脱扣器额定电压等于线路额定电压。

⑤ 分励脱扣器额定电压等于控制电源电压。

⑥ 长延时电流整定值等于电动机额定电流。

⑦ 瞬时整定电流：对保护鼠笼型异步电动机的断路器，瞬时整定电流为 8～15 倍电动机额定电流；对于保护绕线型异步电动机的断路器，瞬时整定电流为 3～6 倍电动机额定电流。

⑧ 6 倍长延时电流整定值的可返回时间等于或大于电动机实际启动时间。

（5）低压断路器的电路图形符号和型号。低压断路器的电路图形符号和产品型号如图 5.13 所示。

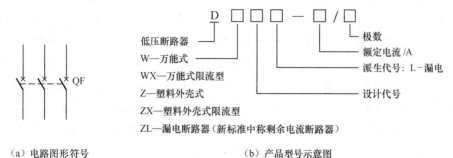

（a）电路图形符号　　　　　（b）产品型号示意图

图 5.13　低压断路器电路、图形符号和产品型号示意图

目前，智能型断路器产品已经在我国研制和开发，虽然这方面的技术还不是很完善，但可以预见，智能型断路器不但可以实现更多功能，而且结构更加灵活，性能更加可靠，还能实现与上位监控主机的双向通信，构成一个网络化的监控与保护系统，从而适应未来智能电网技术发展的需要。

5.2.2 主令电器

主令电器主要用来切换控制电路，控制接触器、继电器等设备的线圈得电与失电，进而控制电力拖动系统的启动与停止，以此改变系统的工作状态。主令电器应用广泛，种类繁多，本节只介绍常用的控制按钮、位置开关、万能转换开关和主令控制器。

1．控制按钮

控制按钮是一种结构简单、应用广泛的主令电器。其产品外形图、结构原理图及符号如图 5.14 所示。它不直接控制主电路，而是在控制电路中发出手动"指令"控制接触器、继电器等，再用这些电器去控制主电路。控制按钮也可用来转换各种信号线路与电气联锁线路等。

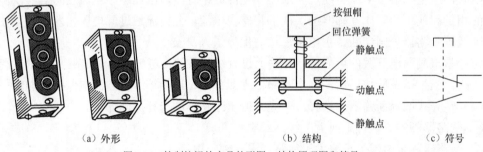

（a）外形　　　　　　　　（b）结构　　　　　　（c）符号

图 5.14　控制按钮的产品外形图、结构原理图和符号

图 5.14 所示控制按钮是工程实际中应用最多的复合按钮，复合按钮由按钮帽、回位弹簧、桥式触点和外壳构成。图 5.14（b）中所示的动触点和上面的静触点组成常闭状态，和下面的静触点组成常开状态。按下按钮时，常闭触点断开，常开触点闭合；松开按钮时，在回位弹簧作用下，各触点恢复原态，即常闭触点闭合，常开触点断开。

控制按钮的主要技术参数有额定电压、额定电流、结构形式、触点数及按钮颜色等，常用的控制按钮交流电压为 380V，额定工作电流为 5A。

2．位置开关

位置开关包括行程开关（限位开关）、微动开关、接近开关等，如图 5.15 所示。

（1）行程开关。行程开关的作用是将机械位移转换成电信号，使电动机运行状态发生改变，即按一定行程自动停车、反转、变速或循环，用来控制机械运动或实现安全保护。

直动式行程开关的产品外形、原理图及电路图形符号如图 5.15（a）所示。单轮旋转式行程开关的产品外形如图 5.15（b）所示。图 5.15（d）所示的是两种行程开关的结构原理图。当运动机构的挡铁压到位置开关的滚轮上时，转动杠杆连同转轴一起转动，凸轮推动撞块使得常闭触点断开，常开触点闭合。挡铁移开后，回位弹簧使其复位。行程开关的图形符号如图 5.15（e）所示。

行程开关动作后，复位方式有自动复位和非自动复位两种，图 5.15（a）、（b）所示的直动式和单轮旋转式均为自动复位式。但有的行程开关动作后不能自动复位，如图 5.15（c）所示的双轮旋转式位置开关，它只有运动机械反向移动，挡铁从相反方向碰压另一滚轮时，触点才能复位。

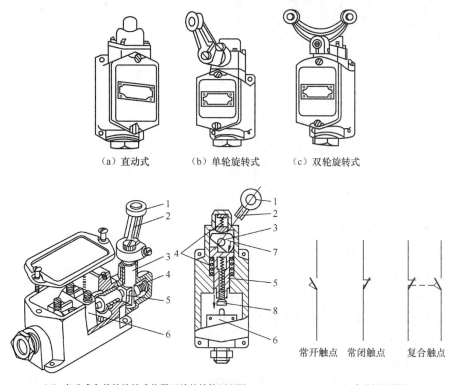

（a）直动式　　　（b）单轮旋转式　　　（c）双轮旋转式

（d）直动式和单轮旋转式位置开关的结构原理图　　　（e）电路图形符号

1—滚轮　2—杠杆　3—转轴　4—回位弹簧　5—撞块　6—微动开关　7—凸轮　8—调节螺钉

图 5.15　行程开关产品外形、原理图及电路图形符号

　　常用的位置开关有 JLXK1、X2、LX3、LX5、LX12、LX19A、LX21、LX22、LX29、LX32 等系列，微动开关有 LX31 系列和 JW 型。

　　（2）接近开关。接近开关是一种无须与运动部件进行机械直接接触操作的位置开关，又称无触点行程开关，它既有行程开关、微动开关的特性，同时又具有传感器性能，且动作可靠，性能稳定，频率响应快，应用寿命长，抗干扰能力强等优点，还具有防水、耐腐蚀的特点。

　　接近开关是理想的电子开关量传感器。当金属检测体接近开关的感应区域时，接近开关在无接触、无压力、无火花的情况下可发出电气指令，准确反映出运动机构的位置和行程。

　　接近开关之所以对接近它的物件有"感知"能力，是因为它内部安装有位移传感器（感应头），利用位移传感器对接近物体的敏感特性达到控制开关通或断的目的。当有物体移向接近开关并接近到一定位置时，位移传感器才有"感知"，接近开关才会动作。通常把这个距离叫"检出距离"。不同的接近开关，其检出距离也各不相同。

　　接近开关即便用于一般的行程控制，其定位精度、操作频率、使用寿命、安装调速的方便性和应对恶劣环境的适应能力，都是一般机械式行程开关所不能比拟的。因此，接近开关广泛应用于机床、冶金、化工、轻纺和印刷行业。在自动控制系统中，接近开关可用于限位、计数、定位控制和自动保护环节等。

接近开关产品外形与行程开关有很大差别，如图5.16所示。

（a）接近开关产品实物图　　　　　　　　　（b）接近开关原理框图

图5.16　接近开关产品实物图和原理框图

接近开关较行程开关具有定位精度高、工作可靠、寿命长、功耗低、操作频率高以及能适应恶劣工作环境等优点。但使用接近开关时，仍要用有触点的继电器作为输出器。

接近开关的种类很多，在此只介绍高频振荡型接近开关。高频振荡型接近开关电路结构可以归纳为图5.16（b）所示的几个组成部分。

高频振荡型接近开关的工作原理：当有金属物体靠近一个以一定频率稳定振荡的高频振荡器感应头附近时，由于感应作用，该物体内部会产生涡流及磁滞损耗，以致振荡回路因电阻增大、能耗增加而使振荡减弱，直至停止振荡。检测电路根据振荡器的工作状态控制输出电路的工作，输出信号去控制继电器或其他电器，以达到控制目的。

接近开关在航空、航天技术以及工业生产中都有广泛的应用。在日常生活中，如宾馆、饭店、车库的自动门、自动热风机上都有应用。在安全防盗方面，如资料档案、财会、金融、博物馆、金库等重地，通常都安装有由各种接近开关组成的防盗装置。在测量技术中，如长度、位置的测量；在控制技术中，如位移、速度、加速度的测量和控制，也都使用着大量的接近开关。

3. 万能转换开关

万能转换开关实际是多挡位、控制多回路的组合开关，是一种手动控制的主令电器，一般可作为各种配电装置的远距离控制，也可作为电压表、电流表的换向开关，还可以作为2.1kW以下小容量电动机的启动、调速、换向之用。万能转换开关由于触点挡数多而具有更多的操作位置，能够控制多个回路，适应复杂线路的要求，故有"万能"转换开关之称。

万能转换开关主要由接触系统、操作机构、转轴、手柄、定位机构等部件组成，用螺栓组装成整体。其产品外形及结构原理如图5.17所示。

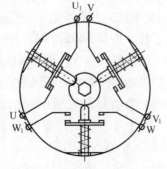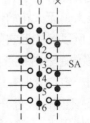

（a）产品外形　　　　　　（b）结构示意图1　　　　　　（c）结构示意图2

图5.17　万能转换开关

万能转换开关的接触系统由许多接触元件组成，每一接触元件均有一胶木触点座，中间装有 1 对或 3 对触点，分别由凸轮通过支架操作。操作时，手柄带动转轴和凸轮一起旋转，则凸轮即可推动触点接通或断开，如图 5.17（b）所示。由于凸轮的形状不同，当手柄处于不同的操作位置时，触点的分合情况也不同，从而达到换接电路的目的。

万能转换开关在电路图中的符号如图 5.17（c）所示。图中横的实线代表一路触点，竖的虚线表示手柄位置。当手柄置于某一位置上时，就在处于接通状态的触点下方的虚线上标注黑点"·"表示。触点的通断也可用如图 5.17（c）所示的触点分合表来表示。表中"×"号表示触点闭合，空白表示触点分断。

常用的万能转换开关有 LW5、LW6 和 LW12～LW16 等系列。LW5 型 5.5kW 手动转换开关用途见表 5.4。

表 5.4　　　　　　　　　　　　　LW5 型 5.5kW 手动转换开关用途

用　　　途	型　　号	定　位　特　性			接触装置挡数
直接启动开关	LW5－15/5.5Q		0°	45°	2
可逆转换开关	LW5－15/5.5N	45°	0°	45°	3
双速电机变速开关	LW5－15/5.5S	45°	0°	45°	5

4．主令控制器

主令控制器又称主令开关，主要用于电气传动装置中，按一定顺序分合触点，达到发布命令或其他控制线路联锁、转换的目的。主令控制器适用于频繁对电路进行接通和切断的情况，常配合磁力启动器对绕线式异步电动机的启动、制动、调速及换向实行远距离控制，广泛用于各类起重机械的拖动电动机的控制系统中。

主令控制器

主令控制器一般由触点系统、操作机构、转轴、齿轮减速机构、凸轮、外壳等几部分组成。其产品外形如图 5.18（a）所示。

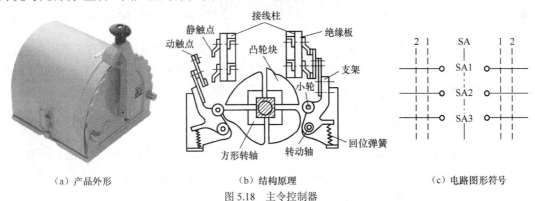

（a）产品外形　　　　　　　（b）结构原理　　　　　　　（c）电路图形符号

图 5.18　主令控制器

主令控制器的动作原理与万能转换开关相同，都是靠凸轮来控制触点系统的关合。但与万能转换开关相比，它的触点容量大些，操纵挡位也较多。

不同形状凸轮的组合可使触点按一定顺序动作,而凸轮的转角是由控制器的结构决定的,凸轮数量的多少则取决于控制线路的要求。由于主令控制器的控制对象是二次电路，所以其触点工作电流不大。

主令控制器的结构原理如图 5.18（b）所示。在方形转轴上装有不同凸轮块随之转动。当凸轮块凸起部分转到与小轮相接触时，推动支架向外张开，使动触点与静触点断开；当凸轮的凹陷部分与小轮相接触时，支架在回位弹簧作用下复位，动、静触点闭合。因此，在方形转轴上安装一串不同凸轮块，即可使触点按一定顺序闭合与断开，从而控制电路按一定顺序动作。

成组的凸轮块通过螺杆与对应的触点系统连成一个整体，其转轴既可直接与操作机构连接，也可经过减速器与之连接。如果被控制的电路数量很多，即触点系统挡次很多，可将它们分为2～3列，并通过齿轮啮合机构来联系，以免主令控制器过长。主令控制器还可组合成联动控制台，以实现多点多位控制。

配备万向轴承的主令控制器可将操纵手柄在纵横倾斜的任意方位上转动，以控制工作机械（如电动行车和起重工作机械）做上下、前后、左右等方向的运动，操作控制灵活方便。

常用的主令控制器有LK14、LK15、LK16和LK17系列，它们都属于有触点的主令控制器，对电路输出的是开关量主令信号。如果要对电路输出模拟量的主令信号，可采用无触点主令控制器，主要有WLK系列。

主令控制器的选用原则：主要根据所需操作位置数、控制电路数、触点闭合顺序以及长期允许电流大小来选择。在起重机控制中，由于主令控制器是与磁力控制盘配合使用的，所以应根据磁力控制盘型号来选择相应的主令控制器。

问题与思考

1. 试述低压断路器有哪些保护功能。
2. 开关电器和主令电器在用途上有什么显著不同？
3. 试述行程开关的作用及其主要组成部分。
4. 组合开关和主令控制器有什么相同之处和不同之处？

5.3 低压控制电器

低压控制电器是用于控制电路和控制系统的电器，此类电器要求有较强的负载通断能力。低压控制电器的操作频率较高，所以要求具有较长的电气和机械寿命。本节主要介绍交流接触器、电磁式继电器、时间继电器、热继电器及速度继电器。

5.3.1 交流接触器

交流接触器是一种适用于远距离频繁接通和分断交直流主电路及控制电路的自动控制电器。其主要控制对象是电动机，也可用于其他电力负载，如电热器、电焊机等。

交流接触器

交流接触器还具有欠电压保护、零电压保护、控制容量大、工作可靠、寿命长等优点，是自动控制系统中应用较多的一种电器。按其触点控制方式，可分为交流接触器和直流接触器，两者之间的差异主要是灭弧方法不同。我国常用的CJ10-20型交流接触器的产品实物及结构示意图如图5.19（a）、（b）所示。

交流接触器的主要结构由两大部分组成：电磁系统和触点系统。电磁系统包括铁心、衔铁和线圈，触点系统包括3对常开主触点、2对辅助常开触点和2对辅助常闭触点。接触器的文字符号是KM，线圈和触点的图形及文字符号如图5.19（c）所示。

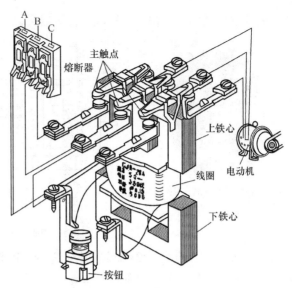

（a）CJ10-20型交流接触器产品实物   （b）CJ10-20型交流接触器的结构示意图

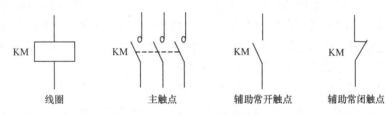

（c）线圈和触点的图形及文字符号

图 5.19　CJ10-20 型交流接触器

交流接触器的工作原理：当线圈通电时，铁心被磁化，吸引衔铁向下运动，使得常闭触点打开，主触点和常开触点闭合。当线圈断电时，磁力消失，在反力弹簧的作用下，衔铁回到原来的位置，所有触点恢复原态。

选用接触器时，应注意它的额定电压、额定电流及触点数量等。

接触器使用中应注意以下几点。

（1）核对接触器的铭牌数据是否符合要求。

（2）接触器通常应安装在垂直面上，且倾斜角不得超过规定值，否则会影响接触器的动作特性。

（3）安装时应按规定留有适当的飞弧空间，以免飞弧烧坏相邻器件。

（4）检查接线无误后，应在主触点不带电的情况下，先使电磁线圈通电分合数次，检查其动作是否可靠，确认可靠后才能正式投入使用。

（5）使用时，应定期检查各部件，要求可动部分无卡住、坚固件无松动脱离、触点表面无积垢，灭弧罩不得破损，温升不得过高等。

5.3.2　电磁式继电器

电磁式继电器结构简单、价格低廉、使用维护方便，广泛地用在控制系统中。

电磁式继电器

电磁式继电器的结构和工作原理与接触器类似，其结构原理如图 5.20（b）所示。

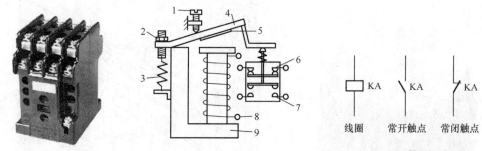

（a）电磁式中间继电器产品实物　　　（b）结构原理示意图　　　（c）图形符号、文字标志

1—调节螺钉　2—调节螺母　3—反力弹簧　4—衔铁　5—非磁性垫片　6—常闭触点　7—常开触点　8—线圈　9—铁轭

图 5.20　电磁式继电器

由图 5.20（b）可看出，电磁式继电器也是由电磁机构和触点系统两部分组成，为满足控制要求，需调节动作参数，故有调节装置。

电磁式继电器和接触器的主要区别在于：接触器只有在一定的电压信号下才动作，而电磁式继电器可对多种输入量的变化做出反应；接触器的主触点用来控制大电流电路，辅助触点控制小电流电路，电磁式继电器没有主触点，因此只能用来切换小电流的控制电路和保护电路；接触器通常带有灭弧装置，继电器因没有大电流的主触点，通常不设灭弧装置。

电磁式继电器种类很多，本节只介绍以下几种。

1．中间继电器

如图 5.20（a）所示。中间继电器通常用于继电保护与自动控制系统中的控制回路中起传递中间信号的作用，以增加小电流的控制回路中触点数量及容量。中间继电器的结构和原理与交流接触器基本相同，与接触器的主要区别在于：接触器的主触点串接在电动机主回路中，通过电动机的工作大电流；中间继电器没有主触点，它具有的全部都是辅助触点，数量比较多，其触点容量通常都很小，因此过载能力比较小，只能通过小电流。所以，中间继电器只能用于小电流的控制电路中。中间继电器在电路中的图形符号如图 5.14（c）所示。

2．电磁式电压继电器

电磁式电压继电器是一种电子控制器件，具有控制系统（又称输入回路）和被控制系统（又称输出回路），通常应用于自动控制电路中。电磁式电压继电器实际上是用较小的电流去控制较大电流的一种"自动开关"，故在电路中起着自动调节、安全保护、转换电路等作用。电磁式电压继电器主要用于发电机、变压器和输电线的继电保护装置中，作为过电压保护或低电压闭锁的启动元件。

电磁式电压继电器分为凸出式固定结构、凸出式插拔式结构、嵌入式插拔结构等，并有透明的塑料外罩，可以观察继电器的整定值和规格等。其产品外形如图 5.21 所示。

图 5.21　电磁式电压继电器

电压继电器分为过电压继电器和欠电压继电器两种类型，都是瞬时动作型。电压继电器的磁系统有两个线圈，线圈出头接在底座端子上，用户可以根据需要串联或并联，不同连接方式可使继电器的整定范围变化增倍。

电压继电器铭牌的刻度值及额定值是线圈并联时的电压（以 V 为单位）。通过转动刻度盘上的指针来改变游丝的反作用力矩，从而改变电压继电器的动作值。

电压继电器的动作：对于过电压继电器，电压升至整定值或大于整定值时，继电器就动作，常开触点闭合，常闭触点断开。当电压降低到整定值的 80% 时，继电器就返回，常开触点断开，常闭触点闭合；对于低电压继电器，当电压降低到整定电压时，继电器就动作，常闭触点断开，常开触点闭合。

3．电磁式电流继电器

电磁式电流继电器也是瞬时动作型，广泛应用于电力系统二次回路继电保护装置线路中，作为过电流启动元件。电磁式电流继电器产品外形如图 5.22 所示。

图 5.22　电磁式电流继电器

电磁式电流继电器的磁系统有两个线圈，线圈出头接在底座端子上，用户可以根据需要串联或并联，从而使继电器整定值变化增倍。

电磁式电流继电器的铭牌刻度值及额定值是线圈串联的（以安培为单位），转动刻度盘上的指针可改变游丝的反作用力矩，从而可以改变继电器的动作值。

以过电流继电器为例，说明电流继电器的动作原理：当通过电流继电器的电流升至整定值或大于整定值时，电流继电器动作，常开触点闭合，常闭触点断开；当电流降低到整定值的 80% 时，继电器就返回，常开触点断开，常闭触点闭合。

欠电流继电器正常工作时，继电器线圈流过负载额定电流，衔铁吸合动作；当负载电流降低至继电器释放电流时，衔铁释放，带动触点动作。欠电流继电器在电路中起欠电流保护作用。

5.3.3　时间继电器

时间继电器是电路中控制动作时间的设备，它利用电磁原理或机械动作原理来实现触点的延时接通和断开。按其动作原理与构造的不同可分为电磁式、电动式、空气阻尼式和电子式等类型。

1．空气阻尼式时间继电器

图 5.23 所示为 JS7-A 系列时间继电器产品外形和结构原理图。

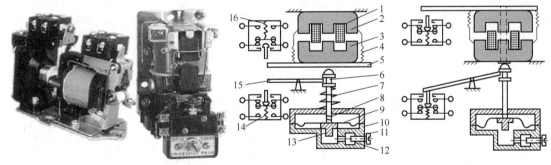

（a）时间继电器产品外形　　　（b）通电延时型时间继电器　　　（c）断电延时型时间继电器

1—线圈　2—铁心　3—衔铁　4—反力弹簧　5—推板　6—活塞杆　7—塔形弹簧　8—弱弹簧　9—橡皮膜
10—空气室壁　11—调节螺钉　12—进气孔　13—活塞　14、16—微动开关　15—杠杆

图 5.23　JS7-A 系列时间继电器产品外形及结构原理图

空气阻尼式时间继电器有通电延时和断电延时两种类型。通电延时型时间继电器的动作原理是：线圈通电时使触点延时动作，线圈断电时使触点瞬时复位。断电延时型时间继电器

的动作原理是：线圈通电时使触点瞬时动作，线圈断电时使触点延时复位，时间继电器的图形符号如图 5.24 所示。

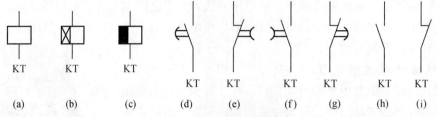

图 5.24　时间继电器的图形符号

空气阻尼式时间继电器是利用空气的阻尼作用获得延时的。此类时间继电器结构简单、价格低廉，但准确度低，延时误差大［±（10%～20%）］，一般只用于要求延时精度不高的场合。目前在交流电路中应用较多的是晶体管式时间继电器。利用 RC 电路中电容器充电时电容器上的电压逐渐上升的原理作为延时基础，其特点是延时范围广、体积小、精度高、调节方便和寿命长。

2．电子式时间继电器

电子式时间继电器也称为半导体时间继电器，具有机械结构简单、延时范围广、精度高、消耗功率小、调整方便及寿命长等优点，其应用越来越广泛。电子式时间继电器按结构分为阻容式和数字式两类；按延时方式分为通电延时型、断电延时型及带瞬动触点的通电延时型。

常用的 JS20 系列电子式时间继电器是全国推广的统一设计产品，适用于交流 50Hz、电压 380V 及以下或直流 110V 及以下的控制电路，作为时间控制元件，按预定的时间延时，周期性地接通或分断电路。

JS20 系列通电延时型电子式时间继电器的外形和接线示意图如图 5.25 所示。

JS20 系列通电延时型时间继电器由电源、电容充放电电路、电压鉴别电路、输出和指示电路 5 部分组成。JS20 系列通电延时型时间继电器的内部电路如图 5.26 所示。

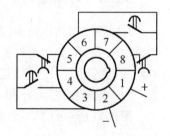

（a）产品实物　　　　　　　（b）接线示意图

图 5.25　电子式时间继电器

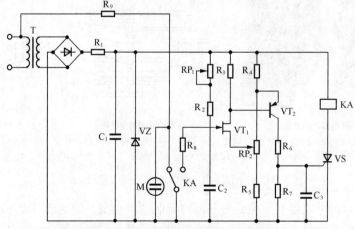

图 5.26　JS20 系列通电延时型电子式时间继电器的内部电路图

当电源接通后，经桥式整流和 C_1 滤波以及 VZ 稳压后的直流电经过 RP_1 和 R_2 向电容 C_2 充电。当场效应管 VT_1 的栅源电压 U_{gs} 低于夹断电压 U_p 时，VT_1 截止，因而 PNP 型三极管 VT_2、晶闸管 VS 均处于截止状态。当 C_2 电位随着充电过程按指数规律上升，满足 U_{gs} 高于 U_p 时，场效应管 VT_1 导通，VT_2、VS 相继导通，中间继电器 KA 线圈通电吸合，输出延时信号。同时，电容 C_2 通过 R_8 和 KA 的常开触点放电，为下次动作做好准备。当切断电源时，继电器 KA 线圈失电，触点打开，电路恢复原始状态，等待下次动作。显然，电子式时间继电器是利用 RC 电路电容充电原理实现延时的，调节 RP_1 和 RP_2 即可调整延时时间。

5.3.4　热继电器

1．热继电器的结构组成与工作原理

热继电器是利用电流的热效应原理来切断电路以保护电器的设备，其外形结构原理图及符号如图 5.27 所示。

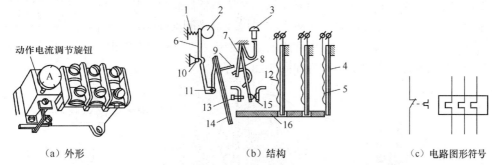

　（a）外形　　　　　　　　　　　（b）结构　　　　　　　　　（c）电路图形符号

1—压簧　2—电流调节凸轮　3—手动复位按钮　4—双金属片　5—热元件　6—杠杆　7、8—片簧　9—推杆
10—轴 1　11—轴 2　12—弓形弹簧片　13—复位调节螺钉　14—双金属片　15—基点　16—绝缘导板

图 5.27　热继电器

热继电器由热元件、双金属片和触点及动作机构等部分组成。双金属片是热继电器的感测元件，由两种不同膨胀系数的金属片压焊而成。3 个双金属片上绕有阻值不大的电阻丝作为热元件，热元件串接于电动机的主电路中。热继电器的常闭触点串接于电动机的控制电路中。当电动机正常运行时，热元件产生的热量虽然能使双金属片弯曲，但不足以使热继电器动作。当电动机过载时，热元件上流过的电流大于正常工作电流，于是温度增高，使双金属片更加弯曲，经过一段时间后，双金属片弯曲的程度使它推动导板，引起联动机构动作而使热继电器的常闭触点断开，从而切断电动机的控制电路，使电动机停转，达到过载保护的目的。待双金属片冷却后，才能使触点复位。复位有手动复位和自动复位两种方式。

2．热继电器的选择原则

热继电器主要用于电动机的过载保护，在选用时应根据具体使用条件、工作环境、电动机型式及其运行条件和要求、电动机启动情况和负荷情况综合考虑。

① 热继电器有 3 种安装方式。独立安装式通过螺钉固定，导轨安装式是在标准安装轨上安装，插接安装式是直接挂接在与其配套的接触器上，具体选择应根据实际安装情况选择安装方式。

② 长期流过而不引起热继电器动作的最大电流称为热继电器的整定电流,通常选择与电

动机的额定电流相等或是在（1.05～1.10）I_N 的范围。如果电动机拖动的是冲击性负载或在电动机启动时间较长的情况下，选择的热继电器整定电流应比 I_N 稍大一些。对于过载能力较差的电动机，所选择的热继电器的整定电流值应适当小些。

③ 在不频繁启动场合，热继电器在电动机启动过程中不应产生误动作。当电动机启动电流为额定电流 6 倍以下，启动时间不超过 5s 时，若很少连续启动，可按电动机额定电流选用热继电器，而采用过电流继电器作保护装置。

④ 对定子绕组为三角形接法的异步电动机，应选用带断相保护装置的热继电器。

⑤ 当电动机工作于重复短时工作制时，要根据热继电器的允许操作频率选择相应的产品。因为热继电器操作频率较高时，其动作特性会变差，甚至不能正常工作。因此，对于频繁通断的电动机，不宜采用热继电器作保护装置，可选用埋入电动机绕组的温度继电器或热敏电阻。

5.3.5　速度继电器

速度继电器是反映转速和转向的继电器，其主要作用是以旋转速度的快慢为指令信号，与接触器配合实现对电动机进行反接制动控制，故又称为反接制动继电器。机床控制线路中常用的速度继电器有 JY1 型和 JFZ0 型，其中，JY1 型产品外形、结构原理、电路图形符号如图 5.28 所示。

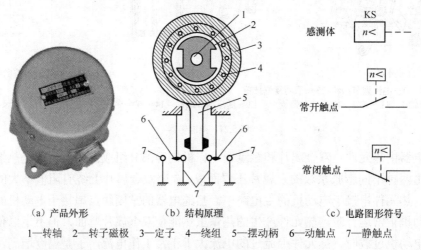

（a）产品外形　　　　　（b）结构原理　　　　　（c）电路图形符号

1—转轴　2—转子磁极　3—定子　4—绕组　5—摆动柄　6—动触点　7—静触点

图 5.28　JY1 型速度继电器

速度继电器是根据电磁感应原理制成的。速度继电器的转子是一个永久磁铁，与电动机或机械轴相连接，随着电动机旋转而旋转。速度继电器的转子与鼠笼型异步电动机的转子相似，内有短路条，也能围绕着转轴转动。当速度继电器的转子随电动机转动时，其磁场与定子短路条相切割，产生感应电势及感应电流，与电动机的工作原理类同，故速度继电器的定子随着转子转动而转动起来。速度继电器的定子转动时带动摆动柄，摆动柄推动触点，使之闭合或分断。当电动机旋转方向改变时，继电器的转子与定子的转向也改变，这时定子就可以触动另外一组触点，使之分断或闭合。当电动机停止时，继电器的触点即恢复原来的静止状态。

由于速度继电器工作时是与电动机同轴的，不论电动机正转或反转，速度继电器的两个常开触点，总有一个闭合，准备实行电动机的制动。一旦开始制动时，由控制系统的联锁触点和速度继电器的备用闭合触点，形成一个电动机相序反接（俗称倒相）电路，使电动机在反接制动下停车。当电动机的转速接近零时，速度继电器的制动常开触点分断，从而切断电源，使电动机制动状态结束。

JY1 型速度继电器可在 700～3600r/min 范围内可靠地工作，JFZ0-1 型适用于 300～1000r/min，JFZ0-2 型适用于 1000～3600r/min。速度继电器均具有 2 个常开触点、2 个常闭触点，触点额定电压为 380V，额定电流为 2A。一般速度继电器的转轴在 130r/min 左右即能动作，在 100r/min 时触点即能恢复到正常位置，可以通过螺钉的调节来改变速度继电器动作的转速，以适应控制电路的要求。

速度继电器应用广泛，可以用来监测船舶、火车的内燃机引擎，以及气体、水和风力涡轮机，还可以用于造纸业、箔的生产和纺织业生产上。在船用柴油机以及很多柴油发电机组的应用中，速度继电器作为一个二次安全回路，当紧急情况产生时，迅速关闭引擎。速度继电器主要根据电动机的额定转速和控制要求来选择。

问题与思考

1．交流接触器在结构上有何特点？试述其工作原理。
2．电磁式继电器结构上和交流接触器有何相同？有何不同？它们的工作原理相同吗？
3．时间继电器在电路中的作用是什么？
4．热继电器在电动机电路中起什么作用？它能起短路保护作用吗？
5．速度继电器通常在电动机电路中起什么作用？它是依据什么原理工作的？

5.4　熔断器

熔断器是一种当电流超过规定值一定时间后，以它本身产生的热量使熔体熔化而分断电路的电器，由于它具有结构简单、价格便宜、使用维护方便等优点，因此广泛应用于低压配电系统及用电设备中作短路或过电流保护，主要用作短路保护。

5.4.1　熔断器的分类与常用型号

工程实际应用中的熔断器种类繁多，按结构形式主要分为半封闭插入式、无填料密封管式、有填料密封管式等；按用途可分为工业用熔断器、半导体器件保护用熔断器、特殊用途熔断器等。图 5.29 所示为几种常用类型熔断器的产品实物图。

3NA 系列熔断器　　R11 型熔断器　　RM10 系列熔断器　　电子元器件熔断器　　RO17 型熔断器

图 5.29　不同类型的熔断器

图 5.29 所示的 3NA 型熔断器为有填料密封管式快速熔断器，由熔断管、触点底座、动作指示器和熔体组成。熔体为银质窄截面或网状形式，熔体为一次性使用，不能自行更换。由于其具有快速动作性，一般作为半导体整流元件保护用。

图 5.29 所示的 RO17 型熔断器为无填料管式熔断器，其熔丝管是由纤维物制成。使用的熔体为变截面的锌合金片。熔体熔断时，纤维熔管的部分纤维物因受热而分解，产生高压气体，使电弧很快熄灭。无填料管式熔断器具有结构简单、保护性能好、使用方便等特点，一般均与刀开关组成熔断器刀开关组合使用。

图 5.30 所示的螺旋式熔断器，其额定电流为 5～200A，主要用于短路电流大的分支电路或有易燃气体的场所。螺旋式熔断器在熔断管装有石英砂，熔体埋于其中，熔体熔断时，电弧喷向石英砂及其缝隙，可迅速降温而熄灭。为了便于监视，熔断器一端装有色点，不同的颜色表示不同的熔体电流，熔体熔断时，色点跳出，示意熔体已熔断。

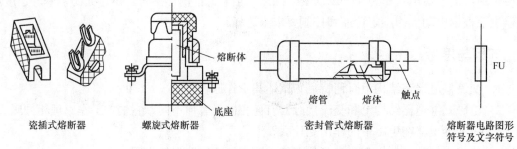

瓷插式熔断器　　　　螺旋式熔断器　　　　密封管式熔断器　　　　熔断器电路图形符号及文字符号

图 5.30　熔断器结构原理与电路图形符号、文字符号

熔断器的主要部件就是熔体。熔体的材料分为低熔点材料和高熔点材料。其中低熔点材料主要有铅锡合金、锌等，高熔体材料主要有铜、银、铝等。图 5.30 所示为熔断器的结构原理与电路图形符号和文字符号示意图。

日常生活中常见的是瓷插式熔断器，而机床电路广泛采用的则是螺旋式熔断器。在电子设备中使用的熔断器内只有一根很细的熔丝，常称为保险丝。密封管式通常用于较大电流的短路保护或过载保护。熔断器无论型号如何和安装如何，或者其附加功能如何，主要作用只有一个，就是电流过大后其熔体过热而熔断，从而断开电路，保护电路中的用电设备。

5.4.2　熔断器的技术参数和熔体选用

1．熔断器的技术参数

熔断器的技术参数主要有以下几点。

① 额定电压：熔断器长期正常工作时能够承受的工作电压。

② 额定电流：熔断器长期工作时允许通过的最大电流。熔断器是起短路保护作用的，当负载正常工作时，电流基本不变，熔断器的熔体要根据负载的额定电流进行选择，只有选择合适的熔体，才能真正起到保护电路的作用。

③ 极限分断能力：熔断器在规定的额定电压下能够分断的最大电流值取决于熔断器的灭弧能力，与熔体的额定电流无关。

2．熔体的选用

选择熔断器主要是选择熔体的额定电流。选用的原则如下。

① 一般照明线路：熔体额定电流≥负载工作电流。

② 单台电动机：熔体额定电流≥（1.5～2.5）倍电动机额定电流，但对不经常启动而且启动时间不长的电动机系数可选得小一些，主要以启动时熔体不熔断为准。

③ 多台电动机：熔体额定电流≥（1.5～2.5）倍最大电动机 I_N＋其余电动机 I_N。

其中，I_N 为电动机额定电流。使用熔断器过程中应注意：安装更换熔丝时，一定要切断电源，将闸刀拉开，不要带电作业，以免触电。熔丝烧坏后，应换上和原来同样材料、同样规格的熔丝，千万不要随便加粗熔丝，或用不易熔断的其他金属去替换。

问题与思考

1．熔断器能在电路中起过载保护吗？为什么？

2．熔断器在电路中起什么作用？家用电器瓷插保险的熔丝烧掉后，能否用一根铜丝代替？为什么？

5.5　低压执行电器

常见的低压执行电器有电磁阀、电磁离合器等。

5.5.1　电磁阀

1．用途

电磁阀是用电磁控制的工业设备，是用来控制流体的自动化基础元件，属于执行器，并不限于液压、气动，用在工业控制系统中调整介质的方向、流量、速度和其他的参数。电磁阀可以配合不同的电路来实现预期的控制，而控制的精度和灵活性都能够保证。电磁阀有很多种，不同的电磁阀在控制系统的不同位置发挥作用，最常用的是单向阀、安全阀、方向控制阀、速度调节阀等。图 5.31 所示为各种类型电磁阀产品实物图。

消防专用电磁阀　　熄火电磁阀　　超高温电磁阀　　燃气电磁阀　　通用两位三通电磁阀

图 5.31　电磁阀产品实物图

2．工作原理

电磁阀里有密闭的腔，在不同位置开有通孔，每个孔连接不同的油管，腔中间是活塞，两面是两块电磁铁，哪面的磁铁线圈通电阀体就会被吸引到哪边，通过控制阀体的移动来开启或关闭不同的排油孔，而进油孔是常开的，液压油就会进入不同的排油管，然后通过油的压力来推动油缸的活塞，活塞又带动活塞杆，活塞杆带动机械装置。这样通过控制电磁铁的电流通断就控制了机械运动。

3．分类

电磁阀从原理上可分为 3 类。

（1）直动式电磁阀。直动式电磁阀通电时，电磁线圈产生电磁力把关闭件从阀座上提起，阀门打开；断电时，电磁力消失，弹簧把关闭件压在阀座上，阀门关闭。

特点：在真空、负压、零压时均能正常工作，但通径一般不超过 25mm。

（2）先导式电磁阀。先导式电磁阀通电时，电磁力把先导孔打开，上腔室压力迅速下降，在关闭件周围形成上低下高的压差，流体压力推动关闭件向上移动，阀门打开；断电时，弹簧力把先导孔关闭，入口压力通过旁通孔迅速在腔室关阀件周围形成下低上高的压差，流体压力推动关闭件向下移动，关闭阀门。

特点：流体压力范围上限较高，可任意安装（需定制），但必须满足流体压差条件。

（3）分步直动式电磁阀。分步直动式电磁阀是直动式和先导式电磁阀相结合的电磁阀。当入口与出口没有压差时，通电后，电磁力直接把先导小阀和主阀关闭件依次向上提起，阀门打开。当入口与出口达到启动压差时，通电后，电磁力先导小阀，主阀下腔压力上升，上腔压力下降，从而利用压差把主阀向上推开；断电时，先导阀利用弹簧力或介质压力推动关闭件，向下移动，使阀门关闭。

特点：在零压差或真空、高压时亦能动作，但功率较大，要求必须水平安装。

4．选型原则

电磁阀选型首先应该依次遵循安全性、可靠性、适用性、经济性四大原则，其次是根据 6 个方面的现场工况，即管道参数、流体参数、压力参数、电气参数、动作方式、特殊要求进行选择。

5.5.2 电磁离合器

电磁离合器又称电磁联轴节，可利用表面摩擦和电磁感应原理，在两个做旋转运动的物体间传递转矩。电磁离合器工作时，靠线圈的通断电来控制离合器的接合与分离。电磁离合器可分为干式单片电磁离合器、干式多片电磁离合器、湿式多片电磁离合器、磁粉离合器、转差式电磁离合器等。电磁离合器按照工作方式又可分为通电结合式和断电结合式。图 5.32 所示为不同类型的电磁离合器产品实物图和电路图形符号。

（a）不同产品实物　　　　　　　　　（b）电路图形符号

图 5.32　电磁离合器产品实物图和电路图形符号

电磁离合器由于便于远距离控制，控制能量小，动作迅速、可靠，结构简单，广泛应用于机床的电气控制。其中，摩擦片式电磁离合器应用较为普遍，一般分为单片式和多片式。

工作原理：电磁离合器的主动轴与旋转动力源连接，主动轴转动后，主动摩擦片随同旋转。当线圈通电后，产生磁场，将摩擦片吸向铁心，衔铁也被吸住，紧紧压住各摩擦片，于是依靠主动摩擦片与从动摩擦片之间的摩擦力，使从动齿轮随主动轴转动，实现转矩的传递。

线圈断电后，由于弹簧垫圈的作用，使摩擦片恢复自由状态，从动齿轮停止旋转。

电磁离合器靠线圈的通断电来控制离合器的接通与分断，由于此特点而被广泛应用于机床、包装、印刷、纺织、轻工及办公设备中。电磁离合器一般用于环境温度-20～50℃，湿度小于85%，无爆炸危险的介质中，其线圈电压波动不超过额定电压的±5%。

问题与思考

1．电磁阀在电路中起什么作用？试述其选型原则。

2．试述机床电气控制中电磁离合器的工作原理。

应用实践

常用低压电器结构、原理及其检测

一、实训目的

熟悉常用低压电器的内部结构，进一步理解其动作原理，了解其型号、规格及选择方法，掌握常用低压电器的一般故障判断及维修方法。

二、实训重点和难点

常用低压控制电器的动作原理的理解和掌握；常用低压控制电器的一般故障维修方法。

三、实训内容

1．接触器的拆装，接触器的故障判断与维修方法。

2．通过热继电器的拆装认识其结构组成原理，练习热继电器的电动机电路连线及其动作值的调节。

3．通过行程开关的拆装观察和认识其结构组成原理，练习电路连接方法，了解其故障判断及维护、维修常识。

4．通过组合开关的拆装认识其内部结构原理，练习电路连接方法，了解其故障判断及维护、维修常识。

四、实训设备

与实训内容相应的常用低压电器若干。

五、实训小结

通过本次实训，将实训的收获和体会写成总结并上交。

第 5 章　自测题

一、填空题

1．_____开关、_____开关和_____开关都是低压开关电器。

2．交流接触器中包含_____系统和_____系统两大部分。它不仅可以控制电动机电路的通断，还可以起_____和_____保护作用；交流接触器在控制线路中的文字符号是_____。

3．在小型电动机电路中起过载保护的低压电器设备是_____。其串联在电动机主电路中的是它的_____元件；串接在控制电路中的部分是其_____。

4．控制按钮在电路图中的文字符号是_____；行程开关在电气控制图中的文字符号是_____；时间继电器在电气控制图中的文字符号是_____。

5．熔断器在电路中起_____保护作用。熔断器在电气图中的文字符号是_____。

6．低压断路器在电路中有多种保护功能，除_____保护和_____保护外，还具有_____及_____保护作用，有的还具有_____保护作用。

7．低压电器按照职能的不同可分为控制电器和保护电器两类。其中，交流接触器属于_____类电器，熔断器属于_____类电器。

8．可以用中间继电器来_____控制回路的数目。中间继电器是把一个输入信号变成为_____的继电器。

9．JW2型行程开关是一种具有_____快速动作的_____开关。

10．空气阻尼式时间继电器如果要调整其延时时间，可改变_____的大小，进气快则_____，反之则_____。

11．20A以上的交流接触器通常装有灭弧罩，用灭弧罩来迅速熄灭_____时所产生的_____，以防止_____，并使接触器的分断时间_____。

12．组合开关多用于机床电气控制系统中作_____开关用，通常是不带负载操作的，但也能用来_____和_____小电流的电路。

二、判断题

1．速度继电器的笼型空心杯是由非磁性材料制作的，转子是永磁体。（　　）

2．只要外加电压不变化，交流电磁铁的吸力在吸合前、后是不变的。（　　）

3．一定规格的热继电器，所安装的热元件规格可能是不同的。（　　）

4．一台额定电压为220V的交流接触器在直流220V的电源上也可使用。（　　）

5．主令控制器是用来频繁切换复杂多回路控制电路的主令电器。（　　）

6．低压断路器不仅具有短路保护、过载保护功能，还具有失电压保护功能。（　　）

7．交流接触器的辅助常开触点应连接于小电流的控制电路中。（　　）

8．热继电器在电路中起的作用是短路保护。（　　）

9．行程开关、限位开关、终端开关是同一种开关。（　　）

10．电压继电器与电流继电器相比，其线圈匝数多、导线粗。（　　）

三、选择题

1．刀开关的文字符号是（　　）。
A．SB　　　　　B．QS　　　　　C．FU

2．自动空气开关的热脱扣器用作（　　）。
A．过载保护　　B．断路保护　　C．短路保护　　　D．失电压保护

3．交流接触器线圈电压过低将导致（　　）。
A．线圈电流显著增大　　　　B．线圈电流显著减小
C．铁心涡流显著增大　　　　D．铁心涡流显著减小

4．热继电器作电动机的保护时，适用于（　　）。
A．重载启动间断工作时的过载保护　　B．轻载启动连续工作时的过载保护
C．频繁启动时的过载保护　　　　　　D．任何负载和工作制的过载保护

5．行程开关的常开触点和常闭触点的文字符号是（　　　）。

　　A．QS　　　　　　B．SQ　　　　　　C．KT

6．电压继电器的线圈与电流继电器的线圈相比，特点是（　　　）。

　　A．电压继电器的线圈与被测电路串联

　　B．电压继电器的线圈匝数多、导线细、电阻大

　　C．电压继电器的线圈匝数少、导线粗、电阻小

　　D．电压继电器的线圈匝数少、导线粗、电阻大

7．复合按钮在按下时其触点动作情况是（　　　）。

　　A．常开触点先接通，常闭触点后断开　　B．常闭触点先断开，常开触点后接通

　　C．常开触点接通与常闭触点断开同时进行　D．无法判断

8．下列电器不能用来通断主电路的是（　　　）。

　　A．接触器　　　　B．自动空气开关　　　C．刀开关　　　　　　D．热继电器

9．下面关于继电器叙述正确的是（　　　）。

　　A．继电器实质上是一种传递信号的电器　B．继电器是能量转换电器

　　C．继电器是电路保护电器　　　　　　　D．继电器是一种开关电器

10．时间继电器具有的控制功能是（　　　）。

　　A．定时　　　　　B．定位　　　　　　C．控制速度或温度　　D．控制温度

11．低压电器按其在电源线路中的地位和作用，可分为（　　　）两大类。

　　A．开关电器和保护电器　　　　　　　　B．操作电器和保护电器

　　C．配电电器和操作电器　　　　　　　　D．控制电器和配电电器

12．小容量交流接触器一般采用（　　　）灭弧装置。

　　A．电动力　　　　B．磁吹式　　　　　C．栅片式　　　　　　D．窄缝式

13．熔断器的额定电流是指（　　　）。

　　A．熔管额定值　　　　　　　　　　　　B．熔体额定值

　　C．被保护电气设备的额定值　　　　　　D．其本身截流部分和接触部分发热允许值

14．主令电器的任务是（　　　）。

　　A．切换主电路　　B．切换信号电路　　C．切换测量电路　　D．切换控制电路

15．下列电器属于主令电器的是（　　　）。

　　A．断路器　　　　B．接触器　　　　　C．电磁铁　　　　　　D．行程开关

16．速度继电器主要由（　　　）组成。

　　A．定子、转子、端盖和机座　　　　　　B．定子、转子、端盖可动支架、触点系统等

　　C．电磁装置和触点装置　　　　　　　　D．电磁机构和灭弧装置

四、简答题

1．熔断器主要由哪几部分组成？各部分的作用是什么？

2．如何正确选用按钮？

3．交流接触器主要由哪几部分组成？

4．热继电器能否作短路保护？为什么？

5．低压电器是如何划分的？

6．什么是接近开关？与行程开关相比，有何特点？

第6章
电气控制电路的基本环节

各种生产机械的运动形式多种多样，它们的生产机械控制要求也各不相同，其相应的控制电路也是千变万化、存在差异。但生产机械的电气控制环节不管简单还是复杂，都是由电动机拖动，通过不同的控制电路实现其运动控制的，无论多么复杂的控制电路，也都是由最基本的控制环节组成的。因此，掌握电气控制线路最基本的控制环节，是熟练分析电气控制线路工作原理和维修的关键，也是成功设计控制系统的基础。

学习目标

电气控制系统的实现，主要有继电接触器逻辑控制、可编程逻辑控制和计算机控制等方法。继电接触器逻辑控制方式又称电气控制，其电气控制电路是由接触器、继电器、开关和按钮等组成的，具有结构简单、价格便宜、抗干扰能力强等优点，应用于各类生产设备及控制、远距离控制和生产过程的自动控制中。

本章主要介绍三相异步电动机的一些基本控制形式的单元电路以及电气控制电路图的识读方法。通过对本章的学习，学习者应读懂和理解电动机控制电路中的点动控制，连续运转控制，正、反转控制，行程控制，多地控制等基本环节的电气控制图，学会其分析方法；了解电气控制系统中电气原理图、电器布置图及安装接线图的画法；重点掌握电气原理图的画法；为下一步分析较复杂的控制电路打下基础。

理论基础

由继电器接触器所组成的电气控制电路，基本控制规律有自锁与互锁的控制、点动和连续运转的控制、多地联锁控制、顺序控制与自动循环控制等。

6.1 低压电气基本控制电路

低压电气基本控制电路中，自锁与互锁的控制统称为电气联锁控制，在电气控制电路中应用十分广泛，是最基本的控制。

6.1.1 点动控制

所谓点动，实际上就是通过按钮给电到接触器线圈，接触器线圈得电后吸引其电磁铁，使其常开触点闭合，电动机运转；松开按钮后接触器线圈断电，接触器触点分断，点动按钮电动机转动，松开按钮电动机停转，即点动控制。

点动控制是电动机中的最简单控制方式，其控制线路如图 6.1 所示。

三相电源的 3 根火线分别用 L_1、L_2 和 L_3 表示，图 6.1 中三相电源通过三相空气开关 QF、三相熔断器 FU、交流接触器的 3 个主触点 KM、热继电器的 3 个发热元件 FR 与三相异步电动机串联后构成电动机点动控制电路的主回路，其中通过的电流为电动机的工作大电流；而点动控制按钮的一对常开触点、交流接触器的线圈和热继电器的常闭触点相串联后连接于电源 L_2 和 L_3 两相，构成点动控制电路的小电流控制回路。读这种电气控制图时，需注意主回路读图顺序应自上而下；控制回路读图顺序应由左至右（见图 6.1 垂直绘制时）或自上而下（水平绘制时）。

图 6.1（a）点动控制线路的工作原理如下。

当电动机需要点动运转时，先合上空气开关 QF，再手动按下控制按钮 SB，控制回路闭合接通，接触器 KM 的线圈得电，吸引接触器衔铁动作，使接触器的 3 对主触点向下运动闭合电动机主回路，三相异步电动机 M 得电运转；电动机需要停转时，松开控制按钮 SB，接触器线圈即刻失电，释放衔铁，3 对主触点断开，电动机停转。

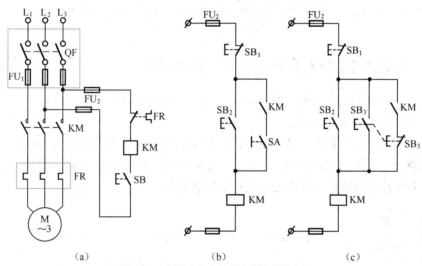

图 6.1　三相异步电动机的点动控制线路图

点动控制线路虽然简单，但在实际中应用得很普遍，如机床刀架、横梁、立柱等快速移动，机床对刀调整等场合。图 6.1（b）为采用开关 SA 选择点动运行状态的控制电路，图 6.1（c）中按钮 SB_3 可实现对电动机点动控制的控制电路。学习者可按照图 6.1（a）的分析步骤来解读这两个控制电路的原理。

6.1.2　电动机单向连续运转控制

大多数生产机械都需要拖动电动机才能实现连续运转，因此电动机单向连续运转控制电路的工作过程应熟练掌握。图 6.2 所示为电动机单向连续运转控制线路图。

操作过程与工作原理：合上空气开关 QF，为电动机启动做好准备；按下启动按钮 SB_1（由复合按钮的一对常开触点构成）→接触器 KM 线圈得电→KM_3 对主触点和辅助常开触点同时闭合→3 对主触点使电动机主电路接通，电动机启动运转；辅助常开触点由于并接在启动按钮 SB_1 两端，从而两条线路给 KM 线圈供电，这时即便松开 SB_2，KM 线圈仍能通过自身辅助常开触点这一通路保持通电状态，使电动机继续连续单向运转。这种依靠接触器自身辅助触点保持接触器线圈持续通电的现象称为自锁。为此，常把接触器的辅助常开触点称为自锁触点。

若要图 6.2 中的电动机停止转动，按下停止按钮 SB_2（由复合按钮的一对常闭触点构成）→接触器 KM 线圈失电→KM 的 3 对主触点和自锁触点均断开→电动机停转。

如果通过电动机发生过载，当过载电流超过热继电器 FR 的整定电流值时，其串接在主回路中的热元件发热弯曲，推动串联在控制回路中的常闭触点 FR 断开，KM 线圈失电，电动机停转，实现了过载保护作用。熔断器 FU 在主、辅电路中起短路保护。

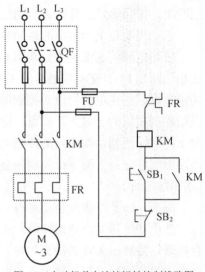

图 6.2 电动机单向连续运转控制线路图

问题：如图 6.1（b）、（c）所示的控制回路能实现电动机的连续运转吗？试分析说明。

6.1.3 自锁与互锁控制及电动机正、反转控制

自锁与互锁的控制统称为电气联锁控制，在电动机的电气控制电路中应用十分广泛，属于最基本控制。

电梯的上行和下行、机床工作台的移动、横梁的升降，其本质都是电动机的正、反转。实现电动机的正、反转，只需把电动机与三相电源连接的 3 根火线任调两根的连接位置即可。图 6.3 所示为几种电动机正、反转的典型基本控制电路。

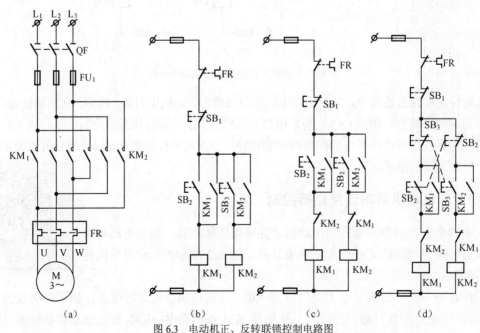

图 6.3 电动机正、反转联锁控制电路图

图 6.3（a）所示为电动机正、反转控制的主回路，其中接触器 KM$_1$ 主触点闭合时电动机为正向运转，接触器 KM$_2$ 主触点闭合时电动机为反向运转，由前面所学知识可知，KM$_1$ 和 KM$_2$ 的主触点是不能同时闭合的，否则将造成三相电源短路事故，为此，电动机控制回路中必须设置联锁控制环节。

图 6.3（b）所示为最基本的接触器正、反转控制回路电路图。其控制过程如下。

闭合主回路中的空气开关 QF，为电动机启动做好准备。

正转控制过程：按下控制回路中的正转启动按钮 SB$_2$→正转控制回路线圈 KM$_1$ 得电→KM$_1$ 的 3 对主触点闭合，同时 KM$_1$ 辅助触点闭合自锁→电动机正转启动运行。

结束正转，按下停止按钮 SB$_1$，控制回路断开，KM$_1$ 线圈失电，主触点和辅助触点均打开，电动机正向运转停止。

反转启动控制由按钮 SB$_3$ 控制，过程与正转类同。

这个正、反转控制存在的最大一个问题就是正、反转控制回路中没有联锁控制，因此当电动机正转时如果按下反转控制按钮，就会发生三相电源短路事故，显然这个控制电路在实际中是不能采用的。

再来观察图 6.3（c）所示的电动机正、反转控制回路电路图。其控制过程如下。

闭合主回路中的空气开关 QF，为电动机启动做好准备。

正转控制过程：按下控制回路中的正转启动按钮 SB$_2$→正转控制回路线圈 KM$_1$ 得电→串接在反转控制电路 KM$_1$ 的辅助常闭触点打开互锁，KM$_1$ 辅助常开触点闭合正转控制电路自锁，同时正转主回路中 KM$_1$ 的 3 对主触点闭合，正转控制回路接通→电动机正转启动运行。

在电动机正转时，如果没有按停止按钮 SB$_1$ 就直接按反转启动按钮 SB$_3$，由于反转控制回路 KM$_1$ 常闭触点处是断开的，所以接触器 KM$_2$ 的线圈无法得电，电动机不能反转启动。这种加入接触器互锁环节的正、反转控制电路，避免了三相电源两相短路事故的发生。

电动机反转时的控制过程：按下控制回路中的反转启动按钮 SB$_3$→反转控制回路线圈 KM$_2$ 得电→串接在正转控制电路 KM$_2$ 的辅助常闭触点打开互锁，KM$_2$ 辅助常开触点闭合反转控制电路自锁，同时反转主回路中 KM$_2$ 的 3 对主触点闭合，反转控制回路接通→电动机反转启动运行。

若让电动机正、反转运行结束，按下停止按钮 SB$_1$ 即可。

图 6.3（c）所示的电动机正、反转控制回路利用两个接触器的常闭辅助触点形成互相制约关系，这种相互制约的控制机制称为互锁。上述利用接触器自身辅助常开、辅助常闭触点形成的自锁和互锁均属于电气联锁。

图 6.3（d）所示的电动机正、反转控制回路是在图 6.3（c）的基础上，又将正向启动按钮 SB$_2$ 和反向启动按钮 SB$_3$ 的常闭触点分别串接在对方常开触点回路中，利用按钮上常开、常闭触点之间的机械连接，在电路中形成相互制约的机制，这种利用按钮的机械联锁在正、反转控制回路中实现互锁的方法称为机械互锁。此电路的工作过程由学习者自行分析。

6.1.4　多地联锁控制

生产实际中，一些大型生产机械和设备上，往往要求操作人员能在不同的方位上进行操作与控制，即多地控制。多地控制是用多组启动按钮、

多地联锁控制

停止按钮按一定方式连接来进行的。图 6.4 所示为两地控制电路原理图。

控制原理：图 6.4 中的 SB_1 和 SB_3 为安装在甲地的启动按钮和停止按钮，SB_2 和 SB_4 是安装在乙地的启动按钮和停止按钮。线路中按钮的连接原则是：多地的启动按钮常开触点并联连接，构成或逻辑，如 SB_1 和 SB_2；多地的停止按钮常闭触点串联在一起，构成与逻辑关系，如 SB_3 和 SB_4。无论是在甲地还是在乙地，只要按下启动按钮，接触器 KM 线圈就会得电，主触点闭合，电动机运转，辅助触点自锁；无论是在甲地还是在乙地，只要按下停止按钮，控制线路都会断开，接触器 KM 线圈失电，主、辅触点打开，电动机停转。多地控制同一台电动机，线路简单、操作方便，对于三地或更多地的控制，只要按照将各地的启动按钮并联、停止按钮串联的连线原则均可实现。

图 6.5 所示为一台 X53K 立式铣床，是工厂中常用的一种加工设备，由底座、床身、悬梁、工作台、升降台等组成，其电源开关安装在图 6.5 所示床身 A 处，按钮分别位于床身和工作台前的 A、B 两处。当需要进行铣削加工时，必须先在 A 处合上总电源，而启动和停止可在 A、B 任意一处进行，既可在 A 处启动，A 或 B 处停止；也可在 B 处启动，A 或 B 处停止，是一种典型的两地控制方式。

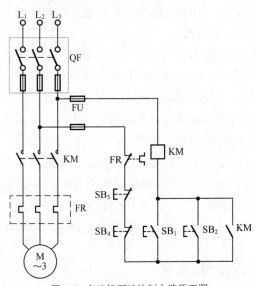

图 6.4　电动机两地控制电路原理图

图 6.5　X53K 立式铣床

6.1.5　顺序控制

实际生产中，某一系统常有多台电动机，而某些电动机的启停要求按一定的顺序进行，如空调设备中，要求压缩机必须在风机之后启动；铣床上启动主电动机后才能启动进给电动机；磨床上要求先启动油泵电动机，再启动主轴电动机。总之，对几台电动机的启停要求一般有：正序启动，同时停止；正序启动，正序停止；正序启动，逆序停止。顺序控制可在主电路实现，也可在控制电路中实现。

顺序控制

图 6.6 所示为主电路中实现两台电动机顺序控制的电路图。

图 6.6（a）所示是两台要求顺序启动的电动机。该电路的特点是电动机 M_1 和 M_2 的主电路并接在三相电源上。

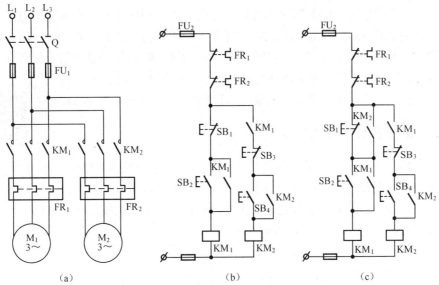

图 6.6 主电路中实现两台电动机顺序控制的电路图

图 6.6（b）所示为主电路中的两台电动机顺序启动的控制电路。控制过程：按下启动按钮 SB_2，接触器 KM_1 线圈得电，其主触点闭合，电动机 M_1 启动运转，同时 KM_1 辅助常开触点闭合，实现 KM_1 线圈回路的自锁，保证 KM_1 线圈在松开 SB_2 后继续得电；串接在接触器 KM_2 线圈回路中的 KM_1 常开触点闭合，为 KM_2 线圈得电做准备。显然，接触器 KM_1 线圈不得电，KM_2 线圈不能得电，即电动机 M_1 先启动，只有 M_1 启动后 M_2 才能启动。待 M_1 启动后，按下启动按钮 SB_4，接触器 KM_2 线圈得电，主触点闭合，M_2 电动机启动运转，同时 KM_2 辅助常开触点闭合自锁，保证 KM_2 线圈在按钮 SB_4 松开后继续得电。按下 SB_3，接触器 KM_2 线圈失电，其触点打开，M_2 停转，M_1 可继续运转。如果先按下 SB_1，则由于 KM_1 线圈失电而使其所有常开触点打开，所以两台电动机 M_1 和 M_2 相继停止。该两台电动机控制方式属于正序启动，可逆序停止，也可正序启动、同时停止的顺序控制。

图 6.6（c）所示控制回路在图 6.6（b）控制电路的基础上将接触器 KM_2 的常开辅助触点并接在停止按钮 SB_1 的两端，这样，即便先按下 SB_1，但由于 KM_2 线圈仍得电，电动机 M_1 不会停止，只有按下 SB_3，电动机 M_2 先停止，这时再按下 SB_1，M_1 才能停止转动，实现了正序启动、逆序停止的顺序控制。控制过程学习者自行分析。

许多顺序控制电路中，要求两台电动机的启动有一定的时间间隔，这时往往在控制回路中利用时间继电器来满足按时间顺序启动的要求，其控制电路如图 6.7 所示。

控制过程：按下启动按钮 SB_2，接触器 KM_1 线圈得电，KM_1 主触点闭

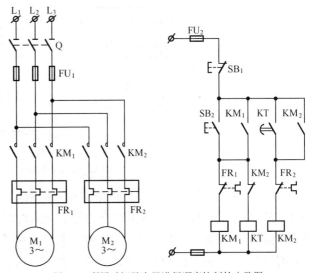

图 6.7 利用时间继电器进行顺序控制的电路图

合，电动机 M_1 启动运转，KM_1 辅助常开闭合自锁后，时间继电器线圈 KT 得电计时，计时时间到时，在时间继电器 KT 通电延时结束即断电瞬时，打开的延时常开触点闭合，接触器 KM_2 线圈得电，KM_2 主触点闭合，电动机 M_2 启动运转，KM_2 辅助常开触点闭合自锁，辅助常闭触点打开，时间继电器线圈失电回复原来状态。按下停止按钮 SB_1，两台电动机同时停止，实现了按时间继电器控制的顺序启动，同时停止控制。

6.1.6 工作台自动往返控制

有些生产机械，如万能铣床，要求工作台在一定距离内能自动往返，而自动往返通常是利用行程开关来控制电动机的正、反转以实现工作台的自动往返运动。图 6.8（a）所示为机床工作台自动往返运动示意图，图 6.8（b）所示为工作台自动往返循环控制线路的主电路和控制电路。

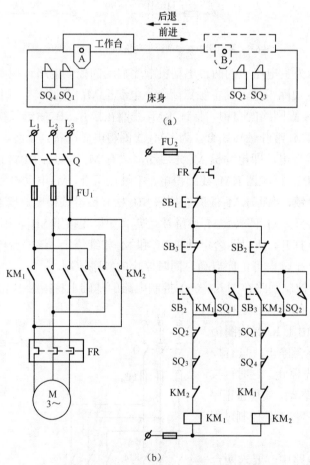

图 6.8　工作台自动往返运动示意图及循环控制线路

在机床的床身两端固定有行程开关 SQ_1 和 SQ_2，用来限定加工的起点和终点。其中，SQ_1 是后退转前进的行程开关，SQ_2 是前进转后退的行程开关。工作台上安装有撞块 A 和 B，它们随运动部件工作台一起移动，当工作台移动至终点或起点处时，撞块可压下行程开关 SQ_1 或 SQ_2 的滚轮，从而使 SQ_1 或 SQ_2 的常闭触点打开、常开触点闭合，从而改变控制电路的状态，从而使电动机由正转运行状态改变为反转运行状态，或由反转运行状态改变为正转运行状态。控制电路中的行程开关 SQ_3 和 SQ_4 分别安装在 SQ_2 和 SQ_1 的外侧，起到前进或后退时的极限保护作用。

控制过程：按下启动按钮 SB_2，接触器 KM_1 线圈得电并自锁，串联在电动机主电路中 KM_1 的 3 对主触点闭合，电动机正转前进，工作台向右移动，当到达右移预定位置后，撞块 B 压下 SQ_2，SQ_2 常闭触点打开使 KM_1 断电，SQ_2 常开触点闭合使 KM_2 得电，电动机由正转变为反转，工作台后退向左移动。当到达左移预定位置后，撞块 A 压下 SQ_1，使 KM_2 断电，同时 SQ_1 并在左移控制回路按钮两端的辅助常开触点闭合使 KM_1 得电，电动机由反转变为正转，工作台又向右移动。如此周而复始地自动往返工作。若要电动机停止，按下停止按钮 SB_1 时，电动机停转，工作台停止移动。若行程开关 SQ_1 或 SQ_2 失灵，电动机往返运动无法实现，工作台会继续沿原方向移动，移动到 SQ_4 或 SQ_3 位置时，工作台上的撞块会压下位置开关 SQ_4 或 SQ_3 的滚轮，它们串联在控制回路中的常闭触点就会断开而使电动机停止，起到了极限保护的作用，避免了运动部件因超出极限位置而发生事故。

问题与思考

1. 简述电动机点动控制，单向运转控制和正、反转控制线路的工作过程。
2. 什么是自锁、互锁？它们在控制电路中各起什么作用？
3. 试设计一个电动机控制线路。要求：既能点动，又能单向启动、停止及连续运转。

6.2　三相异步电动机的启动控制电路

生产实际中，当电动机容量超过 10kW 时，因启动电流较大会引起线路压降增大，造成负载端电压下降，如果负载端电压降低过多，会影响到同一电网中其他设备的正常工作。这时对该大容量电动机就需采取降压启动。

第 2 章中已经介绍过关于异步电动机的降压启动，也简略介绍了异步电动机定子绕组串电阻或串电抗的降压启动、丫-△降压启动、利用自耦补偿器的降压启动以及绕线型异步电动机的转子回路串电阻或接频敏变阻器的降压启动等方法及原理，本章就上述降压方法如何由电动机控制电路自动实现进行深入研究。

6.2.1　丫-△降压启动控制

凡是正常运行时定子绕组接成△接法的三相鼠笼型异步电动机，均可采用丫-△降压启动。降压过程仅存在于异步电动机的启动过程中。当电动机启动时，定子绕组成丫连接，由前面知识可知，丫接时加在每相绕组的电压只是正常工作△连接时全压的 0.577，故启动电流下降为全压启动时启动电流的 1/3。启动过程中，当转速接近额定转速时，电动机定子绕组应能自动改接成△连接，进入全压正常运行。

丫-△降压启动的自动控制电路如图 6.9 所示。此种降压启动方式使用了 3 个接触器和 1 个时间继电器，按时间原则控制电动机的丫-△降压启动，其中所用产品为 QX4 系列丫-△降压启动器。这种启动方式由于简便、经济，可用于操作较频繁的场合，因此使用较为广泛，但其启动转矩只有全压启动时的 1/3，所以通常应用于空载启动或轻载启动的电动机。

星三角降压启动控制

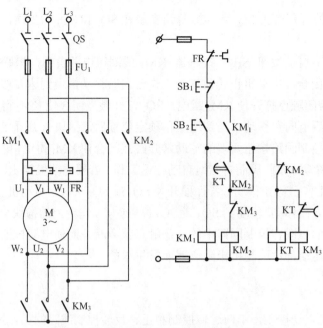

图 6.9　QX4 系列自动丫-△启动器降压控制电路图

控制过程：合上空气开关 QS，为电动机启动做准备。按下启动按钮 SB₂→KM₁ 线圈通电自锁，KM₃、KT 线圈同时得电→KM₁、KM₃ 主触点闭合，电动机三相定子绕组接成星形降压启动；时间继电器延时计时开始→电动机转速由零开始上升至接近额定转速时，通电延时型时间继电器延时时间到→KT 延时常闭触点断开，KM₃ 断电，电动机断开星形接法；KM₃ 串接在 KM₂ 线圈支路中的常闭辅助触点闭合，为 KM₂ 通电做好准备→KT 延时常开触点闭合，KM₂ 线圈通电并自锁，电动机接成三角形全压运行。同时 KM₂ 的常闭辅助触点断开，使 KM₃ 和 KT 线圈都断电。

若要电动机停止，需按下按钮 SB₁ 即可。

此控制电路中，当 KM₂ 线圈通电其电磁铁吸合后，串接在时间继电器线圈和 KM₃ 线圈并联电路的 KM₂ 常闭触点打开，避免时间继电器长期工作。而 KM₂ 和 KM₃ 的常闭触点形成互锁控制关系，防止电动机三相绕组在丫接时同时接成△连接而造成电源短路事故。

QX4 系列自动丫-△启动器的技术数据见表 6.1。

表 6.1　　　　　　　　　　　　　QX4 系列自动丫-△启动器的技术数据

型　号	控制电动机功率/kW	额定电流/A	热继电器额定电流/A	时间继电器额定值/s
QX4-17	13 17	26 33	15 19	11 13
QX4-30	22 38	42.5 58	25 34	15 17
QX4-55	40 55	77 105	45 61	20 24
QX4-75	75	142	85	30
QX4-125	125	260	100～160	14～60

6.2.2　自耦变压器降压启动控制

电动机利用自耦变压器降压启动时，将自耦变压器的一次侧与电网相接，其电动机的定子绕组连接在自耦变压器的二次侧，使得启动时的电动机获得的电压为自耦变压器的二次电压。待电动机转速接近额定转速时，再将电动机定子绕组从自耦变压器二次侧断开接到电网上获得全压而正常运行。自耦变压器二次侧通常有 3 个抽头，用户可根据电网允许的启动电流和机械负载所需要的启动转矩进行适当的选择。图 6.10 所示是利用 XJ01 系列自耦补偿器和时间继电器实现降压启动的自动控制电路。

自耦变压器降压
启动控制

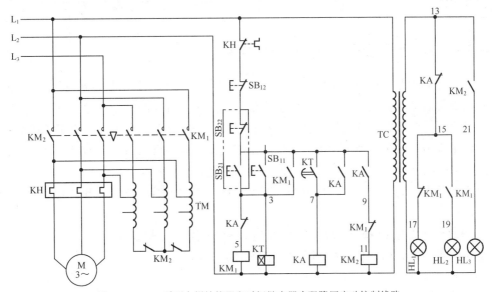

图 6.10 XJ01 系列自耦补偿器和时间继电器实现降压启动控制线路

电源接通后，控制电路中指示灯 HL$_1$ 亮。

电路控制过程：按下控制回路中启动按钮 SB$_{11}$→接触器 KM$_1$ 和时间继电器 KT 的线圈得电，控制回路中 9、11 之间的 KM$_1$ 辅助常闭触点打开互锁，15、17 之间的辅助常闭触点打开，HL$_1$ 指示灯熄灭，KM$_1$ 辅助常开触点闭合自锁，15、19 之间的辅助常开触点闭合，HL$_2$ 指示灯亮，KM$_1$ 的 3 对主触点闭合，自耦变压器一次侧与电源接通，二次侧中间抽头与电动机三相定子绕组相连接，实现了自耦变压器的降压启动；当通电延时型时间继电器 KT 延时时间到时，KT 延时闭合的常开触点闭合，中间继电器 KA 线圈得电，3、5 之间的常闭触点打开，KM$_1$ 线圈失电，自耦变压器与电网断开，13、15 之间的常闭触点打开，指示灯 HL$_2$ 灭，同时 KA 常开触点闭合并自锁，接触器 KM$_2$ 线圈得电，13、21 之间的 KM$_2$ 辅助常开触点闭合，指示灯 HL$_3$ 亮，同时 KM$_2$ 主触点闭合，电动机全压运行。若要电动机停转，按下停止按钮 SB$_{22}$，使整个控制回路与电源断开即可。

表 6.2 列出了部分 XJ01 系列自耦降压启动器的技术数据。

表 6.2　　　　　　　　　　　　XJ01 系列自耦降压启动器的技术数据

型　　号	被控制电动机功率/kW	最大工作电流/A	自耦变压器功率/ kW	电流互感器变比	热继电器额定电流/A
XJ01-14	14	28	14	—	32
XJ01-20	20	40	20	—	40
XJ01-28	28	58	28	—	63
XJ01-40	40	77	40	—	85

续表

型　号	被控制电动机 功率/kW	最大工作 电流/A	自耦变压器 功率/ kW	电流互感器 变比	热继电器额定 电流/A
XJ01-55	55	110	55	—	120
XJ01-75	75	142	75	—	142
XJ01-80	80	152	115	300/5	2.8
XJ01-95	95	180	115	300/5	3.2
XJ01-100	100	190	115	300/5	3.5

6.2.3　绕线型异步电动机降压启动控制

丫-△降压启动方法只适用于中、小容量，且正常工作时定子绕组按△连接的鼠笼型异步电动机的降压启动；自耦变压器降压启动方法则适用于大容量的鼠笼型异步电动机的降压启动，而且这两种降压启动方法只适合于空载和轻载。由第 2 章内容可知，三相绕线型异步电动机的转子绕组通过铜环经电刷可与外电路电阻相接，不但可以用于减小启动电流、提高转子电路功率因数和启动转矩，还适用于重载启动的场合。

绕线型异步电动机按启动过程中转子回路串接装置的不同，可分为串电阻启动和串频敏变阻器启动两种方法。

1. 按时间原则的转子回路串电阻的自动降压启动控制

图 6.11 所示为按时间原则控制转子电阻降压启动电路。

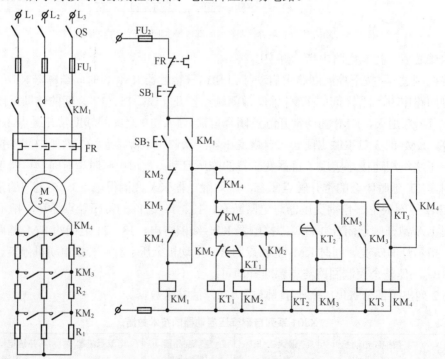

图 6.11　按时间原则控制转子电阻降压启动电路

这种降压启动方式采用了 3 个时间继电器 KT_1、KT_2、KT_3 控制 3 段电阻的切除。

电动机启动过程：合上空气开关 QS，为电动机的降压启动做好准备→按下启动按钮 SB_2→接触器 KM_1 线圈得电并自锁，KM_1 3 个主触点闭合，电动机转子串入所有电阻降压启动开始，

时间继电器 KT_1 线圈同时得电，延时计时开始→通电延时型时间继电器 KT_1 延时时间到，KT_1 延时闭合的常开触点闭合，KM_2 线圈得电并自锁，串接在转子回路中的 KM_2 主触点闭合，切除电阻 R_1，串接在 KT_1 线圈支路中的 KM_2 辅助常闭触点打开，时间继电器 KT_1 线圈失电复位，同时时间继电器 KT_2 线圈得电，开始延时计时→当 KT_2 延时时间到，接触器 KM_3 线圈得电并自锁，其主触点闭合，切除了电阻 R_1 和 R_2，同时 KM_3 辅助常闭触点打开，使 KT_1、KM_2、KT_2 线圈失电，KM_3 的辅助常开闭合使 KT_3 线圈得电开始计时→KT_3 计时时间到，接触器 KM_4 线圈得电并自锁，KM_4 辅助常闭触点打开，使时间继电器 KT_3 线圈失电复位，KM_4 主触点切除全部串接于转子回路的电阻全压运行，这时，只有 KM_1 和 KM_4 线圈得电。

若要电动机停转，按下停止按钮 SB_1，使控制回路与电源断开，所有线圈均失电，电动机停转。

采用转子回路串电阻的降压启动，在启动过程中，电阻分级切除会造成电流和转矩的突变，易产生机械冲击，即启动过程不平滑。

2．按时间原则的转子回路串频敏变阻器的自动降压启动

频敏变阻器的阻抗能随着转子电流的频率下降而自动下降，所以能克服串电阻分级启动过程中产生机械冲击的缺点，从而实现平滑启动。转子回路串频敏变阻器常用于大容量绕线转子异步电动机的启动控制。图 6.12 所示为绕线型异步电动机串频敏变阻器的降压启动控制线路。

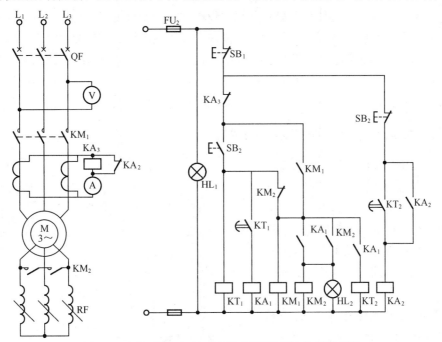

图 6.12 绕线型异步电动机串频敏变阻器的降压启动控制线路

电路控制过程：合上空气开关 QF，为绕线型异步电动机的降压启动做好准备→按下启动按钮 SB_2，接触器 KM_1 线圈得电并自锁，KM_1 主触点闭合，电动机转子回路串频敏变阻器启动，通电延时动作型时间继电器 KT_1 线圈得电，开始延时计时→随着电动机转速的上升，频敏变阻器的阻抗逐渐减少→当转速上升到接近额定转速时，时间继电器 KT_1 延时时间到→延时常开触点闭合，使接触器 KM_2、中间继电器 KA_1 线圈通电并自锁，KM_2 辅助常闭触点打开，使 KT_1 线圈失电复位，指示灯 HL_2 亮，同时 KA_1 辅助常开触点闭合使时间继电器 KT_2

通电开始延时计时→KT₂ 延时时间到，KA₂ 线圈得电并自锁，KA₂ 辅助常闭触点打开，使热元件接入电流互感器二次回路，进行过载保护。电动机进入正常运行。主电路中，KM₂ 主触点闭合，频敏变阻器被短接，电动机全压运行。

启动过程中，KA₂ 的辅助常闭触点将热继电器的热元件短接，以免启动时间过长而使热继电器产生误动作。而且，KM₁ 线圈通电需 KT₁ 才能正常动作，KM₂ 常开、常闭辅助触点也需 KT₁ 才能得电动作。若时间继电器 KT₁ 或 KM₂ 发生触点粘连等故障，KM₁ 将无法得电，从而避免了电动机直接启动和转子长期串接频敏变阻器的不正常现象。

问题与思考

鼠笼型三相异步电动机的正、反转直接启动控制电路中，为什么正、反向接触器必须互锁？

6.3 三相异步电动机的调速控制电路

实际生产中的机械设备常有多种速度输出的要求，如立轴圆台磨床工作台的旋转需要高低速进行磨削加工；玻璃生产线中，成品玻璃的传输根据玻璃厚度的不同采用不同的速度以提高生产效率。在第 2 章已经简单提到三相异步电动机的变极调速、变转差率调速和变频调速 3 种控制方法。其中，变极调速仅适用于鼠笼型异步电动机，变转差率调速通常适用于绕线型异步电动机。变频调速是现代电力传动的一个主要发展方向。但由于变频调速电路复杂、造价较高，对于中小型设备应用较多的还是多速异步电动机。多速异步电动机绕组与一般异步电动机有所不同，一般采用控制电路对其实现高低速的启动及运行中的高低速转换。

6.3.1 多速异步电动机调速控制电路

鼠笼型三相异步电动机的变极调速是通过接触器触点来改变电动机绕组的接线方式，以获得不同的极对数来达到调速目的。变极调速一般有双速、三速、四速之分，其中双速电动机定子装有一套绕组，而三速、四速电动机则装有两套绕组。

1. 双速电动机定子绕组的连接

双速异步电动机的形式有两种：△-丫丫和丫-丫丫。这两种形式都能使鼠笼型三相电动机的极数减少一半。图 6.13 所示为双速电动机△-丫丫变极调速时三相绕组接线图。

图 6.13（a）表示变速前电动机三相绕组的首端 U₁、V₁、W₁ 首尾相接后与三相电源相连，构成△连接方式；变速

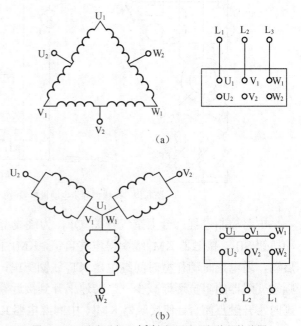

图 6.13 双速电动机△-丫丫变极调速三相绕组接线图

时，通过接触器触点，把 U_1、V_1、W_1 从电源断开并连接在一起构成双丫连接的中点，而把各相绕组的中间抽头 U_2、V_2、W_2 与三相电源相接，从而达到通过改变电动机的极对数实现变速的目的，如图 6.13（b）所示。

丫-丫丫变极调速方法如图 6.14 所示。

图 6.14（a）所示是鼠笼型异步电动机变速前三相定子绕组的连接方式，其中，U_1、V_1、W_1 为定子绕组首端，U_2、V_2、W_2 为定子绕组尾端，U_3、V_3、W_3 为定子绕组中间端子。显然变速前，电动机为

(a)　　　　　　　　(b)

图 6.14　电动机丫-丫丫变极调速方法

丫连接方式；变极后，电动机的三相定子通过接触器触点将定子绕组尾端与首端连在一起构成电动机双丫连接时的中点，而把三相定子绕组的中间抽头与电源相连。这种丫-丫丫变极调速方法在变极前后电动机的转向相反，因此，若要使变极后电动机保持原来的转向不变，应调换电源相序。

2．双速电动机变极调速的自动控制

利用接触器和时间继电器可使电动机在低速启动后自动切换至高速状态。图 6.15 所示即为双速电动机丫-丫丫自动加速控制电路。

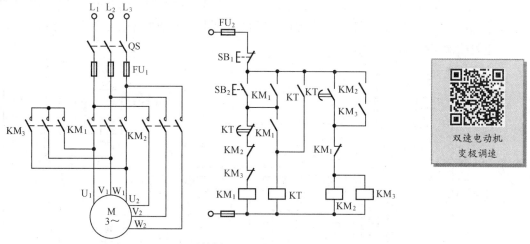

图 6.15　双速电动机丫-丫丫自动加速控制电路

控制过程：合上电源开关 QS，为双速电动机的启动做好准备。按下启动按钮 SB_2→接触器 KM_1 的线圈通电并自锁，使 KT 线圈通电自锁，开始延时，串接在主回路中的 3 对主触点闭合，电动机接成丫形启动（运行）→通电延时型时间继电器延时时间到，KT 延时常闭辅助触点断开，KM_1 线圈失电并解除自锁，主电路中的 3 对主触点打开与电源脱离，同时 KT 延时常开辅助触点闭合，接触器 KM_2、KM_3 线圈得电并自锁。主回路中 KM_2、KM_3 的主触点闭合，电动机成丫丫形连接进入高速运转。

图 6.16 中，KM_1 是电动机△连接接触器，KM_2、KM_3 是电动机双丫连接接触器，SB_2 为低速启动控制按钮，SB_3 为高速启动控制按钮。控制过程学习者自行分析。

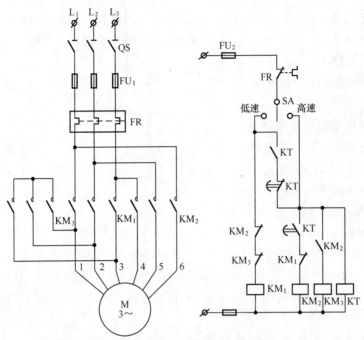

图 6.16　双速电动机变极调速控制电路

6.3.2　绕线型三相异步电动机的调速控制

为了满足起重运输机械拖动电动机启动转矩大、速度可以调节的要求，常使用绕线型三相异步电动机转子回路串电阻的方法实现电动机的调速。图 6.17 所示为绕线型异步电动机转子串电阻的调速控制电路。

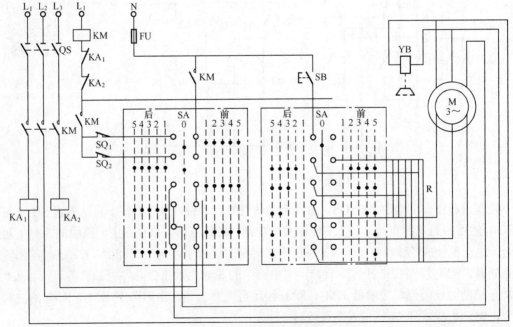

图 6.17　绕线型异步电动机转子串电阻的调速控制

图 6.17 中，KM 是线路接触器，KA 是过电流继电器，SQ_1、SQ_2 分别为向前、向后行程

开关，SA 是凸轮控制器，凸轮控制器左右各有 5 个工作位置，其中的中间位置是零位。凸轮控制器上共有 9 对常开主触点、3 对常闭触点。凸轮控制器的 4 对常开主触点接于电动机定子电路进行换相控制，用来实现电动机的正、反转；另外 5 对主触点接于电动机转子电路，实现转子电阻的接入和切除以获得不同的转速，电动机转子电阻采用不对称接法。凸轮控制器的其余 3 对常闭触点中的 1 对用来实现零位保护，即凸轮控制器手柄必须置于"0"位，才可启动电动机，另 2 对常闭触点与 2 个行程开关串联实现限位保护。电路的控制过程学习者自行分析。

问题与思考

1．异步电动机可采用哪些方法实现调速控制？其中鼠笼型三相异步电动机通常采用的调速方法是什么？

2．绕线型三相异步电动机通常采用哪种方法进行调速？

6.4　三相异步电动机的制动控制电路

电动机自由停止的时间较长，随惯性大小而不同，但在实际生产中某些生产机械要求迅速、准确地停止，如镗床、车床的主电动机需快速停止。起重机为使重物停位准确及现场安全要求，也必须采用快速、可靠的制动方式。前面第 2 章已经讨论过异步电动机的制动中采用的制动方式通常可分为机械制动和电气制动，对各种制动方法也进行了简要的介绍。本节主要讨论自动控制方式的三相异步电动机的电气制动方法。

6.4.1　电动机单向反接制动控制

电动机的制动控制

反接制动是利用改变电动机电源的相序，使电动机的定子绕组产生相反方向的旋转磁场，因而产生制动转矩的一种制动方法，图 6.18 所示为电动机单向反接制动控制电路。

反接制动制动转矩大、制动迅速、冲击力大，一般适合于 10kW 及以下的小容量电动机。为了减小冲击电流，通常在鼠笼型异步电动机转轴上安装速度继电器以检测电动机的转速，实现自动制动控制。

控制过程：假设速度继电器的动作值调整为 120r/min，释放值为 100r/min。合上开关 QS，按下启动按钮 SB_2→接触器 KM_1 的线圈得电并自锁，主电路中的 3 个主触点闭合，电动机启动运转→当转速上升至 120r/min 时，速度继电器 KS 的常开触点闭合，

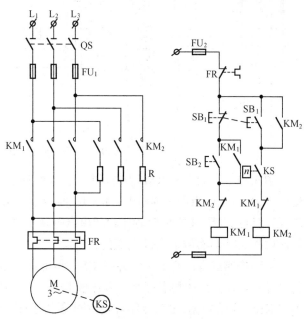

图 6.18　电动机单向反接制动控制电路

为 KM_2 线圈得电做准备。电动机正常运行时，速度继电器 KS 常开触点一直保持闭合状态→当需要停止时，按下停止按钮 SB_1→SB_1 常闭触点首先断开，使 KM_1 断电，主回路中，电动机脱离正序的三相交流电源，控制回路中 KM_1 互锁常闭触点闭合，为 KM_2 线圈得电做准备→SB_1 常开触点后闭合，使 KM_2 线圈得电并自锁。KM_2 主触点闭合，三相异步电动机定子绕组与反序的三相电源相连，开始反接制动过程→当速度继电器检测到电动机的转速下降至 100r/min 时，KS 的常开触点打开，使 KM_2 线圈失电，其触点全部复位，切断反接电源，制动结束。最后阶段为电动机自由停止。

6.4.2　电动机可逆运行反接制动控制

图 6.19 所示为电动机可逆运行反接制动控制电路。

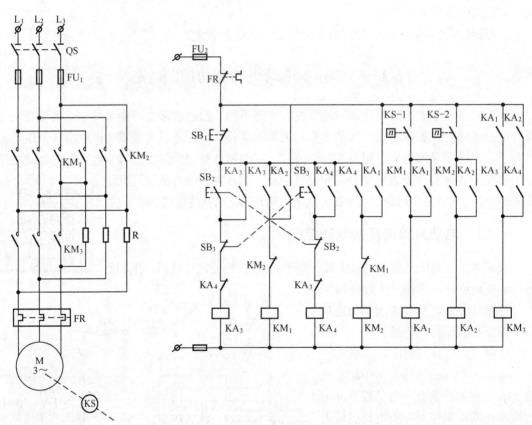

图 6.19　电动机可逆运行反接制动控制电路

图 6.19 中，KM_1 和 KM_2 为电动机正、反转接触器，KM_3 为短接制动电阻的接触器，KA_1、KA_2、KA_3、KA_4 为中间继电器，KS 是速度继电器，其中 KS-1 为正转常开触点，KS-2 为反转常开触点。电阻 R 在启动时作定子串电阻降压启动用，停止时电阻 R 又作为反接制动电阻，同时电阻 R 还具有限制启动电流的作用。

电路控制过程：合上空气开关 QS，按下正向启动按钮 SB_2→正转中间继电器 KA_3 线圈得电并自锁，其常闭触点打开、常开触点闭合，互锁了反转中间继电器 KA_4 的线圈电路→接触器 KM_1 线圈通电，主触点闭合使主回路中电源通过电阻与电动机三相定子绕组相连，三相异步电动机开始降压启动→当电动机转速上升到速度继电器的动作整定值时，速度继电器正转常开触点 KS-1 闭合，中间继电器 KA_1 通电并自锁，由于 KA_1、KA_3 的常开触点闭合，接触器 KM_3 线圈得电，于是电阻 R 被短接，电动机全压运行，转速上升至额定值稳定工作→需要停止时，按下停止按钮 SB_3，则 KA_3、KM_1、KM_3 线圈相继断电解除自锁。电动机断开正序电源，同时 SB_3 常开触点闭合，使 KA_4 线圈通电并自锁，反序接触器 KM_2 线圈得电并自锁，其主触点闭合使电动机通过电阻 R 与反序电源相接开始反接制动→反接制动过程中，电动机转速迅速下降，当转速低于速度继电器整定值时，速度继电器触点 KS-1 打开，KA_1 线圈失电，接触器 KM_2 线圈相继失电，电动机断开反序电源，反接制动结束。

电动机反向启动和制动过程的分析与正转时相似，学习者可自行分析。

6.4.3　电动机单向运行能耗制动控制

能耗制动是在电动机脱离三相交流电源后，向定子绕组内通入直流电流，建立静止磁场。转子以惯性旋转时，转子导体就会切割定子恒定磁场而产生转子感应电动势及感应电流，感应电流受到恒定磁场的作用力又产生制动的电磁转矩，达到制动目的。图 6.20 所示为电动机单向运行能耗制动控制电路。

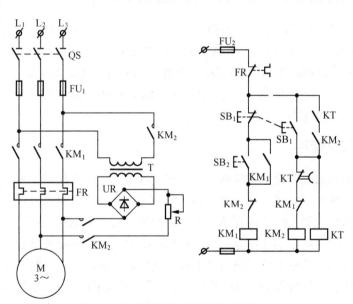

图 6.20　电动机单向运行能耗制动控制电路

控制过程：合上空气开关 QS，为电动机启动做好准备→按下启动按钮 SB_2→KM_1 线圈得电并自锁，电动机正向启动运转→若需停止，按下停止按钮 SB_1→SB_1 常闭触点首先断开，使正转接触器 KM_1 线圈失电并解除自锁，电动机断开交流电源→SB_1 常开触点后闭合，使 KT 线圈得电并自锁。KM_2 常闭辅助触点断开互锁。主回路中，KM_2 主触点闭合，电动机开始能耗制动，电动机转速迅速降低→当电动机转速接近零值时，时间继电器 KT 延时结束，其延时常闭触点断开，使 KM_2、KT 线圈相继断电释放。主回路中，KM_2 主触点断开，切断直流电源，直到制动结束。最后阶段为电动机自由停止。

按时间原则控制的能耗制动，一般适合于负载转矩和转速较稳定的电动机，而且时间继电器的整定值不需经常调整。

问题与思考

1．什么是按时间原则控制？什么是按速度原则控制？
2．在电动机采用电源反接制动的控制电路中，应采用什么原则控制？为什么？
3．双速电动机高速运行时通常须先低速启动而后转入高速运行，这是为什么？

6.5 电气控制系统图识读基本知识

电气控制系统是由电气控制元件按一定要求连接而成的。为了清晰地表达生产机械电气控制系统的工作原理，便于工作人员的安装、调整、使用和维修，通常将电气控制系统中的各电气元件用一定的图形符号和文字符号来表示，然后将各元件之间的连接情况用一定的图形表达出来，即形成电气控制系统图。电气控制系统图中主要有电气原理图、电器布置图、电气接线图等。

6.5.1 电气控制系统图常用符号和接线端子标记

电气控制系统图中，电气元件的图形符号、文字符号必须采用国家最新标准，即 GB/T 4728.1～5—2018 和 GB/T 4728.6～13—2008《电气简图用图形符号》。接线端子标记采用 GB/T 4026—1992《电气设备接线端子和特定导线端的识别及应用字母数字系统的通则》，并按照 GB/T 6988.1—2008《电气技术用文件的编制第 1 部分：规则》要求来绘制电气控制系统图。

6.5.2 电气原理图

电气原理图是用来表明设备电气的工作原理及各电气元件的作用、相互之间的关系的一种表示方式。运用电气原理图的方法和技巧，对于分析电气线路、排除机床电路故障十分有益。电气原理图一般由主电路、控制电路、保护电路、配电电路等几部分组成，它们依据电气动作原理按展开法绘制。展开法就是将某个电气设备的一条或多条电路按水平和垂直位置来画，并按电路的先后顺序排列。

电气原理图中各电气设备的元件不按它们的实际位置画在一起，而是按各部分在电路中的作用画在不同的地方，但同一元件应用同一文字符号表示。电气原理图不仅不按照电气元件的实际位置绘制，而且也不反映电气元件的大小、安装位置，只用其导电部件及接线端子按国家标准规定的图形符号来表示电气元件，再用导线将这些导电部件连接起来以反映其连接关系。所以电气原理图结构简单、层次分明、关系明确，适用于分析研究电路的工作原理，且为分析其他电气图的依据，在设计部门和生产现场得到了广泛的应用。

绘制电气原理图应遵循以下原则。

（1）电气控制电路一般分为主电路和辅助电路。辅助电路又可分为控制电路、信号电路、照明电路和保护电路等。

主电路是指从电源到电动机的大电流通过的电路，其中电源电路用水平线绘制，受电动力设备及其保护电器支路应垂直于电源电路画出。

控制电路、照明电路、信号电路及保护电路等应垂直地绘于两条水平电源线之间。耗能元件的一端应直接连接在电位低的一端，控制触点连接在上方水平线和耗能元件之间。

无论主电路还是辅助电路，各元件一般应按动作顺序从上到下、从左到右依次排列，电路可以水平布置也可以垂直布置。

（2）在电气原理图中，所有电气元件的图形、文字符号、接线端子标记必须采用国家规定的统一标准。

（3）采用电气元件展开图的画法。同一电气元件的各部分可以不画在一起，但需用同一文字符号标出。若有多个同一种类的电气元件，可在文字符号后加上数字序号，如 KM_1、KM_2。

（4）电气原理图中，所有电器按自然原始状态画出。

（5）电气原理图中，有直接电联系的交叉导线连接点，要用黑圆点表示。无直接联系的交叉导线连接点不画黑圆点，尽量不出现无联系的连接线相交叉的情况。

（6）电气原理图上将图分成若干个图区，并标明该区电路的用途和作用。在继电器、接触器线圈下方列出触点表，说明线圈和触点的从属关系。

下面以图 6.21 所示的 CW6132 型普通车床电气原理图为例进一步说明绘制电气原理图的原则和注意事项。

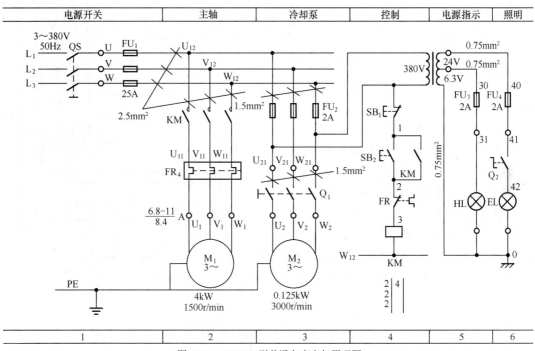

图 6.21　CW6132 型普通车床电气原理图

图 6.21 中所有元器件均严格采用国家统一规定的标准绘制其图形符号和注明文字符号。主电路包括 1 区的电源开关、2 区的主轴电动机和 3 区的冷却泵，其中含有熔断器、接触器主触点、热继电器发热元件及电动机等，主电路用粗线绘制在图面的左侧（或上方）。

电气原理图中的辅助电路包括 4 区的控制电路、5 区的电源指示灯和 6 区的照明灯等，由继电器和接触器的电磁线圈、辅助触点、控制按钮以及其他元器件的触点、控制变压器、熔断器、照明灯、信号指示灯及控制开关等组成。辅助电路通常用细实线绘制在图面的右侧（或下方）。

电气原理图中电气触点均表示为原始状态，即接触器、继电器按电磁线圈未通电时触点状态画出；控制按钮、行程开关的触点则按不受外力作用时的状态画出；对于开关电器和熔断器触点按断开状态画出。当电气触点的图形符号垂直放置时，以"左开右闭"的原则绘制，当符号为水平放置时，以"上闭下开"的原则绘制。

为了便于确定原理图的内容和组成部分在图中的位置，常在电气原理图纸上分区。垂直边通常用大写拉丁字母编号，水平边则用图 6.21 所示的阿拉伯数字编号。

请学习者自行分析图 6.21 所示 CW6132 型普通车床电气原理图中电动机的工作过程。

6.5.3 电器布置图

电器布置图是表示电气设备上所有电器的实际位置，为电气控制设备的安装、维修提供必要的技术资料。电器均用粗实线绘制出简单的外形轮廓，机床的轮廓线则用细实线或点画线。

电器布置图可根据电气控制系统的复杂程度采取集中绘制或单独绘制，常见的有电气控制图中的电器布置图、控制面板图等。电器布置图绘制原则大致体现在以下几个方面。

① 体积大和较重的电器应安装在电器安装板的下方，而发热元件应安装在电器安装板的上面。

② 强电、弱电应分开，弱电应屏蔽，防止外界干扰。

③ 需要经常维护、检修、调整的电器安装位置不宜过高或过低。

④ 电器的布置应考虑整齐、美观、对称。外形尺寸、结构类似的电器应安装在一起，以便于安装和配线。

⑤ 电器布置不宜过密，应留有一定的间距。如用走线槽，应加大各排电器的间距，以便于布线和维修。

电器布置图根据电器的外形尺寸绘出，并标明各元件的间距尺寸。控制盘内电器与盘外电器的连接应经接线端子进行，在电器布置图中应画出接线端子板并按一定顺序标出接线号。图 6.22 所示为 CW6132 型普通车床的电器布置图。

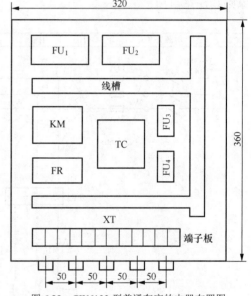

图 6.22 CW6132 型普通车床的电器布置图

图 6.23 所示为 CW6132 型车床的电器布置图。

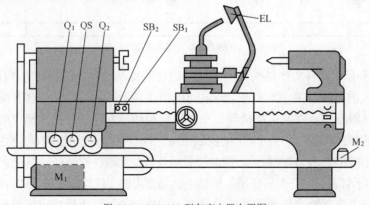

图 6.23 CW6132 型车床电器布置图

6.5.4　电气接线图

电气接线图主要用于电器的安装接线、线路检查、线路维修和故障处理，接线图通常与电气原理图和电器布置图一起使用。图 6.24 所示为 CW6132 型车床电气接线图。

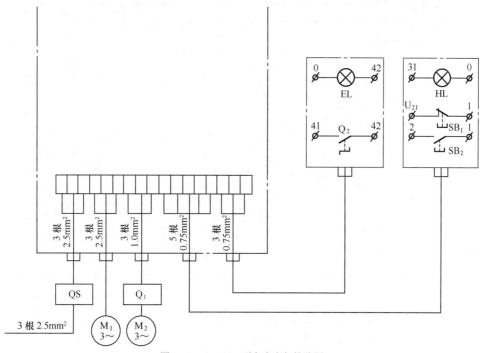

图 6.24　CW6132 型车床电气接线图

图 6.24 表示出了该车床中与端子排相连接的项目的相对位置、项目符号、端子号、导线号、导线型号、导线截面等内容。各个项目采用简化外形，如空气开关 QS 和冷却泵开关 Q_1 用矩形表示，电动机用圆形表示等，简化外形旁应标注项目代号，如图 6.24 所示的指示灯 EL 和 HL 等，这些都应与电气原理图中的标注一致。

电气接线图的绘制原则如下。

① 各电气元件的组成部分画在一起，布置尽量符合电器的实际情况，而且要按实际安装位置绘出，元件所占图面按实际尺寸以统一比例绘制。

② 一个元件中所有带电部件均画在一起，并用点画线框起来，即采用集中表示法。

③ 各电气元件的图形符号和文字符号必须与电气原理图一致，并符合最新国家标准。

④ 各电气元件上凡是需要接线的部件端子都应画出，并予以编号，各接线端子的编号必须与电气原理图上的导线编号相一致。

⑤ 绘制电气接线图，走向相同的相邻导线可以绘成一股线。

⑥ 同一控制柜上的电气元件可直接相连，控制柜与外部器件相连，必须经过接线端子板，且互连线应注明规格，一般不表示实际走线。

问题与思考

1．什么是电气控制系统图？

2．什么是电气原理图？电气原理图根据什么原则、以什么形式绘制？

3．试对图 6.25 所示的某车床电气原理图进行分析。

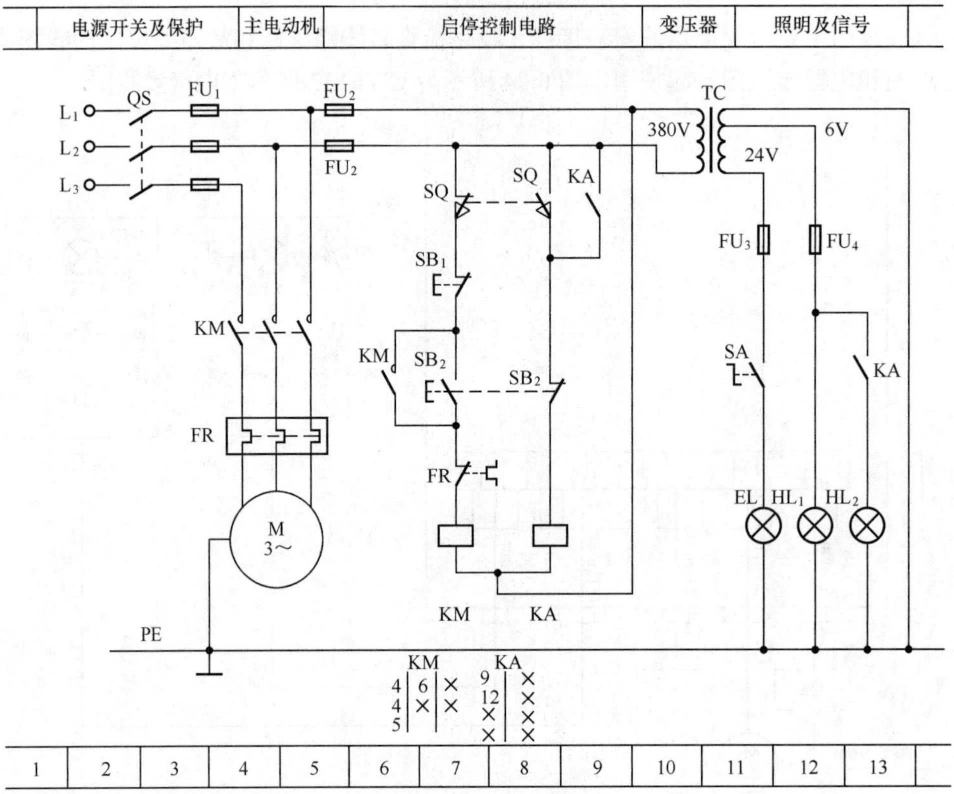

图 6.25　某车床电气原理图

应用实践

三相异步电动机的点动、单向连续运转控制电路实验

一、实验目的

1．了解三相异步电动机的继电器-接触器控制系统的控制原理，观察实际交流接触器、热继电器、自动空气断路器及按钮等低压电器的动作工作原理，学习其使用方法。

2．掌握三相异步电动机的点动、单向连续运转控制电路的连接方法。

3．能够熟记三相异步电动机点动和单向连续运转控制电路的控制过程。

二、实验主要仪器设备

1．三相异步电动机　　　　　　　　　1台

2．低压控制电器配盘　　　　　　　　1套

3．其他相关设备及导线

三、实验电路原理控制图及控制过程

1．电动机的点动控制

在工程实际应用中，经常需要对电动机进行启动，制动，点动，单向连续运转控制及正、反转控制等，以满足生产机械的要求。

三相异步电动机点动控制电路如图 6.26 所示。控制过程如下。

① 先闭合主回路中的电源控制开关，为电动机的启动做好准备。

② 按下启动按钮 SB，接触器线圈 KM 得电，KM 的 3 对主触点闭合，电动机主电路接通，电动机启动运转。

③ 松开按钮 SB，接触器 KM 线圈失电，KM 的 3 对主触点随即恢复断开，电动机主电路断电，电动机停止运行。实现了三相异步电动机的点动控制。

2．电动机单向连续运转控制

实际应用中，大多电动机的控制电路中都要求满足连续运转的控制要求。电动机的单向连续运转控制电路如图 6.27 所示。与点动控制电路相比，电路中多了一个接触器 KM 的辅助常开触点在控制电路中起自锁作用，还有一个停止按钮 SB_1。

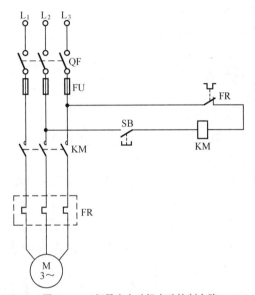

图 6.26　三相异步电动机点动控制电路

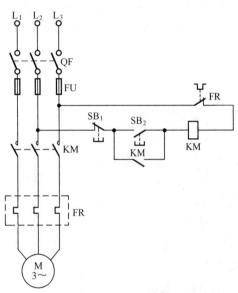

图 6.27　电动机单向连续运转控制电路

控制过程如下。

① 先闭合主回路中的电源控制开关，为电动机的启动做好准备。

② 按下常开按钮 SB_2，接触器 KM 线圈得电，KM 的 3 对主触点闭合，电动机主电路接通，电动机单向运转，同时 KM 的辅助常开触点也闭合，起自锁作用。松开按钮 SB_2，电动机控制回路中电流由从 SB_2 通过改为从 KM 辅助常开触点通过，即控制回路仍然闭合，因此 KM 线圈不会失电，电动机主回路触点不会断开，仍将连续运行。

③ 需要电动机停下来时，按下停止按钮 SB_1 即可，控制回路电流由 SB_1 处断开，造成接触器 KM 线圈断电，其主触点打开，电动机停转。

四、实验步骤

1．连线前首先要把电路图与实物相对照，做到能把电路中的电路图形符号、文字符号与实际设备一一对应认识的要求后才能照图进行连线。

2．连接三相异步电动机的点动控制线路的主回路。注意电动机作丫接，连接主回路的顺序应从上往下连线，热继电器的发热元件应串接在 KM 主触点的后面。

3．连接点动控制电路的辅助回路。点动按钮 SB 连接复合按钮的一对常开触点，一端与一相电源相连，另一端与 KM 线圈相连，KM 线圈另一端与热继电器的常闭触点相连，热继电器的另一端连接到另一相电源线上。注意：控制回路一定要接在 KM 主触点的上方，否则电动机永远不会运转。

4. 连线结束检查无误后通电操作，观察电器及电动机的动作。

5. 三相异步电动机的主回路不变。对控制回路做如下改动：停止按钮 SB₁ 连接复合按钮的一对常闭触点，一端与一相电源相连，另一端与启动按钮 SB₂ 的一端相连，在两者连接处引出一根导线与 KM 辅助常开触点的一端相连，SB₂ 的另一端与 KM 线圈相连，相连处引出一根导线与 KM 辅助常开触点的另一端相连，其余部分不变。

6. 连线结束检查无误后通电操作，观察电器及电动机的动作。

五、实验思考题

1. 你在实验过程中遇到了什么问题，如何解决的？

2. 你能用万用表判断交流接触器和按钮的好坏吗？如何判断？

第 6 章　自测题

一、填空题

1. 电气控制电路中，过载保护通常采用_____继电器，它的_____串接在电动机主电路中，其_____串接在控制回路中。

2. 电气控制电路中，交流接触器的主触点连接在电动机_____电路上；辅助常开触点和辅助常闭触点通常连接在电动机_____回路中。

3. 依靠接触器自身辅助触点保持接触器线圈通电的现象称为_____，电动机正、反转控制电路中，依靠正转、反转接触器辅助常闭触点串接在对方线圈电路中，形成相互制约的控制称为_____。

4. 10kW 及其以下容量的三相异步电动机通常采用_____启动，当电动机的容量超过10kW 时，因_____电流和线路_____大，会影响到同一电网上的其他电气设备的正常运行，因此需采用_____启动。

5. 依靠接触器的辅助_____触点形成的互锁机制称为_____互锁，依靠控制按钮的常闭触点串接在对方接触器线圈电路中的互锁机制称为_____互锁。

6. 多地控制线路的特点是：启动按钮应_____在一起，停止按钮应_____在一起。

7. 按下控制按钮，交流接触器线圈得电，电动机运转；松开控制按钮，交流接触器线圈失电，电动机停转的控制方法称为_____控制。

8. 按时间原则控制的丫-△降压启动方法，由丫_____启动转为_____全压运行，是依靠_____继电器实现的。

9. 按_____原则控制的反接制动过程中，利用_____继电器在电动机转速下降至接近零时，其串接在接触器线圈电路中的 KS 常开触点打开，使电动机迅速停转。

10. 交流异步电动机的降压启动自动控制通常是按_____原则来控制；交流异步电动机的能耗制动、反接制动的自动控制通常按_____原则来控制。

二、判断题

1. 控制按钮可以用来控制继电器接触器控制电路中的主电路的通、断。　　　（　　）

2. 大电流的主回路需要短路保护，小电流的控制回路不需要短路保护。　　　（　　）

3．依靠接触器的辅助常闭触点实现的互锁机制称为机械互锁。　　　　　（　　）

4．绕线型异步电动机的启动、调速电阻是串接在定子绕组回路中的。　　（　　）

5．高压隔离开关和断路器一样，也是用来切断和接通高压电路工作电流的。（　　）

6．速度继电器是用来测量异步电动机工作时运转速度的电气设备。　　　（　　）

7．交流接触器的辅助常开触点在电动机控制电路中主要起自锁作用。　　（　　）

8．热继电器的发热元件上通过的电流是电动机的工作电流。　　　　　　（　　）

9．同一电动机多地控制时，各地启动按钮应按照并联原则来连接。　　　（　　）

10．任意对调电动机两相定子绕组与电源相连的顺序，即可实现反转。　（　　）

三、选择题

1．电气接线图中，一般需要提供项目的相对位置、项目代号、端子号和（　　）。

　　A．导线号　　　　　B．元器件号　　　　　C．单元号　　　　　D．接线图号

2．对于电动机的多地控制，须将多个启动按钮并联，多个停止按钮（　　），才能达到控制要求。

　　A．并联　　　　　　B．串联　　　　　　　C．混联　　　　　　D．自锁

3．自动往返行程控制电路属于对电动机实现自动转换的（　　）控制。

　　A．自锁　　　　　　B．点动　　　　　　　C．联锁　　　　　　D．正、反转

4．电动机控制电路中的欠电压、失电压保护环节是依靠（　　）的作用实现的。

　　A．热继电器　　　　B．时间继电器　　　　C．接触器　　　　　D．熔断器

5．多台电动机可从（　　）实现顺序控制。

　　A．主电路　　　　　　　　　　　　　　　B．控制电路

　　C．信号电路　　　　　　　　　　　　　　D．主电路和控制电路共同

6．电气控制电路中自锁环节的功能是保证电动机控制系统（　　）。

　　A．有点动功能　　　　　　　　　　　　　B．有定时控制功能

　　C．有启动后连续运行功能　　　　　　　　D．有自动降压启动功能

7．电气控制电路中的自锁环节是将接触器的（　　）并联于启动按钮两端。

　　A．辅助常开触点　　B．辅助常闭触点　　　C．主触点　　　　　D．线圈

8．当两个接触器形成互锁时，应将其中一个接触器的（　　）触点串进另一个接触器的控制回路中。

　　A．辅助常开　　　　　　　　　　　　　　B．辅助常闭

　　C．主　　　　　　　　　　　　　　　　　D．辅助常开或辅助常闭

9．三相异步电动机正、反转控制电路在实际工作中最常用最可靠的是（　　）。

　　A．倒顺开关　　　　　　　　　　　　　　B．接触器联锁

　　C．按钮联锁　　　　　　　　　　　　　　D．按钮与接触器双重联锁

四、简答题

1．三相异步电动机的点动控制与连续运转控制关键区别点在哪里？

2．三相异步电动机正、反转控制电路常用的方法有哪几种？

3．三相异步电动机的变极调速为什么只适用于鼠笼型异步电动机？

4．失电压保护和欠电压保护有何不同？在电气控制系统中它们是如何实现的？

5．双速电动机高速运行时通常须先低速启动而后转入高速运行，这是为什么？

五、分析与设计题

1．图 6.28 所示的各控制电路中存在哪些错误？会造成什么后果？试分析并改正。

2．试设计两台电动机顺序控制电路：M_1 启动后 M_2 才能启动；M_2 停转后 M_1 才能停转。

3．试分析图 6.29 所示电动机顺序启动控制电路是否合理，如不合理，请改正。

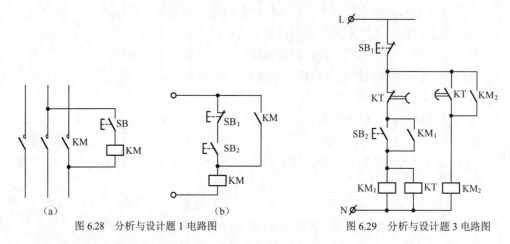

图 6.28　分析与设计题 1 电路图　　　　图 6.29　分析与设计题 3 电路图

4．试设计一个电动机控制电路，要求既能实现点动控制，也能实现连续运转控制。

5．电路如图 6.30 所示，分析并回答下列问题。

① 试分析其工作原理；

② 若要使时间继电器的线圈 KT 在 KM_2 得电后自动断电而又不影响其正常工作，对线路应做怎样的改动？

6．图 6.31 所示控制电路能否实现既能点动、又能连续运行？如果不能，请修改电路。

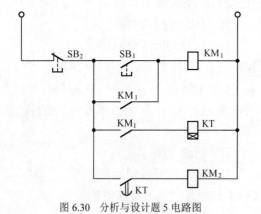

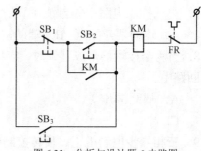

图 6.30　分析与设计题 5 电路图　　　　图 6.31　分析与设计题 6 电路图

第7章
典型设备的电气控制电路

电气控制设备种类繁多，拖动控制方法各异，控制电路的形式也各不相同。本章通过对典型设备电气控制电路的分析，进一步阐述电气控制系统的控制方法和控制原理，提高学习者阅读电气图的能力；加深对各种机床电路电气综合控制的理解；培养分析与解决电气控制设备电气故障的能力；为进一步学习电气控制电路的安装、调试和维护等技术打下基础。

学习目标

分析和认识典型设备的电气控制电路，首先要对这些典型设备本身的基本结构、运行情况、加工工艺要求和对电力拖动自动控制要求等方面有相当的了解和认识，只有充分了解控制对象，并掌握其控制要求，分析起来才有针对性。通常对典型设备的分析依据来源于设备相关资料，主要有设备说明书、电气原理图、电气接线图及电气元件一览表等。

根据对典型电气设备上述相关资料的认真阅读和分析，了解和掌握典型设备的电气控制电路的工作原理、操作方法及维护要求等。

本章从常用机床的电气控制电路入手，学习阅读、分析机床电气控制电路的方法、步骤，加深对典型设备控制环节的理解和应用；了解机床上机械、液压、电气三者的配合关系；从机床加工工艺出发，掌握各种常用机床的电气控制，为机床及其他生产机械电气控制的设计、安装、调试、检修等打下一定基础。

通过对本章的学习，希望学习者能够掌握分析常用机床电气控制电路的方法；加深对典型控制环节的理解、掌握及其应用；了解机床等电气设备上机械、电气、液压之间的配合关系；能够运用电气控制的典型环节进行电气控制系统的设计；了解电气控制系统的安装、调试、故障检修等。

理论基础

典型设备的电气控制，不仅要求能够实现启动、制动、反转和调速等基本要求，更要满足生产工艺的各项要求，还要保证典型设备各运动的准确和相互协调，具有各种保护装置，工作可靠，实现操作自动化等。

7.1　典型设备的电气控制电路基础

本章讨论的典型设备的电气控制电路，主要针对常用机床电气控制电路。

7.1.1 典型设备电气控制电路的分析内容

典型设备电气控制电路的分析内容如下。

1．设备说明书

典型设备电气控制
电路的分析内容

设备说明书由机械、液压部分与电气部分组成。阅读这两部分说明书时，重点掌握以下几点。

① 设备的构造，主要有技术指标，机械、液压、气动部分的传动方式与工作原理。

② 电气传动方式，电动机执行电器的数目、规格型号、安装位置、用途和控制要求。

③ 了解设备的使用方法，了解各个操作手柄、开关、按钮、指示信号装置及其在控制电路中的作用。

④ 充分了解与机械、液压部分直接关联的电器，如行程开关、电磁阀、电磁离合器、传感器、压力继电器、微动开关等的位置、工作状态；了解这些电器与机械、液压部分的作用，特别需要了解机械操作手柄与电气开关元件之间的关系；了解液压系统与电气控制的关系。

2．电气原理图

电气原理图是典型设备电气控制电路分析的中心内容。电气原理图由主电路、控制电路、辅助电路、保护及联锁环节以及特殊控制电路等部分组成。

在分析电气原理图时，必须与阅读其他技术资料相结合，根据电动机及执行元件的控制方式、位置和作用以及各种与机械有关的行程开关、主令电器的状态深入理解电气工作原理。还可通过对典型设备说明书中提供的电气元件一览表，进一步理解电气控制原理。

3．典型设备的总装接线图

阅读分析典型设备的电气总装接线图，可以了解电气控制系统各部分的组成以及分布情况、连接方式、主要电气部件的布置、安装要求、导线和导线管的规格型号等。若要清晰了解典型设备的电气安装情况，阅读分析其总装接线图至关重要。

4．电气元件布置图与接线图

典型设备的电器元件布置图和接线图，是典型设备电气控制系统的安装、调试及维护必需的技术资料。认真阅读并了解了电气元件的布置情况和接线情况，可迅速方便地找到典型设备上各电气元件的测试点，可对典型设备必要的检测、调试和维修带来方便。

7.1.2 典型设备电气原理图的阅读分析方法

典型设备电气原理图阅读分析的基本原则是"先机后电，先主后辅，化整为零，集零为整，统观全局，总结特点"。

1．先机后电

典型设备电气原理
图的阅读分析方法

首先了解典型设备的基本结构、运行情况、工艺要求、操作方法，以期有一个总体的了解，进而明确设备对电力拖动自动控制的要求，为阅读和分析电路做好前期准备。

2．先主后辅

先阅读了解主电路，了解典型设备是由几台电动机拖动，明确各台电动机的作用，并结合工艺要求了解各台电动机的启动、转向、调速、制动等控制要求及其保护。主电路的各种控制要求是由控制电路控制实现的，因此还要以"化整为零"的原则认真阅读分析控制电路，并结合辅助电路、信号电路、检测电路及照明电路明确和理解控制电路各部分的功能。

3．化整为零

分析典型设备的控制电路时，按控制功能将其分为若干个局部控制电路，然后从电源和主令信号开始，经过逻辑判断，写出控制流程，用简单明了的方式表达出控制电路的自动工作过程。

在某些典型设备的控制电路中，有时会设置一些与主电路、控制电路关系不密切，相对独立的特殊环节，如计数装置、自动检测系统、晶闸管触发电路或自动测温装置等。这些均可参考电子技术、变流技术、检测技术与转换技术等知识进行逐一分析。

4．集零为整、统观全局

经过"化整为零"逐步分析典型设备电气控制电路中每一局部电路的工作原理后，必须用"集零为整"的办法来"统观全局"，即在认清局部电路之间的相互控制关系、联锁关系、机电液压之间的配合情况以及各种保护环节的设置的基础上，才能对整个控制系统有一个较为清晰的理解和认识，才能进一步对电气控制系统中每个电器的每一部分的作用了如指掌。

5．总结特点

各种典型设备的电气控制电路虽然都是由一个个基本环节组合而成，但不同典型设备的电气控制电路都有其各自的特点，给予总结可以加深对所分析典型设备电气控制电路的理解。

问题与思考

1．典型设备电气原理图阅读分析的基本原则是什么？
2．试述典型设备电气控制电路分析的主要内容。

7.2 C650 普通卧式车床的电气控制电路

普通卧式车床是一种应用极为广泛的金属切削机床，主要用来车削外圆、内圆、端面、螺纹和定形表面，并可以通过尾架进行钻孔、铰孔、攻螺纹等加工。

7.2.1 主要结构和运动情况

1．结构组成

C650 普通卧式车床属于中型车床，加工工件回转半径最大可达 1020mm，长度可达 3000mm。C650 普通卧式车床主要由床身、主轴变速箱、进给箱、溜板箱、刀架、尾架、丝杆和光杆等部分组成，其结构如图 7.1 所示。

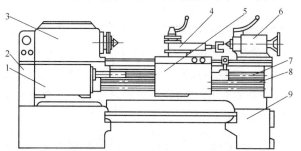

1—进给箱 2—挂轮箱 3—主轴变速箱 4—溜板与刀架 5—溜板箱 6—尾架 7—光杆 8—丝杆 9—床身

图 7.1 C650 普通卧式车床的结构示意图

2．运动情况

图 7.2 所示为 C650 普通卧式车床的加工示意图。

车床加工时，安装在床身上的主轴变速箱中的主轴转动，带动夹在其端头的工件转动。刀具安装在刀架上，与溜板一起随溜板箱沿主轴轴线方向实现进给移动。

车床的主运动是主轴通过卡盘带动工件的旋转运动，主轴输出的功率是车削加工时的主要切削功率。

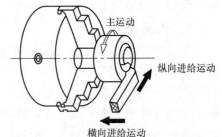

图 7.2　C650 普遍卧式车床加工示意图

车削加工时，应根据加工工件所需刀具的种类、工件尺寸、工艺要求等来选择不同的切削速度，普通车床一般采用机械变速方法。车削加工一般不要求反转，但在加工螺纹时，为避免乱扣，要先反转退刀，再正向进刀继续进行加工，因此对主轴往往要求能够正、反转。

车床的进给运动是溜板带动刀架的纵向和横向直线运动，运动方式有手动和机动两种。进给运动中的纵向运动是指相对操作者向左或向右的运动，横向运动是指相对于操作者向前或向后的运动，辅助运动包括刀架的快速移动、工件的夹紧与松开等。

车床的主运动和进给运动由一台电动机驱动，并通过各自的变速箱来调节主轴旋转速度和进给速度。

7.2.2　C650 普通卧式车床对电气控制的要求

C650 普遍卧式车床由 3 台鼠笼型异步电动机拖动，包括主轴电动机 M_1、冷却泵电动机 M_2 和刀架快速移动电动机 M_3。从车削加工工艺出发，对各电动机的控制要求如下。

1．主轴电动机 M_1

要求主轴电动机 M_1 的功率为 20kW，采用空载全压启动方式，能实现正、反转的连续运行。为便于对工件进行调整运动、对刀操作，要求主轴电动机能实现单方向的点动控制，同时主轴电动机定子回路串入电阻以获得低速点动。主轴电动机停转时，由于加工工件转动惯量较大，应采用反接制动。加工过程中为了展示电动机工作电流，要求设有电流监测环节。

2．冷却泵电动机 M_2

冷却泵电动机 M_2 用来在车削加工时提供冷却液，要求采用直接启动方式，能够单向旋转、连续工作。

3．快速移动电动机 M_3

对快速移动电动机 M_3 的要求是单向点动、短时运转。

4．其他环节

C650 普通卧式车床车削加工时，因被加工的工件材料、性质、形状、大小及工艺要求不同，且刀具种类也不同，因此切削速度的要求也不同，即主轴电动机应具有较大的调速范围。车床大多采用机械方法调速，变换主轴变速箱外的手柄位置，可以改变主轴的转速。另外，电路应有必要的保护和联锁装置，还要有安全可靠的照明电路。

C650 普通卧式车床
电气原理分析

7.2.3　C650 普通卧式车床的电气控制电路原理分析

C650 普通卧式车床的电气原理图如图 7.3 所示。

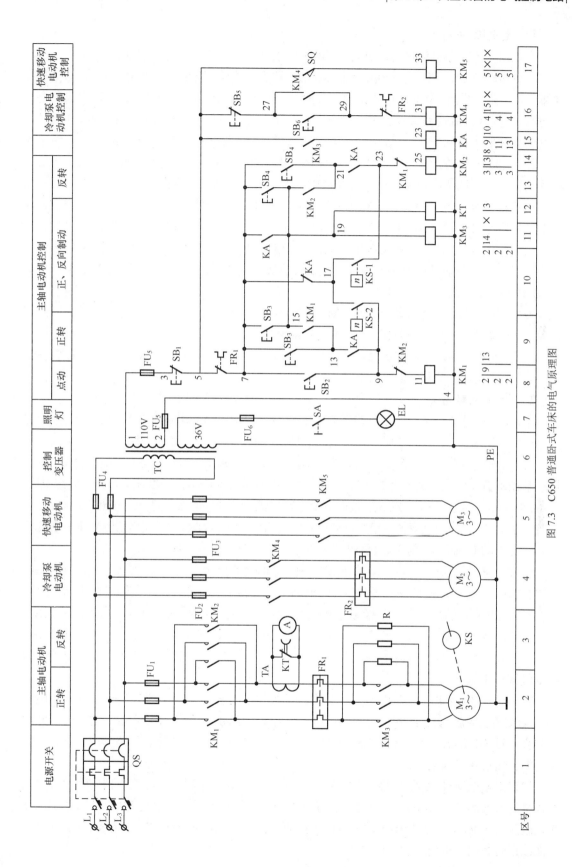

图 7.3　C650 普通卧式车床的电气原理图

1. 主电路分析

主电路中的 3 台电动机均通过带脱扣器的低压断路器 QS 将三相电源引入。

主轴电动机 M_1：FU_1 为主轴电动机 M_1 的短路保护用熔断器；FR_1 为 M_1 的过载保护热继电器；R 为限流电阻，限制 M_1 反接制动时的电流冲击，防止 M_1 点动时连续启动造成的电动机过载。电动机 M_1 电路接线分为 3 部分，第一部分是由正转控制交流接触器 KM_1 和反转控制交流接触器 KM_2 的两组主触点构成的电动机正、反转接线；第二部分为电流表 A 经电流互感器 TA 接在 M_1 的动力回路上的接线部分，以监测电动机绕组工作时的电流变化，为防止电流表被启动电流冲击损坏，利用时间继电器 KT 的延时打开的常闭触点，在启动的短时间内将电流表暂时短接；第三部分为串联电阻 R 的限流控制部分，交流接触器 KM_3 的主触点控制限流电阻 R 的接入和切除，在进行点动调整时，为防止连续的启动电流造成电动机过载，串入限流电阻 R，以保证电路设备正常工作。速度继电器 KS 的速度检测部分与 M_1 的主轴同轴相连，在停车制动过程中，当主轴电动机转速接近零时，KS 常开触点可将控制电路中反接制动相应电路切断，完成 M_1 的制动。

冷却泵电动机 M_2 由交流接触器 KM_4 的主触点控制单向连续运转和停止，FU_2 是 M_2 的短路保护用熔断器，FR_2 为 M_2 的过载保护用热继电器。

快速移动电动机 M_3 由交流接触器 KM_5 控制其单向旋转的点动控制，获得短时工作，FU_3 为 M_3 的短路保护用熔断器。

2. 控制电路分析

由控制变压器 TC 供给控制电路交流电压 110V，照明电路交流电压 36V。FU_5 为控制电路短路保护用熔断器，FU_6 为照明电路短路保护用熔断器，局部照明灯 EL 由主令开关 SA 控制。

（1）主轴电动机 M_1 的点动调整控制。调整车床时，要求主轴电动机点动控制。线路中交流接触器 KM_1 是主轴电动机 M_1 的正转控制接触器，KM_2 是其反转控制接触器；KA 为中间继电器。M_1 的点动控制过程：按下点动控制按钮 SB_2→KM_1 线圈通电→主触点闭合，电动机经限流电阻接通电源，在低速下启动运转→松开点动控制按钮 SB_2→KM_1 线圈失电，电动机 M_1 断电停机。

（2）主轴电动机 M_1 的正、反转控制。

① 正转控制：按下正转启动按钮 SB_3→11 区的交流接触器 KM_3 首先通电吸合，其主触点闭合将限流电阻 R 短接→15 区 KM_3 的辅助常开触点闭合，使中间继电器 KA 线圈得电→9 区 KA 辅助常开触点闭合，使接触器 KM_1 线圈通电，9 区 KM_1 辅助常开触点闭合，对 SB_3 形成自锁，14 区 KM_1 常闭触点打开，对电动机反转控制电路形成互锁。M_1 主电路中的 KM_3 主触点闭合，主轴电动机不经限流电阻全压正转启动运行。同时 14 区 KA 常开触点闭合，为 KM_2 线圈得电做准备。

② 反转控制：主轴电动机的反转是由启动按钮 SB_4 控制的。按下反转启动按钮 SB_4→14 区的交流接触器 KM_2 线圈通电吸合，其主触点闭合电动机反转→13 区 KM_2 的辅助常开触点闭合，对 SB_4 形成自锁，8 区 KM_2 常闭触点打开，对电动机反转控制电路形成互锁。主轴电动机全压反转启动运行。

（3）主轴电动机 M_1 的反接制动控制。C650 普通卧式车床采用速度继电器实现主轴电动机停机的反接制动。M_1 在正、反转运行停止时均有反接制动，反接制动时电动机 M_1 主电路串入限流电阻 R，电气原理图中的 KS-1 为速度继电器正转闭合触点，KS-2 为反转闭合触点。下面以正转为例分析反接制动的过程。

当主轴电动机正向启动至接近额定转速时，KS-1 闭合并保持，制动时按下 SB$_1$，控制线路中所有电磁线圈都将断电，主电路中接触器 KM$_1$、KM$_3$ 主触点断开，KM1 辅助常开触点断开，辅助常闭闭合，电动机断电降速；由于此时电动机转速仍较高，速度继电器 KS-1 仍为闭合状态。当松开停止按钮 SB$_1$ 时，则经 10 区 KA 常闭触点、KS-1 闭合状态、KM1 辅助常闭触点使 KM$_2$ 线圈得电，主电路中 KM$_2$ 主触点闭合，主轴电动机反转，当转速过零时，KS-1 打开，撤除电动机转子上的反转转矩，电动机停机。

电动机反转时的反接制动过程与正转的反接制动过程类同，请学习者自行分析。

（4）刀架的快速移动与冷却泵控制。转动刀架快速移动手柄→压动 17 区行程开关 SQ→接触器 KM$_5$ 通电，KM$_5$ 主触点闭合，电动机 M$_3$ 接通电源启动。

M$_2$ 为冷却泵电动机，它的启动和停止通过按钮 SB$_5$ 和 SB$_6$ 来控制。

（5）其他辅助环节。监视主回路负载的电流表通过电流互感器接入。为防止电动机启动、点动和制动电流对电流表的冲击，电流表与时间继电器的延时常闭触点并联。如启动时，KT 线圈通电，KT 的延时常闭触点未动作，电流表被短接。启动后，KT 延时断开的常闭触点打开，此时电流表接入互感器的二次回路对主回路的电流进行监视。

控制电路的电源是通过控制变压器 TC 供电，使之更安全。此外，为便于工作，设置了工作照明灯。照明灯的电压为安全电压 36V。

（6）完善的联锁与保护装置。主轴电动机正、反转有互锁；熔断器 FU$_1$～FU$_6$ 实现电路各部分的短路保护；热继电器 FR$_1$、FE$_2$ 实现对电动机 M$_1$、M$_2$ 的过载保护；接触器 KM$_1$、KM$_2$、KM$_4$ 采用按钮与自锁控制方式，使 M$_1$ 和 M$_2$ 具有欠电压与失电压保护。

7.2.4　C650 普通卧式车床的电路特点

C650 普通卧式车床的电路特点如下。

① 采用 3 台电动机拖动，其中车床溜板箱的快速移动由一台电动机拖动。

② 主轴电动机不但有正、反转运动，还有单向低速点动的调整控制，同时正、反转停机时均具有反接制动控制。

③ 设有检测主轴电动机工作电流的辅助电路。

④ 具有完善的联锁与保护装置。

7.2.5　C650-2 型卧式车床常见电气故障的诊断与检修

1. 主轴电动机不能启动

（1）M$_1$ 主电路熔断器 FU$_1$ 和控制电路熔断器 FU$_3$ 熔体熔断，应更换。

（2）热继电器 FR$_1$ 已动作过，常闭触点未复位。要判断故障所在位置，还要查明引起热继电器动作的原因，并排除。可能有的原因：长期过载；继电器的整定电流太小；热继电器选择不当。按原因排除故障后，将热继电器复位即可。

（3）控制电路接触器线圈松动或烧坏，接触器的主触点及辅助触点接触不良，应修复或更换接触器。

（4）启动按钮或停止按钮内的触点接触不良，应修复或更换按钮。

（5）各连接导线虚接或断线。

（6）主轴电动机损坏，应修复或更换。

2．主轴电动机缺相运行

按下启动按钮，电动机发出嗡嗡声不能正常启动，这是电动机缺相造成的，此时应立即切断电源，否则易烧坏电动机。可能的原因有以下几点。

① 电源断相。

② 熔断器有一相熔体熔断，应更换。

③ 接触器有一对主触点没接触好，应修复。

3．主轴电动机启动后不能自锁

故障原因是控制电路中自锁触点接触不良或自锁电路接线松开，修复即可。

4．按下停止按钮后主轴电动机不停止

（1）接触器主触点熔焊，应修复或更换接触器。

（2）停止按钮常闭触点被卡住，不能断开，应更换停止按钮。

5．冷却泵电动机不能启动

（1）按钮 SB_6 触点不能闭合，应更换。

（2）熔断器 FU_2 熔体熔断，应更换。

（3）热继电器 FR_2 已动作过，未复位，复位处理。

（4）接触器 KM_4 线圈或触点已损坏，应修复或更换。

（5）冷却泵电动机已损坏，应修复或更换。

6．快速移动电动机不能启动

（1）行程开关 SQ 已损坏，应修复或更换。

（2）接触器 KM_5 线圈或触点已损坏，应修复或更换。

（3）快速移动电动机已损坏，应修复或更换。

问题与思考

1．什么是 C650 普通卧式车床的主运动？该车床的进给运动包括哪些？主运动和进给运动是如何调节速度的？

2．C650 普通卧式车床由几台电动机拖动？其中冷却泵电动机 M_2 有什么电气控制要求？

3．如果 C650 普通卧式车床的主轴电动机启动后不能自锁，故障原因是什么？

7.3　M7130 型卧轴矩台平面磨床电气控制电路

磨床是用砂轮的周边或端面进行加工的精密机床。砂轮的旋转是磨床的主运动，工件或砂轮的往复运动是磨床的进给运动，砂轮架的快速移动及工作台的移动是磨床的辅助运动。磨床的种类很多，根据用途和采用的工艺方法不同，磨床可以分为平面磨床、外圆磨床、内圆磨床、工具磨床和各种专用磨床等，其中以平面磨床使用最多。下面以 M7130 型卧轴矩台平面磨床为例介绍磨床的电气控制电路。

7.3.1　平面磨床主要结构和运动情况

平面磨床可分为卧轴矩台、卧轴圆台、立轴矩台、立轴圆台 4 种类型。磨床可以加工各种表面，如平面、内外圆柱面、圆锥面和螺旋面等。通过

M7130 型卧轴矩台平面磨床的主要结构和运动情况

磨削加工，使工件的形状及表面的精度、粗糙度达到预期的要求。

1．M7130 型卧轴矩台平面磨床的主要结构

M7130 型卧轴矩台平面磨床型号中的 M 表示磨床，7 表示平面，1 表示卧轴矩台式，30 表示工作台工作面的宽度为 300mm。M7130 型卧轴矩台平面磨床的主要结构包括床身、立柱、滑座、砂轮箱、工作台和电磁吸盘等，如图 7.4 所示。

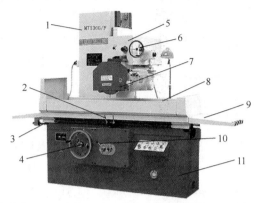

1—立柱　2—工作台换向撞块　3—活塞杆　4—砂轮箱垂直进刀手轮　5—滑座　6—砂轮箱横向移动手柄
7—砂轮箱　8—电磁吸盘　9—工作台　10—工作台往返运动换向手柄　11—床身

图 7.4　M7130 型卧轴矩台平面磨床的结构示意图

在磨床的箱形床身中装有液压传动装置，工作台通过活塞杆由液压驱动在床身导轨上做往返运动。磨床的工作台表面有 T 形槽，大型工件可以用螺钉和压板将工件直接固定在工作台上，工作台上也可以安装电磁吸盘，用来吸持住铁磁性工件。工作台往返运动长度可通过调节装在工作台正面槽中撞块的位置来改变，工作台换向撞块是通过碰撞工作台往返运动换向手柄来改变油路方向而实现工作台往返运动的。

平面磨床的床身上固定有立柱，沿立柱的导轨上装有滑座，砂轮箱能沿滑座的水平导轨做横向移动。砂轮轴由装入式砂轮电动机直接驱动，并通过滑座内部的液压传动机构实现砂轮箱的横向移动。

滑座可在立柱导轨上做垂直移动，由垂直进刀手轮操作。砂轮箱的水平轴向移动可由横向移动手轮操作，也可由液压传动作连续或间断横向移动，其中连续移动用于调节砂轮位置或整修砂轮，间断移动用于进给。

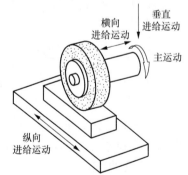

图 7.5　M7130 型卧轴矩台平面磨床
加工运动示意图

2．M7130 型卧轴矩台平面磨床的运动情况

M7130 型卧轴矩台平面磨床进行磨削加工的示意图如图 7.5 所示。

磨床的砂轮与砂轮电动机均装在砂轮箱内，砂轮直接由砂轮电动机带动旋转。砂轮的旋转运动是磨床的主运动，磨床的进给运动有垂直进给、横向进给和纵向进给 3 种形式。其中，砂轮箱和滑座一起沿立柱上的导轨做上下运动，称为垂直进给；砂轮箱沿滑座上的燕尾槽所作的移动称为横向进给；工作台带动电磁吸盘和工件所作的往返运动称为纵向进给。工作台每完成一次往返运动，砂轮箱便做一次间断性的横向进给；当加工完整个平面后，砂轮箱做一次间断性的垂直进给。

7.3.2 磨床的电力拖动特点及电气控制要求

M7130 型卧轴矩台平面磨床采用多台电动机拖动，因此其电力拖动、电气控制均有一定的要求。

1．电力拖动特点

① 平面磨床的砂轮电动机拖动砂轮做旋转运动，液压泵电动机拖动液压泵供出供出压力油。经液压传动机构实现工作台的纵向进给运动并通过工作台的撞块操纵床身上的液压换向开关，实现工作台的换向和自动往返运动，冷却泵电动机拖动冷却泵供给磨削加工时需要的冷却液。

② 平面磨床是一种精密加工机床，为保证加工精度，保持磨床运动平稳，工作台往返运动换向时惯性较小、无冲击，采用液压传动。

③ 为保证磨削加工精度，要求砂轮有较高的转速，因此一般两极鼠笼型异步电动机拖动。为提高砂轮主轴的刚度，采用装入式电动机直接拖动，电动机与砂轮主轴同轴。

④ 为减小工件在磨削加工中的热变形，并在磨削加工时及时冲走磨屑和砂粒以保证磨削精度，需使用冷却液。

⑤ 平面磨床常用电磁吸盘，以便吸持较小的加工工件，同时允许在磨削加工中因发热变形的工件能够自由伸缩，保持加工精度。

2．电气控制要求

① 砂轮由一台鼠笼型异步电动机拖动，因为砂轮的转速一般不需要调节，所以对砂轮电动机没有电气调速的要求，也不需要反转，可直接启动。

② 平面磨床的纵向和横向进给运动一般采用液压传动，所以需要由一台液压泵电动机驱动液压泵，对液压泵电动机也没有电气调速、反转和降压启动的要求。

③ 同车床一样，平面磨床也需要一台冷却泵电动机提供冷却液，冷却泵电动机与砂轮电动机应具有联锁关系，即要求砂轮电动机启动后才能开动冷却泵电动机。

④ 平面磨床往往采用电磁吸盘来吸持工件。电磁吸盘应设计有去磁电路，同时，为防止在磨削加工时因电磁吸盘吸力不足而造成工件飞出，要求有弱磁保护环节。

⑤ 具有各种常规的电气保护环节，如短路保护和电动机的过载保护等，具有安全的局部照明装置。

7.3.3 M7130 型卧轴矩台平面磨床电气控制电路原理分析

M7130 型卧轴矩台平面磨床的电气原理图如图 7.6 所示。

M7130 型卧轴矩台平面磨床的电气设备主要安装在床身后部的壁龛盒内，控制按钮安装在床身前部的电气操纵盒上。电气控制电路可分为主电路、控制电路、电磁吸盘控制电路和机床照明电路等部分。

M7130 型卧轴矩台平面磨床的电气原理说明

1．主电路

如图 7.6 所示，三相交流电源是由电源开关 QS 引入，其中 FU_1 是电气控制电路短路保护的熔断器。砂轮电动机 M_1 和液压泵电动机 M_3 分别由接触器 KM_1、KM_2 控制，并分别由热继电器 FR_1、FR_2 作过载保护。由于磨床的冷却泵箱与床身是分开安装的，因此冷却泵电动机 M_2 由插头插座 X_1 接通或断开电源，需要提供冷却液时插上，不需要时拔下。当 X_1 与电源接通时，冷却泵电动机 M_2 受砂轮电动机 M_1 启动和停转的控制。由于冷却泵电动机 M_2 的容量较小，因此不需要过载保护。电动机 M_1、M_2 和 M_3 均直接全压启动，单向旋转。

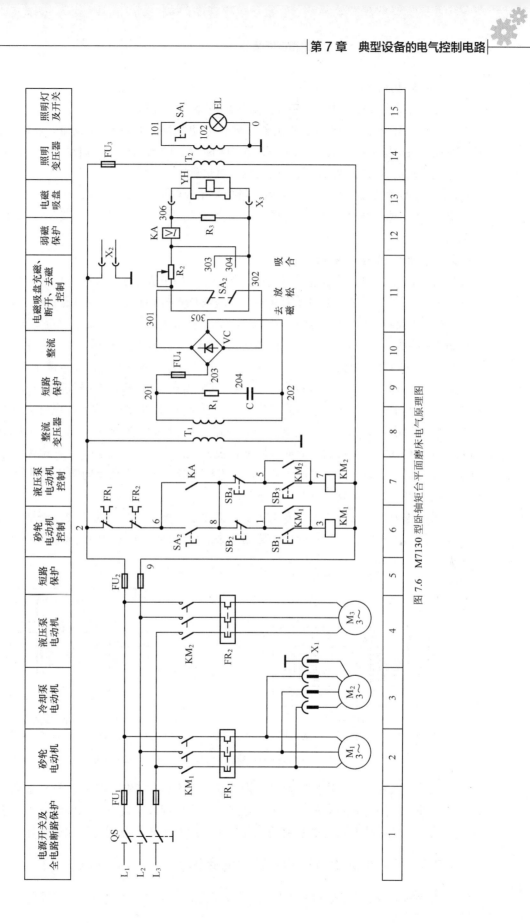

图 7.6　M7130 型卧轴矩台平面磨床电气原理图

2. 控制电路

控制电路采用 380V 电源，FU_2 作为其短路保护熔断器。

由按钮 SB_1、SB_2 与接触器 KM_1 组成砂轮电动机 M_1 的启动、单向旋转、停止控制电路；按钮 SB_3、SB_4 与接触器 KM_2 构成液压泵电动机 M_3 的单向旋转、启动、停止控制电路。但电动机的启动必须在下列条件之一成立时方可进行。

① 电磁吸盘 YH 工作，并且欠电流继电器 KA 线圈得电吸合后；

② 若电磁吸盘 YH 不工作，但转换开关 SA_2 置于"去磁"位置，其 SA_2（6 区）常开触点闭合。

3. 电磁吸盘控制电路

M7130 型平面磨床的电磁吸盘装在工作台上，用于固定加工工件。电磁吸盘结构示意图如图 7.7（a）所示。当电磁铁线圈通电时，电磁铁心就产生磁场，吸住铁磁材料工件，便于磨削加工。电磁吸盘控制电路包括整流、控制、保护 3 个部分。整流部分通过整流变压器 T_1 把 380V 交流电压变换为 127V 电压，并通过桥式整流电路输出 110V 直流电压，供给吸盘电磁铁 YH。

电磁吸盘由转换开关 SA_2 控制，SA_2 有 3 个位置：充磁、断电、去磁。待加工时，将 SA_2 扳至右边的"充磁"位置，触点（301-303）、（302-304）接通，电磁吸盘被充磁，产生电磁吸力将工件牢牢吸持。加工结束后，将 SA_2 扳至中间的"断电"位置，电磁吸盘线圈断电，这时可将工件取下。如果工件有剩磁难以取下，可将 SA_2 扳至左边的"去磁"位置，触点（301-305）、（302-303）接通，此时线圈通以反向电流产生反向磁场，并在电路中串入可变电阻 R_2，来限制并调节反向去磁电流的大小，达到既能去磁又不致反向磁化的目的。去磁结束，将 SA_2 扳到"断电"位置，这时可取下工件。

采用电磁吸盘的磨床还配有专用的交流去磁器，如果工件对去磁要求严格或去磁不够彻底，可以使用图 7.7（b）所示交流去磁器退去剩磁，X_2 是去磁器的电源插座。

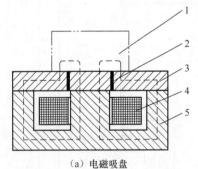
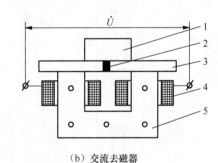

（a）电磁吸盘　　　　　　　　　　　　　（b）交流去磁器

1—工件　2—隔磁板　3—钢制盖板　4—线圈　5—钢制吸盘体　　　1—工件　2—隔磁层　3—极靴　4—线圈　5—铁心

图 7.7　电磁吸盘结构原理图与交流去磁器结构原理图

与机械夹具相比较，电磁吸盘具有操作简便、不损伤工件的优点，特别适合于同时加工多个小工件。采用电磁吸盘的另一优点是工件在磨削时发热能够自由伸缩，不至于变形。但是电磁吸盘不能吸持非铁磁性材料的工件加工，而且电磁吸盘通电线圈必须使用直流电。

7.3.4 平面磨床电气控制电路中的保护

除常规的电路短路保护和电动机的过载保护之外，电磁吸盘电路还专门设有一些保护环节。

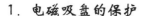

1．电磁吸盘的保护

采用电磁吸盘吸持工件有许多好处，但在进行磨削加工时一旦电磁吸力不足，就会造成工件飞出事故。因此，电磁吸盘设有欠电流保护、过电压保护、短路保护和整流装置的过电压保护环节。

为了防止在磨削过程中电磁吸盘出现断电或线圈电流减小，从而引起电磁吸力不足、工件飞出造成的人身事故。在电磁吸盘线圈电路中串入欠电流继电器 KA。只有在励磁电流正常、吸盘具有足够电磁吸力时，KA 才吸合，7 区的 KA 常开触点闭合，为 M_1、M_3 电动机进行磨削加工做好准备，否则不能开动磨床进行加工。若在磨削加工过程中出现吸盘线圈电流减小或消失情况，欠电流继电器 KA 就会将 7 区的 KA 常开触点断开，使 KM_1 和 KM_2 线圈失电，电动机停转防止事故的发生。

电磁吸盘线圈匝数多，电感量大，在通电工作时，线圈中储存的磁场能量较大。当线圈断电时，由于电磁感应，在线圈两端会产生很大的感应电动势，会造成线圈绝缘及其他电器设备损坏。为此，在吸盘线圈 YH 两端并联了放电电阻 R_3，当出现过电压时，R_3 就会吸收吸盘线圈储存的能量，实现吸盘线圈的过电压保护。

在整流变压器 T_1 的二次侧装有熔断器 FU_4，作为吸盘电路的短路保护。

当交流电路出现过电压或直流侧电路通断时，都会在整流变压器 T_1 的二次侧产生浪涌电压，该浪涌电压对整流装置有害，为此将整流变压器 T_1 的二次侧与 RC 阻容吸收装置相并联，吸收浪涌电压，实现整流装置的过电压保护。

2．照明电路的保护

平面磨床的照明电路是通过照明变压器 T_2 将 380V 交流电压降至 36V 安全电压供给照明灯 EL 的。照明灯 EL 的一端接地，SA_1 为照明灯 EL 的控制开关，FU_3 是照明变压器一次侧电路的短路保护熔断器。

7.3.5　平面磨床常见故障的诊断与检修

M7130 型卧轴矩台平面磨床电路与其他机床电路的主要不同点是电磁吸盘电路，在此主要分析电磁吸盘电路的故障。

1．电磁吸盘没有吸力或吸力不足

如果磨床上的电磁吸盘没有吸力，首先应检查电源，先从整流变压器 T_1 的一次侧到二次侧开始，再检查到整流器 VC 输出的直流电压是否正常；检查熔断器 FU_1、FU_2、FU_4；检查 SA_2 的触点、插头插座 X_3 是否接触良好；检查欠电流继电器 KA 的线圈有无断路；一直检查到电磁吸盘线圈 YH 两端有无 110V 直流电压。如果电压正常，电磁吸盘仍无吸力，则需要检查 YH 有无断线。如果是电磁吸盘的吸力不足，则多半是工作电压低于额定值，如桥式整流电路的某一桥臂出现故障，使全波整流变成半波整流，VC 输出的直流电压下降了一半，也可能是 YH 线圈局部短路，使空载时 VC 输出电压正常，而接上 YH 后电压低于正常值 110V。

2．电磁吸盘去磁效果差

应检查去磁回路有无断开或元件损坏。如果去磁的电压过高也会影响去磁效果，应调节 R_2 的大小使去磁电压一般为 5～10V。此外，还应考虑是否有去磁操作不当的原因，如去磁时间过长等。

3．控制电路接点（6-8）的电器故障

平面磨床电路较容易产生的故障还有控制电路中由 SA$_2$ 和 KA 的常开触点并联的部分。如果 SA$_2$ 和 KA 的触点接触不良，使接点（6-8）间不能接通，则会造成 M$_1$ 和 M$_2$ 无法正常启动，平时应特别注意检查。

问题与思考

1．什么是 M7130 型卧轴矩台平面磨床的主运动？该磨床的进给运动包括哪些？
2．M7130 型卧轴矩台平面磨床由几台电动机拖动？其中砂轮电动机 M$_1$ 有什么电气控制要求？
3．如果 M7130 型卧轴矩台平面磨床去磁效果差，应通过什么途径检查排除？

7.4　Z3040 型摇臂钻床电气控制电路

钻床是一种用途广泛的孔加工设备。钻床主要是用钻头钻削精度要求不太高的孔，另外还可用来扩孔、铰孔、镗孔，以及刮平面、攻螺纹等。钻床的结构形式很多，有立式钻床、卧式钻床、深孔钻床及多轴钻床等。

摇臂钻床是一种立式钻床，它适用于单件或批量生产中带有多孔的大型零件的孔加工。本节介绍的 Z3040 型摇臂钻床，其型号各部分的含义为：Z 表示钻床，3 表示摇臂钻床组，0 表示摇臂钻床型，40 表示最大钻孔直径为 40mm。

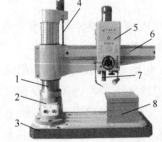

Z3040 型摇臂钻床的主要结构和运动情况

7.4.1　摇臂钻床的主要结构与运动形式

摇臂钻床一般由底座、内外立柱、摇臂、主轴箱和工作台等部分组成，如图 7.8 所示。摇臂钻床的内立柱固定在底座的一端，外立柱套在内立柱中，并可绕内立柱回转 360°。摇臂的一端为套筒，套在外立柱上，借助于升降丝杠的正反向旋转摇臂可沿外立柱上下移动，但两者不能做相对转动，所以摇臂将与外立柱一起相对内立柱回转。主轴箱是一个复合的部件，它具有主轴及主轴旋转部件和主轴进给的全部变速和操纵机构。主轴箱可沿着摇臂上的水平导轨做径向移动。进行加工时，利用其特殊的夹紧机构将外立柱紧固在内立柱上，摇臂紧固在外立柱上，主轴箱紧固在摇臂导轨上，之后进行钻削加工。

钻削加工时，主运动为主轴的旋转运动；进给运动为主轴的垂直移动；辅助运动为摇臂在外立柱上的升降运动、摇臂与外立柱一起沿内立柱的转动及主轴箱在摇臂上的水平移动。

1—外立柱　2—内立柱　3—底座　4—摇臂升降丝杠
5—主轴箱　6—摇臂　7—主轴　8—工作台

图 7.8　摇臂钻床结构示意图

7.4.2　摇臂钻床的电力拖动特点与控制要求

1．摇臂钻床的电力拖动特点

（1）由于摇臂钻床的运动部件较多，为简化传动装置，需使用多台电动机拖动，主轴电动机承担主钻削及进给任务，摇臂升降、夹紧放松和冷却泵各用一台电动机拖动。

（2）为适应多种加工方式的要求，主轴及进给应在较大范围内调速。但这些调速都是机械调速，用手柄操作变速箱调速，对电动机无任何调速要求。主轴变速机构与进给变速机构在一个变速箱内，由主轴电动机拖动。

（3）加工螺纹时要求主轴电动机能够正、反转。摇臂钻床的正、反转一般用机械方法实现，电动机只需单方向旋转。

2．控制要求

（1）摇臂的升降由单独的一台电动机拖动，并要求能够实现正、反转。

（2）摇臂的夹紧与放松以及立柱的夹紧与放松由一台异步电动机配合液压装置来完成。要求这台电动机能够正、反转。摇臂的回转和主轴箱的径向移动在中小型摇臂钻床上通常都采用手动。

（3）钻削加工时，对刀具或工件进行冷却时，需要一台冷却泵电动机拖动冷却泵输送冷却液。

（4）各部分电路之间应有必要的保护和联锁。

（5）具有机床安全照明电路与信号指示电路。

7.4.3　Z3040 型摇臂钻床电气控制电路原理分析

Z3040 型摇臂钻床的电气原理说明

图 7.9 所示为 Z3040 型摇臂钻床的电气控制线路的主电路和控制电路图。图 7.9 中，M_1 是主轴电动机，M_2 为摇臂升降电动机，M_3 为液压泵电动机，M_4 是冷却泵电动机。

主轴箱上装有 4 个按钮，其中 SB_2 是主轴电动机 M_1 的启动按钮，SB_1 是停止按钮，SB_3 是控制摇臂升降电动机 M_2 上升的按钮，SB_4 是控制其下降的按钮。主轴箱转盘上的 2 个按钮 SB_5 和 SB_6 分别为主轴箱及立柱松开按钮和夹紧按钮。转盘为主轴箱左右移动手柄，操纵杆则操纵主轴的垂直移动，两者均为手动控制。主轴也可机动控制。

1．主电路分析

主轴电动机 M_1 单向运转，由接触器 KM_1 控制，主轴的正、反转则由机床液压系统操纵机构配合正、反转摩擦离合器实现，并由热继电器 FR_1 作电动机 M_1 的长期过载保护。

摇臂升降电动机 M_2 由正、反转接触器 KM_2 和 KM_3 控制。控制电路保证在操纵摇臂升降时，首先使液压泵电动机 M_3 启动旋转，送出压力油，经液压系统将摇臂松开，然后才使 M_2 启动，拖动摇臂上升或下降，当移动到位后，控制电路又保证 M_2 先停下，再自动通过液压系统将摇臂夹紧，最后液压泵电动机 M_3 才停转，M_2 为短时工作，不用设长期过载保护。

接触器 KM_4 和 KM_5 用来实现对液压泵电动机 M_3 的正、反转控制，并由热继电器 FR_2 作为其长期过载保护。

冷却泵电动机 M_4 的容量较小，仅为 0.125kW，所以由开关 SA 直接控制其通、断。

2．控制电路分析

（1）主轴电动机 M_1 的控制。按下启动按钮 SB_2，接触器 KM_1 线圈得电，主触点闭合 M_1 启动运行，同时 7 区 KM_1 辅助常开触点闭合，形成 SB_2 的自锁，5-6 区 KM_1 辅助常开触点闭合，指示灯 HL_3 亮，表示主轴电动机在运转。需要主轴电动机停止时，按停止按钮 SB_1，则接触器 KM_1 释放，使主电动机 M_1 停止旋转，同时指示灯 HL_3 熄灭。

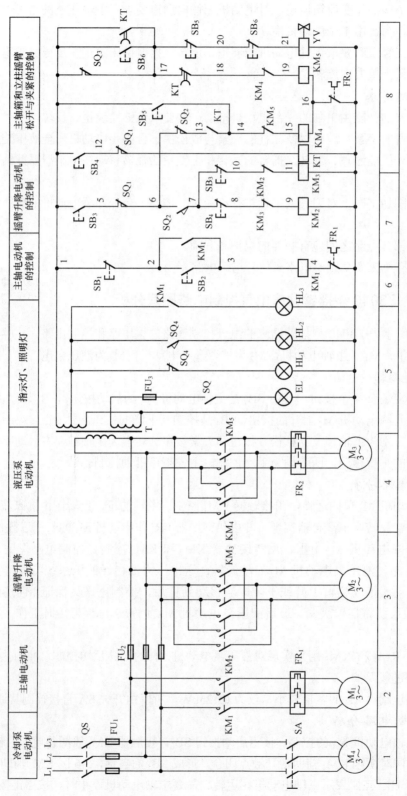

图 7.9 Z3040 型摇臂钻床的电气控制线路的主电路和控制电路图

（2）摇臂升降与夹紧控制。Z3040 型摇臂钻床的摇臂升降由 M_2 拖动，其控制过程如下。

按下摇臂上升按钮 SB_3 不放开→SB_3 常闭触点断开，切断 KM_3 线圈支路；SB_3 常开触点闭合（1-5）→时间继电器 KT 线圈通电→KT 常开触点闭合（13-14），KM_4 线圈通电，M_3 正转；KT 延时常开触点（1-17）闭合，电磁阀线圈 YV 通电，摇臂松开→行程开关 SQ_2 动作→SQ_2 常闭触点（6-13）断开，KM_4 线圈断电，M_3 停转；SQ_2 常开触点（6-7）闭合，KM_2 线圈通电，M_2 正转，摇臂上升→摇臂上升到位后松开 SB_3→KM_2 线圈断电，M_2 停转；KT 线圈断电→延时 1～3s，KT 常开触点（1-17）断开，YV 线圈通过 SQ_3 常闭触点使（1-17）仍然通电；KT 常闭触点（17-18）闭合，KM_5 线圈通电，M_3 反转，摇臂夹紧→摇臂夹紧后，压下行程开关 SQ_3，SQ_3 常闭触点（1-17）断开，YV 线圈断电；KM_5 线圈断电，M_3 停转。

即摇臂一旦上升或下降到位，均应夹紧在外立柱上，摇臂上升与下降使 8 区摇臂夹紧信号开关 SQ_3 的常闭触点断开，KM_5 线圈失电，液压泵电动机 M_3 停转，摇臂夹紧完成。

摇臂上升的极限保护由组合行程开关 SQ_1 来实现，SQ_1 在 7-8 区有两对常闭触点，当摇臂上升或下降到极限位置时，相应触点被压断，切断了对应上升或下降接触器 KM_2 与 KM_3 的电源，使摇臂电动机 M_2 停止运转，摇臂停止移动，实现了极限位置的保护。

摇臂自动夹紧程度由行程开关 SQ_3 控制。若夹紧机构液压系统出现故障不能夹紧，将使 8 区 SQ_3 触点无法断开；或者由于 SQ_3 安装调整不当，摇臂夹紧后仍不能压下 SQ_3。上述情况下均会使液压泵电动机 M_3 长期过载，造成电动机烧毁。为此，液压泵电动机主电路采用热继电器 FR_2 作为过载保护。

（3）主轴箱、立柱的松开与夹紧控制。主轴箱和立柱的夹紧与松开是同时进行的。SB_5 和 SB_6 分别为松开与夹紧控制按钮，由它们点动控制 KM_4、KM_5→控制 M_3 的正、反转，由于 SB_5、SB_6 的常闭触点（17-20-21）串联在 YV 线圈支路中。所以在操作 SB_5、SB_6 使 M_3 动作的过程中，电磁阀 YV 线圈不吸合，液压泵供出的压力油进入主轴箱和立柱的松开、夹紧油腔，推动松、紧机构实现主轴箱和立柱的松开、夹紧。当按下按钮 SB_5，接触器 KM_4 线圈得电，液压泵电动机 M_3 正转，拖动液压泵送出压力油。这时电磁阀 YV 线圈处于断电状态，压力油经二位六通阀，进入主轴箱与立柱松开油腔，推动活塞和菱形块，使主轴箱与立柱松开。由于 YV 线圈断电，压力油不会进入摇臂松开油腔，摇臂仍处于夹紧状态。当主轴箱与立柱松开时，行程开关 SQ_4 不受压，使得控制指示灯 HL_1 点亮发出信号，表示主轴箱与立柱已经松开。可以手动操作主轴箱在摇臂的水平导轨上移动，也可以推动摇臂使外立柱绕内立柱作回转移动，当移动到位，按下夹紧按钮 SB_6，接触器 KM_5 线圈得电，M_3 反转，拖动液压泵送出压力油至夹紧油腔，使主轴箱与立柱夹紧。确认夹紧时，SQ_4 的常闭触点断开而常开触点闭合，指示灯 HL_1 灭、HL_2 亮，表示主轴箱与立柱已夹紧，可以进行钻削加工了。

机床安装后，接通电源，利用主轴箱和立柱的夹紧、松开可以检查电源的相序，在电源相序正确后，再来调整电动机 M_2 的接线。

（4）冷却泵的控制。主轴电动机为单向旋转，所以冷却泵电动机可直接由转换开关 SA 控制其通、断。

（5）联锁与保护环节。行程开关 SQ_2 实现摇臂松开到位、开始升降的联锁。

行程开关 SQ_3 实现摇臂完全夹紧，液压泵电动机 M_3 停止旋转的联锁。

KT 时间继电器实现摇臂升降电动机 M_2 断开电源，待惯性旋转停止后再进行夹紧的联锁。

摇臂升降电动机 M_2 正、反转具有双重互锁。

SB_5、SB_6 常闭触点接入电磁阀 YV 线圈，在进行主轴箱与立柱夹紧、松开操作时，电路实现压力油不进入摇臂夹紧油腔的联锁。

FU_1 作为总电路和电动机 M_1、M_4 的短路保护。

FU_2 作为电动机 M_2、M_3 及控制变压器 T 的一次侧短路保护。

FR_1、FR_2 作为电动机 M_1、M_3 的长期过载保护。

SQ_1 组合开关为摇臂上升、下降的行程开关。

FU_3 作为照明电路的短路保护。

带自锁触点的启动按钮与相应接触器实现电动机的欠电压、失电压保护。

3．辅助电路

辅助电路包括照明和信号指示电路。照明电路的工作电压为安全电压 36V，信号指示灯的工作电压为 6V，均由控制变压器 T 提供。

HL_1 为主轴箱、立柱松开指示灯，灯亮表示已松开，可以手动操作主轴箱沿摇臂移动或摇臂回转。

HL_2 为主轴箱、立柱夹紧指示灯，灯亮表示已经夹紧，可以进行钻削加工。

HL_3 为主轴旋转工作指示灯。

照明灯 EL 经开关 SQ 操作，实现钻床局部照明。

7.4.4　Z3040 型摇臂钻床常见电气故障的诊断与检修

Z3040 型摇臂钻床控制电路的独特之处，在于其摇臂升降及摇臂、立柱和主轴箱松开与夹紧的电路部分，下面主要分析这部分电路的常见故障。

1．摇臂不能松开

摇臂做升降运动的前提是摇臂必须完全松开。摇臂和主轴箱，立柱的松、紧都是通过液压泵电动机 M_3 的正、反转来实现的，因此应先检查一下主轴箱和立柱的松紧是否正常。如果正常，则说明故障不在两者的公共电路中，而在摇臂松开的专用电路上：如时间继电器 KT 的线圈有无断线，其常开触点（1-17）、（13-14）在闭合时是否接触良好，行程开关 SQ_1 的触点（5-6）、（7-6）有无接触不良，等等。

如果主轴箱和立柱的松开也不正常，则故障多发生在接触器 KM_4 和液压泵电动机 M_3 这部分电路上。如 KM_4 线圈断线、主触点接触不良，KM_5 的常闭互锁触点（14-15）接触不良等。如果是 M_3 或 FR_2 出现故障，则摇臂、立柱和主轴箱既不能松开，也不能夹紧。

2．摇臂不能升降

摇臂不能升降的原因有以下几点。

① 行程开关 SQ_2 的动作不正常，这是导致摇臂不能升降最常见的故障。如 SQ_2 的安装位置移动，使得摇臂松开后，SQ_2 不能动作，或者是液压系统的故障导致摇臂放松不够，SQ_2 也不会动作，摇臂就无法升降。SQ_2 的位置应结合机械、液压系统进行调整，然后紧固。

② 摇臂升降电动机 M_2 控制其正、反转的接触器 KM_2、KM_3，以及相关电路发生故障，都会造成摇臂不能升降。在排除了其他故障之后，应对此进行检查。

③ 如果摇臂上升正常而不能下降，或下降正常而不能上升，则应单独检查相关的电路及电器部件（如按钮开关、接触器、行程开关的有关触点等）。

3．摇臂上升或下降到极限位置时，限位保护失灵

检查限位保护开关 SQ_1，通常是 SQ_1 损坏或是其安装位置移动。

4．摇臂升降到位后夹不紧

如果摇臂升降到位后夹不紧（而不是不能夹紧），通常是行程开关 SQ_3 的故障造成的。如果 SQ_3 移位或安装位置不当，使 SQ_3 在夹紧动作未完全结束就提前吸合，M_3 提前停转，从而造成夹不紧。

5．摇臂的松紧动作正常，但主轴箱和立柱的松紧动作不正常

这种情况应重点检查以下几项。

① 控制按钮 SB_5、SB_6，其触点有无接触不良，或接线松动；

② 液压系统出现故障。

问题与思考

1. 什么是 Z3040 型摇臂钻床的主运动？该钻床的进给运动是什么？
2. Z3040 型摇臂钻床的主电路中共有几台电动机？哪几台电动机要求具有正、反转控制？
3. 如果 Z3040 型摇臂钻床的摇臂移动后夹不紧，通常是什么原因造成的？

7.5　T68 型卧式镗床电气控制电路

镗床是一种精密加工设备，主要用来加工精确度高的孔和孔间位置精确度要求较高的零件。如一些箱体零件，变速箱、主轴箱等，往往在工件上要加工多个尺寸不同的孔，对孔的同轴度、垂直度、平行度及孔间距离等均有精确要求。

镗床除镗孔外，还可以用来钻孔、铰孔及加工端面等；装上车螺纹的附件后，又可以车削螺纹；装上平旋盘刀架后则可以加工大的孔径、端面和外圆。因此，镗床加工范围广，调速范围大，运动部件多。本节主要介绍 T68 型卧式镗床。

T68 型卧式镗床型号各部分的含义：T 表示镗床，6 表示卧式，8 表示镗轴直径为 85mm。

T68 型卧式镗床的主要结构和运动情况

7.5.1　镗床的主要结构与运动形式

1．镗床的主要结构

T68 型卧式镗床一般由床身、前后立柱、镗头架、平旋盘、镗轴、主轴箱和工作台等部分组成，结构分布如图 7.10 所示。

镗床的床身是一个整体铸件，一端固定有前立柱，前立柱的垂直导轨上装有可沿导轨移动的镗头架，镗头架上装有可上下移动的主轴箱。主轴箱中装有主轴部件、主运动和进给运动的变速传动机构和操纵机构等。在主轴箱的后部固定着后尾筒，里面装有镗轴的轴向进给机构。后立柱固定在床身的左端，装在后立柱垂直导轨上的后支承架（尾架）用于支承长镗杆的悬伸端，可参看图 7.11（b），后支承架可沿垂直导轨与主轴箱同步升降，后立柱可沿床身的水平导轨左右移动，在不需要时也可以卸下。工件固定在工作台上，工作台部件装在床身的导轨上，由下滑座、上滑座和工作台 3 部分组成，下滑座可沿床身的水平导轨做纵向移动，上滑座可沿下滑座的导轨做横向移动，工作台则可在上滑座的环形导轨上绕垂直轴线转位，使工件在水平面内调整至一定的角度位置，以便能在一次安装中对互相平行或成一定角度的孔与平面进行加工。

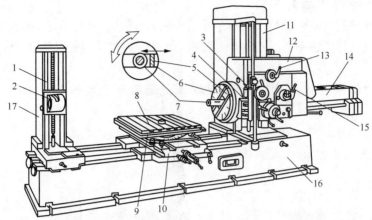

1—后立柱　2—后支承架　3—快速移动操纵手柄　4—按钮箱　5—刀具溜板　6—平旋盘　7—镗轴　8—工作台　9—上滑座
10—下滑座　11—前立柱　12—主轴箱　13—进给变速手柄　14—后尾筒　15—主轴变速手柄　16—床身　17—尾架

图 7.10　T68 型卧式镗床结构示意图

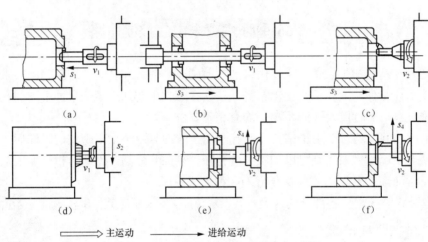

$\Longrightarrow$ 主运动　　$\longrightarrow$ 进给运动

图 7.11　卧式镗床的主运动和进给运动示意图

2．镗床的运动形式

根据加工情况的不同，刀具可以装在镗轴前端的锥孔中，或装在平旋盘与径向刀具溜板上。加工时，镗轴旋转完成主运动，并且可以沿其轴线移动做轴向进给运动；平旋盘只能随镗轴旋转做主运动；装在平旋盘导轨上的径向刀具溜板除了随平旋盘一起旋转外，还可以沿着导轨移动做径向进给运动。卧式镗床的典型加工方法如图 7.11 所示。

图 7.11（a）所示为用装在镗轴上的悬伸刀杆镗孔，由镗轴的轴向移动进行纵向进给；图 7.11（b）所示为利用后支承架支承的长刀杆镗削同一轴线上的前后两孔；图 7.11（c）所示为用装在平旋盘上的悬伸刀杆镗削较大直径的孔，两者均由工作台的移动进行纵向进给；图 7.11（d）所示为用装在镗轴上的端铣刀铣削平面，由主轴箱完成垂直进给运动；图 7.11（e）、（f）所示为用装在平旋盘刀具溜板上的车刀车削内沟槽和端面，均由刀具溜板移动进行径向进给。

由上可知，T68 型卧式镗床的运动形式如下。

（1）主运动：镗轴的旋转运动和平旋盘的旋转运动。

（2）进给运动：镗轴的轴向进给，平旋盘刀具溜板的径向进给，镗头架的垂直进给，工作台的纵向进给和横向进给。

（3）辅助运动：工作台的旋转，后立柱的水平移动及尾架的垂直移动等。

7.5.2　卧式镗床的电力拖动特点与控制要求

镗床加工范围广，运动部件多，调整范围大。由进给运动决定的切削量与主轴的转速、所用刀具、工件材料以及加工精度要求有关，因此一般卧式镗床的主运动与进给运动由一台主轴电动机拖动，通过各自的传动链传动。为缩短时间，镗头架上、下，工作台前、后、左、右及镗轴的进、出运动除工作进给外，还应有快速移动，由专门的电动机拖动。

T68 型卧式镗床的电气拖动特点以及控制要求如下。

（1）工件的加工、主轴旋转与进给量都有较大的调整范围，要求主运动与进给运动由一台电动机拖动，为简化传动机构，多采用由双速鼠笼型异步电动机拖动的滑移齿轮有级变速系统，应高速运转时先经低速启动。

目前，采用电力电子器件控制的异步电动机无级调速系统已在镗床上获得了广泛的应用。

（2）为缩短辅助时间，要求各进给方向均能快速移动。因此，进给运动和主轴及平旋盘旋转用单独的快速进给电动机拖动，采用快速电动机正、反转点动控制方式。

（3）主轴变速与进给变速均可在主轴电动机停转或运转时进行，为方便于变速后齿轮的啮合，要求主轴变速和进给变速设低速冲动环节。

（4）由于各种进给量都有较大的调整范围，要求主轴电动机有准确的制动，通常采用反接制动。

（5）由于运动部件多，工作台或镗头架的自动进给与主轴或平旋盘刀架的自动进给应设置联锁。

7.5.3　T68 型卧式镗床的电气控制电路原理分析

图 7.12 所示为 T68 型卧式镗床的电气控制线路的主电路和控制电路图。

1．主电路分析

T68 型卧式镗床电气控制线路有两台电动机：一台是主轴电动机 M_1，作为主轴旋转及常速进给的动力，同时还带动润滑油泵；另一台为快速进给电动机 M_2，作为各种进给运动快速移动的动力。

主轴电动机 M_1 为双速电动机，由接触器 KM_4、KM_5 控制：低速时 KM_4 吸合，M_1 的定子绕组为三角形连接，$n_N=1460r/min$；高速时 KM_5 吸合，KM_5 为两只接触器并联使用，定子绕组为双星形连接，$n_N=2880r/min$。KM_1、KM_2 控制 M_1 的正、反转。速度继电器 KV 与 M_1 同轴，在 M_1 停转时，由 KV 控制进行反接制动。为了限制启、制动电流和减小机械冲击，M_1 在制动、点动及主轴和进给的变速冲动时均串入限流电阻器 R，运行时由 KM_3 短接。热继电器 FR 作 M_1 的过载保护。

快速进给电动机 M_2 由 KM_6、KM_7 控制其正、反转。由于 M_2 是短时工作制，所以不需要用热继电器进行过载保护。

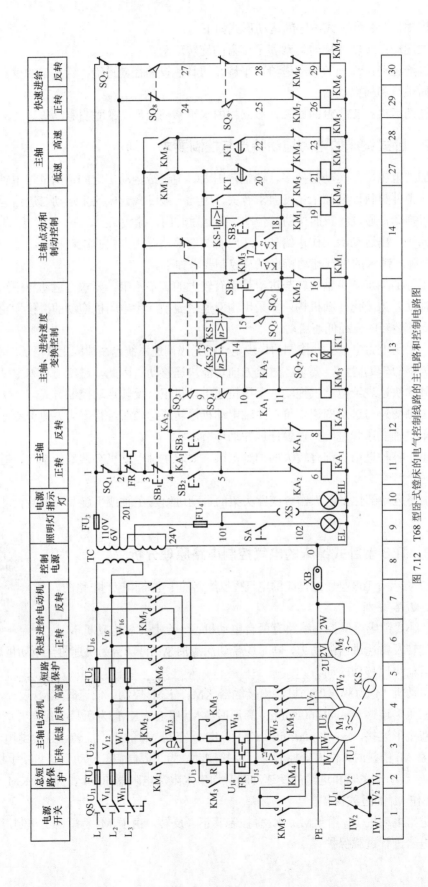

图 7.12 T68 型卧式镗床的电气控制线路的主电路和控制电路图

空气开关 QS 为电源引入开关，熔断器 FU_1 提供全电路的短路保护，FU_2 是提供 M_2 及控制电路短路保护的熔断器。

2．控制电路分析

由控制变压器 TC 提供 110V 工作电压，熔断器 FU_3 提供变压器二次侧的短路保护。控制电路包括 $KM_1 \sim KM_7$ 7 个交流接触器，KA_1、KA_2 2 个中间继电器及时间继电器 KT 共计 10 个电器的线圈支路，该电路的主要功能是对主轴电动机 M_1 进行控制。在启动 M_1 之前，首先要选择好主轴的转速和进给量，在主轴和进给变速时，与之相关的行程开关 $SQ_3 \sim SQ_6$ 的状态见表 7.1，并且调整好主轴箱和工作台的位置，在调整好后行程开关 SQ_1（1 区）、SQ_2（30 区）的常闭触点（1-2）均处于闭合接通状态。

（1）M_1 的正、反转控制。SB_2、SB_3 分别为正、反转启动按钮，下面以正转启动为例进行分析如下。

按下 $SB_2 \rightarrow KA_1$ 线圈通电自锁 $\rightarrow KA_1$ 常开触点（10-11）闭合，KM_3 线圈通电 $\rightarrow KM_3$ 主触点闭合短接电阻 R；KA_1 另一对常开触点（14-17）闭合，与闭合的 KM_3 辅助常开触点（4-17）使 KM_1 线圈通电 $\rightarrow KM_1$ 主触点闭合；27 区 KM_1 常开辅助触点（3-13）闭合，KM_4 通电，电动机 M_1 低速启动。

同理，在反转启动运行时，按下 SB_3，相继通电的电器为：$KA_2 \rightarrow KM_3 \rightarrow KM_2 \rightarrow KM_4$。

（2）M_1 的高速运行控制。若按上述启动控制，M_1 为低速运行，此时机床的主轴变速手柄置于"低速"位置，微动开关 SQ_7 不吸合，由于 SQ_7 常开触点（11-12）断开，时间继电器 KT 线圈不通电。要使 M_1 高速运行，可将主轴变速手柄置于"高速"位置，SQ_7 动作，其常开触点（11-12）闭合，这样在启动控制过程中时间继电器 KT 与接触器 KM_3 同时通电吸合，经过 3s 左右的延时后，KT 的（27 区）常闭触点（13-20）断开，KM_4 线圈断电，同时 KT（28 区）的常开触点（13-22）闭合，使 KM_5 通电，主轴电动机 M_1 为双星形连接高速运行。无论是当 M_1 低速运行时还是在停机时，若将变速手柄由低速挡转至高速挡，M_1 都是先低速启动或运行，再经 3s 左右的延时后自动转换至高速运行。

（3）M_1 的制动。M_1 采用反接制动，KS 在控制电路中有 3 对触点：14 区的常开触点（13-18）在 M_1 正转时动作，另一对 13 区的常开触点（13-14）在反转时闭合，还有一对 13 区的常闭触点（13-15）提供变速冲动控制。当 M_1 的转速达到约 120 r/min 以上时，KV 的触点动作；当转速降至 40r/min 以下时，KS 的触点复位。下面以 M_1 正转高速运行、按下停止按钮 SB_1 制动为例分析如下。

按下 $SB_1 \rightarrow SB_1$ 常闭触点（3-4）先断开，先前得电的线圈 KA_1、KM_3、KT、KM_1、KM_5 相继断电 $\rightarrow$ 然后 13 区的 SB_1 常开触点（3-13）闭合，经 KS-1 使 KM_2 线圈通电 $\rightarrow KM_4$ 通电；M_1 三角形接法串电阻反接制动 $\rightarrow$ 电动机转速迅速下降至 KS 的复位值 $\rightarrow$ KS-1 常开触点断开，KM_2 断电 $\rightarrow KM_2$ 常开触点断开，KM_4 断电，制动结束。

如果是 M_1 反转时进行制动，则由 KV-2（13-14）闭合，控制 KM_1、KM_4 进行反接制动。

（4）M_1 的点动控制。SB_4 和 SB_5 分别为正、反转点动控制按钮。当需要进行点动调整时，可按下 SB_4（或 SB_5），使 KM_1 线圈（或 KM_2 线圈）通电，KM_4 线圈也随之通电，由于此时 KA_1、KA_2、KM_3、KT 线圈都没有通电，所以 M_1 串入电阻低速转动。当松开 SB_4（或 SB_5）时，由于没有自锁作用，所以 M_1 为点动运行。

（5）主轴的变速控制。主轴的各种转速是由变速操纵盘来调节变速传动系统而取得的。

在主轴运转时，如果要变速，可不必停机。只要将主轴变速操纵盘的操作手柄拉出（如图 7.13 所示，将手柄拉至②的位置），与变速手柄有机械联系的行程开关 SQ₃、SQ₅ 均复位（见表 7.1），此后的控制过程如下（以正转低速运行为例）。

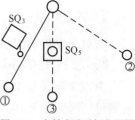

图 7.13　主轴变速手柄位置图

将变速手柄拉出→SQ₃ 复位→SQ₃ 常开触点断开→KM₃ 和 KT 都断电→KM₁、KM₄ 断电，M₁ 断电后由于惯性继续旋转。

表 7.1　　　　　　　　　主轴和进给变速行程开关 SQ₃～SQ₆ 状态表

	相关行程开关的触点	①正常工作时	②变速时	③变速后手柄推不上时
主轴变速	SQ₃（4-9）	+	−	−
	SQ₃（3-13）	−	+	+
	SQ₅（14-15）			+
进给变速	SQ₄（9-10）	+	−	−
	SQ₄（3-13）	−	+	+
	SQ₆（14-15）		+	+

注：+表示接通，−表示断开。

SQ₃ 常闭触点（3-13）后闭合，由于此时转速较高，故 KS-1 常开触点为闭合状态→KM₂ 线圈通电→KM₄ 通电，电动机三角形接法进行制动，转速很快下降到 KS 的复位值→KS-1 常开触点断开，KM₂、KM₄ 断电，断开 M₁ 反向电源，制动结束。

转动变速盘进行变速，变速后将手柄推回→SQ₃ 动作→SQ₃ 常闭触点（3-13）断开；常开触点（4-9）闭合，KM₁、KM₃、KM₄ 重新通电，M₁ 重新启动。

由以上分析可知，如果变速前主电动机处于停转状态，那么变速后主电动机也处于停转状态。若变速前主电动机处于正向低速（三角形连接）状态运转，由于中间继电器仍然保持通电状态，变速后主电动机仍处于三角形连接下运转。同样道理，如果变速前电动机处于高速（双星形）正转状态，那么变速后，主电动机仍先连接成三角形，再经 3s 左右的延时，才进入双星形连接的高速运转状态。

（6）主轴的变速冲动。SQ₅ 为变速冲动行程开关，由表 7.1 可见，在不进行变速时，SQ₅ 的常开触点（14-15）是断开的；在变速时，如果齿轮未啮合好，变速手柄就合不上，即在图 7.13 中处于③的位置，则 SQ₅ 被压合→SQ₅ 的常开触点（14-15）闭合→KM₁ 由（13-15-14-16）支路通电→KM₄ 线圈支路也通电→M₁ 低速串电阻启动→当 M₁ 的转速升至 120r/min 时，KS 动作，其常闭触点（13-15）断开→KM₁、KM₄ 线圈支路断电→KS-1 常开触点闭合→KM₂ 通电→KM₄ 通电，M₁ 进行反接制动，主轴电动机转速迅速下降→当 M₁ 的转速降至 KS 复位值时，KS 复位，其常开触点断开，M₁ 断开制动电源；常闭触点（13-15）又闭合→KM₁、KM₄ 线圈支路再次通电→M₁ 转速再次上升……这样使 M₁ 的转速在 KS 复位值和动作值之间反复升降，进行连续低速冲动，直至齿轮啮合好以后，方能将手柄拉至图 7.13 中①的位置，使 SQ₃ 被压合，而 SQ₅ 复位，变速冲动才结束。

（7）进给变速控制。与上述主轴变速控制的过程基本相同，只是在进给变速控制时，拉动的是进给变速手柄，动作的行程开关是 SQ₄ 和 SQ₆。

（8）快速进给电动机 M₂ 的控制。为缩短辅助时间，提高生产效率，由快速进给电动机 M₂ 经传动机构拖动镗头架和工作台做各种快速移动。运动部件及运动方向的预选由装在工作台前方的操作手柄进行，而控制则是由镗头架的快速操作手柄进行的。当扳动快速操作手柄时，将压合行程开关 SQ_8 或 SQ_9，接触器 KM_6 或 KM_7 通电，实现 M_2 快速正转或快速反转。电动机 M_2 带动相应的传动机构拖动预选的运动部件快速移动。将快速移动手柄扳回原位时，行程开关 SQ_5 或 SQ_6 不再受压，KM_6 或 KM_7 断电，电动机 M_2 停转，快速移动结束。

（9）联锁保护。为了防止工作台及主轴箱与主轴同时进给，将行程开关 SQ_1 和 SQ_2 的常闭触点断触点并联接在控制电路（1-2）中。当工作台及主轴箱进给手柄在进给位置时，SQ_1 的触点断开；而当主轴的进给手柄在进给位置时，SQ_2 的触点断开。如果两个手柄都处在进给位置，则 SQ_1、SQ_2 的触点都断开，机床不能工作。

3．照明灯电路和指示灯电路

由变压器 TC 提供 24V 安全电压供给照明灯 EL，EL 的一端接地，SA 为灯开关，由 FU_4 提供照明电路的短路保护。XS 为 24V 电源插座。HL 为 6V 的电源指示灯。

7.5.4　T68 型卧式镗床常见电气故障的诊断与检修

T68 型卧式镗床常见的电气故障诊断与检修与其他机床大同小异，但由于镗床的机-电联锁较多，且采用双速电动机，所以会有一些特有的故障，现举例分析如下。

1．主轴的转速与标牌的指示不符

这种故障一般有两种现象：第一种是主轴的实际转速比标牌指示转数增加或减少 1 倍，第二种是 M_1 只有高速或只有低速。前者大多是由于安装调整不当引起的。T68 型镗床有 18 种转速，是由双速电动机和机械滑移齿轮联合调速来实现的。第 1，2，4，6，8…挡是由电动机以低速运行驱动的，而 3，5，7，9…挡是由电动机以高速运行来驱动的。由以上分析可知，M_1 的高低速转换是靠主轴变速手柄推动微动开关 SQ_7，由 SQ_7 的常开触点（11-12）通、断来实现的。如果安装调整不当，使 SQ_7 的动作恰好相反，则会发生第一种故障。而产生第二种故障的主要原因是 SQ_7 损坏（或安装位置移动）：如果 SQ_7 的常开触点（11-12）总是接通，则 M_1 只有高速；如果总是断开，则 M_1 只有低速。此外，时间继电器 KT 的损坏（如线圈烧断、触点不动作等），也会造成此类故障发生。

2．M_1 能低速启动，但置"高速"挡时，不能高速运行而自动停机

M_1 能低速启动，说明接触器 KM_3、KM_1、KM_4 工作正常；而低速启动后不能换成高速运行且自动停机，又说明时间继电器 KT 是工作的，其常闭触点（13-20）能切断 KM_4 线圈支路，而常开触点（13-22）不能接通 KM_5 线圈支路。因此，应重点检查 KT 的常开触点（13-22）。此外，还应检查 KM_4 的互锁常闭触点（22-23）。按此思路，接下去还应检查 KM_5 有无故障。

3．M_1 不能进行正、反转点动，制动及变速冲动控制

其原因往往是上述各种控制功能的公共电路部分出现故障，如果伴随着不能低速运行，则故障可能出在控制电路（13-20-21-0）的支路中有断开点。否则，故障可能出在主电路的制动电阻器 R 及引线上有断开点。如果主电路仅断开一相电源，电动机还会伴有断相运行时发出的"嗡嗡"声。

问题与思考

1．T68 型卧式镗床的主轴电动机的反接制动是按什么原则控制的？其主运动是什么？

2．T68 型卧式镗床的进给运动包括哪些？

3．T68 型卧式镗床设置了哪些联锁和保护环节？

7.6　X62W 型万能铣床电气控制电路

铣床是一种用途十分广泛的金属切削机床，其使用范围仅次于车床。铣床可用于加工平面、斜面和沟槽。在工作台平面装上分度头，可以铣削直齿齿轮和螺旋面；装上圆工作台，还可以铣切凸轮和弧形槽。因此，铣床在机械行业的机械设备中占有很大的比重。

铣床按结构形式的不同，可分为龙门铣床、升降台铣床、仿形铣床和各种专用铣床等。其中，卧式铣床的主轴是水平的，立式铣床的主轴是垂直的。

7.6.1　万能铣床的主要结构与运动形式

常用的万能铣床有 X62W 型卧式万能铣床和 X53K 型立式万能铣床等，其电气控制电路经改进后两者通用，X62W 型万能铣床型号的含义为：X 表示铣床，6 表示卧式，2 表示 2 号铣床，W 表示万能。下面以 X62W 型万能铣床为例对铣床进行介绍。

X62W 型万能铣床的主要结构和运动情况

1．铣床的主要结构

X62W 型万能铣床的主要结构如图 7.14 所示。

铣床的床身固定于底座上，用于安装和支承铣床的各部件，在床身内还装有主轴部件、主传动装置及其变速操纵机构等。床身顶部的导轨上装有悬梁，悬梁上装有刀杆支架。铣刀则装在刀杆上，刀杆的一端装在主轴上，另一端装在刀杆支架上。刀杆支架可以在悬梁上水平移动，悬梁又可以在床身顶部的水平导轨上水平移动，因此可以适应各种不同长度的刀杆。铣床床身的前部有垂直导轨，升降台可以沿导

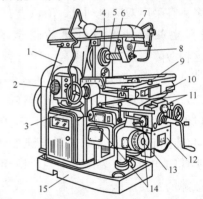

1—床身　2—主轴变速盘　3—主轴变速手柄　4—主轴
5—刀杆　6—铣刀　7—悬梁　8—刀杆支架　9—工作台
10—回转盘　11—滑座　12—升降台　13—进给变速
手柄与变速盘　14—进给操纵手柄　15—底座

图 7.14　X62W 型万能铣床的结构示意图

轨上下移动，升降台内装有进给运动和快速移动的传动装置及其操纵机构等。在升降台的水平导轨上装有滑座，可以沿导轨做平行于主轴轴线方向的横向移动；工作台又经过回转盘装在滑座的水平导轨上，可以沿导轨做垂直于主轴轴线方向的纵向移动。这样，紧固在工作台上的工件，通过工作台、回转盘、滑座和升降台，可以在相互垂直的 3 个方向上实现进给或调整运动。在工作台与滑座之间的回转盘还可以使工作台左右转动 45° 角，因此工作台在水平面上除了可以做横向和纵向进给外，还可以实现在不同角度的各个方向上的进给，用以铣削螺旋槽。

2．铣床的运动形式

（1）主运动：主轴带动刀杆和铣刀的旋转运动。

（2）进给运动：工作台带动工件在水平的纵向、横向及垂直 3 个方向的运动。

（3）辅助运动：工作台在 3 个方向的快速移动。

图 7.15 所示为 X62W 型万能铣床几种主要的加工形式的主运动和进给运动示意图。

| （a）铣平面 | （b）铣阶台 | （b）铣键槽 | （d）铣 T 形槽 | （e）铣齿轮 | （f）铣螺纹 | （g）铣螺旋线 | （h）铣曲面 |

⟹ 主运动　　　◀━━ 进给运动

图 7.15　X62W 型万能铣床的主运动和进给运动示意图

7.6.2　铣床的电力拖动形式和电气控制要求

1. 拖动形式

铣床的主运动和进给运动各由一台电动机拖动，这样铣床的电力拖动系统一般由 3 台电动机所组成：主轴电动机、进给电动机和冷却泵电动机。主轴电动机通过主轴变速箱驱动主轴旋转，并由齿轮变速箱变速，以适应铣削工艺对转速的要求，电动机则不需要调速。由于铣削分为顺铣和逆铣两种加工方式，分别使用顺铣刀和逆铣刀，所以要求主轴电动机能够正、反转，但只要求预先选定主轴电动机的转向，在加工过程中则不需要主轴反转。又由于铣削是多刀不连续的切削，负载不稳定，所以主轴上装有飞轮，以提高主轴旋转的均匀性，消除铣削加工时产生的振动，这样主轴传动系统的惯性较大，因此还要求主轴电动机在停机时有电气制动。进给电动机作为工作台进给运动及快速移动的动力，也要求能够正、反转，以实现 3 个方向的正、反向进给运动；通过进给变速箱，可获得不同的进给速度。为了使主轴和进给传动系统在变速时齿轮能够顺利地啮合，要求主轴电动机和进给电动机在变速时能够稍微转动一下，即带有变速冲动。3 台电动机之间要求有联锁控制，即在主轴电动机启动之后另两台电动机才能启动运行。

2. 铣床的电气控制要求

铣床在电气控制上有如下要求。

（1）铣床的主运动由一台鼠笼型异步电动机拖动，直接启动，能够正、反转，并设有电气制动环节，能进行变速冲动。

（2）工作台的进给运动和快速移动均由同一台鼠笼型异步电动机拖动，直接启动，能够正、反转，也要求有变速冲动环节。

（3）冷却泵电动机只要求能够单向旋转。

（4）3 台电动机之间有联锁控制，即主轴电动机启动之后，才能对其余 2 台电动机进行控制。

7.6.3　X62W 型万能铣床电气控制电路原理分析

X62W 型万能铣床的电气控制电路有多种，图 7.16 所示的电气原理图是经过改进的电路，为 X62W 型卧式和 X53K 型立式两种万能铣床所通用。

X62W 型万能铣床的电气原理说明

1. 主电路分析

三相电源由空气开关 QS_1 引入，熔断器 FU_1 作为全电路的短路保护。主轴电动机 M_1 的运行由接触器 KM_1 控制，由换向开关 SA_3 预选其转向。冷却泵电动机 M_3 由 QS_2 控制其单向旋转，但必须在 M_1 启动运行之后才能启动运行。进给电动机 M_2 由 KM_3、KM_4 实现正、反转控制。3 台电动机分别由热继电器 FR_1、FR_2、FR_3 提供过载保护。

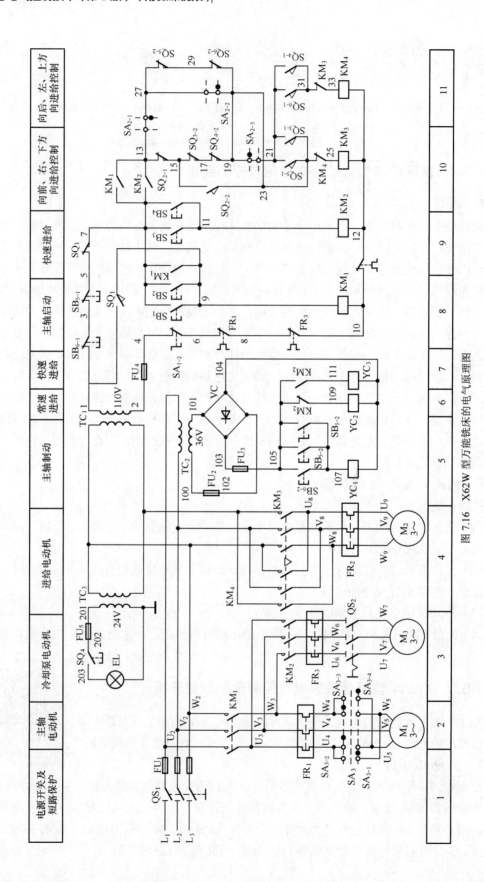

图 7.16　X62W 型万能铣床的电气原理图

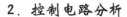

2．控制电路分析

由控制变压器 TC_1 提供 110V 工作电压，熔断器 FU_4 作为变压器二次侧的短路保护。该电路的主轴制动、工作台常速进给和快速进给分别由控制电磁离合器 YC_1、YC_2、YC_3 实现，电磁离合器需要的直流工作电压由整流变压器 TC_2 降压后经桥式整流器 VC 提供，FU_2、FU_3 分别提供交、直流侧的短路保护。

（1）主轴电动机 M_1 的控制。M_1 由交流接触器 KM_1 控制，为操作方便，在机床的不同位置各安装了一套启动和停机按钮：SB_2 和 SB_6 安装在床身上，SB_1 和 SB_5 安装在升降台上。对 M_1 的控制包括主轴的启动、停机制动、换刀制动和变速冲动。

① 启动：在启动前先按照顺铣或逆铣的工艺要求，用组合开关 SA_3 预先确定 M_1 的转向。按下 SB_1 或 SB_2→KM_1 线圈通电→M_1 启动运行，同时 KM_1 常开辅助触点（7-13）闭合，为 KM_3、KM_4 线圈支路接通做好准备。

② 停机与制动：按下 SB_5 或 SB_6→SB_5 或 SB_6 常闭触点断开（3-5 或 1-3）→KM_1 线圈断电，M_1 停机→SB_5 或 SB_6 常开触点闭合（105-107）制动电磁离合器 YC_1 线圈通电→M_1 制动。

制动电磁离合器 YC_1 装在主轴传动系统与 M_1 转轴相连的第一根传动轴上，当 YC_1 通电吸合时，将摩擦片压紧，对 M_1 进行制动。停转时，应按住 SB_5 或 SB_6 直至主轴停转才能松开，一般主轴的制动时间不超过 0.5s。

③ 主轴的变速冲动：主轴的变速是通过改变齿轮的传动比实现的。在需要变速时，将变速手柄拉出，转动变速盘至所需的转速，然后再将变速手柄复位。手柄在复位的过程中，也瞬间压动了行程开关 SQ_1，手柄复位后，SQ_1 也随之复位。在 SQ_1 动作的瞬间，SQ_1 的常闭触点（5-7）先断开其他支路，然后常开触点（1-9）闭合，点动控制 KM_1，使 M_1 产生瞬间的冲动，利于齿轮的啮合。如果点动一次齿轮还不能啮合，可重复进行上述动作。

④ 主轴换刀控制：在上刀或换刀时，主轴应处于制动状态，以避免发生事故。只要将换刀制动开关 SA_1 拨至"接通"位置，其常闭触点 SA_{1-2}（4-6）断开控制电路，保证在换刀时机床没有任何动作；其常开触点 SA_{1-1}（105-107）接通 YC_1，使主轴处于制动状态。换刀结束后，要记住将 SA_1 扳回"断开"位置。

（2）进给运动控制。工作台的进给运动分为常速（工作）进给和快速进给，常速进给必须在 M_1 启动运行后才能进行，而快速进给属于辅助运动，可以在 M_1 不启动的情况下进行。工作台在 6 个方向上的进给运动是由机械操作手柄带动相关的行程开关 SQ_3～SQ_6，通过控制接触器 KM_3、KM_4 来控制进给电动机 M_2 正、反转来实现的。行程开关 SQ_5 和 SQ_6 分别控制工作台向右和向左运动，而 SQ_3 和 SQ_4 则分别控制工作台的向前、向下和向后、向上运动。

进给拖动系统使用的两个电磁离合器 YC_2 和 YC_3 都安装在进给传动链中的第 4 根传动轴上。当 YC_2 吸合而 YC_3 断开时，为常速进给；当 YC_3 吸合而 YC_2 断开时，为快速进给。

① 工作台的纵向进给运动：将纵向进给操作手柄扳向右边→行程开关 SQ_5 动作→其常闭触点 SQ_{5-2}（27-29）先断开，常开触点 SQ_{5-1}（21-23）后闭合→KM_3 线圈通过（13-15-17-19-21-23-25）路径通电→M_2 正转→工作台向右运动。

若将操作手柄扳向左边，则 SQ_6 动作→KM_4 线圈通电→M_2 反转→工作台向左运动。

SA_2 为圆工作台控制开关，此时应处于"断开"位置，其三组触点状态为：SA_{2-1}、SA_{2-3} 接通，SA_{2-2} 断开。

② 工作台的垂直与横向进给运动：工作台垂直与横向进给运动由一个十字形手柄操纵，

十字形手柄有上、下、前、后和中间 5 个位置，将手柄扳至向"下"或"向上"位置时，分别压动行程开关 SQ_3 或 SQ_4，控制 M_2 正转或反转，并通过机械传动机构使工作台分别向下或向上运动；而当手柄扳至"向前"或"向后"位置时，虽然同样是压动行程开关 SQ_3 和 SQ_4，但此时机械传动机构则使工作台分别向前或向后运动。当手柄在中间位置时，SQ_3 和 SQ_4 均不动作。下面就以向上运动的操作为例分析电路的工作情况，其余的学习者自行分析。

将十字形手柄扳至"向上"位置，SQ_4 的常闭触点 SQ_{4-2} 先断开，常开触点 SQ_{4-1} 后闭合 →KM_4 线圈通过（13-27-29-19-21-31-33）路径通电→M_2 反转→工作台向上运动。

③ 进给变速冲动：与主轴变速时一样，进给变速时也需要使 M_2 瞬间点动一下，使齿轮易于啮合。进给变速冲动由行程开关 SQ_2 控制，在操纵进给变速手柄和变速盘时，瞬间压动了行程开关 SQ_2，在 SQ_2 通电的瞬间，其常闭触点 SQ_{2-1}（13-15）先断开，而后常开触点 SQ_{2-2}（15-23）闭合，使 KM_3 线圈通过（13-27-29-19-17-15-23-25）路径通电，M_2 正向点动。由 KM_3 的通电路径可见：只有在进给操作手柄均处于零位（即 SQ_3～SQ_6 均不动作）时，才能进行进给变速冲动。

④ 工作台快速进给的操作：要使工作台在 6 个方向上快速进给，在按常速进给的操作方法操纵进给控制手柄的同时，还要按下快速进给按钮开关 SB_3 或 SB_4（两地控制），使 KM_2 线圈通电，其常闭触点（105-109）切断 YC_2 线圈支路，常开触点（105-111）接通 YC_3 线圈支路，使机械传动机构改变传动比，实现快速进给。由于 KM_1 的常开触点（7-13）并联了 KM_2 的一个常开触点，所以在 M_1 不启动的情况下，也可以进行快速进给。

（3）圆工作台的控制。在需要加工弧形槽、弧形面和螺旋槽时，可在工作台上加装圆工作台。圆工作台的回转运动也是由进给电动机 M_2 拖动的。在使用圆工作台时，将控制开关 SA_2 扳至"接通"的位置，此时 SA_{2-2} 接通，而 SA_{2-1}、SA_{2-3} 断开。在主轴电动机 M_1 启动的同时，KM_3 线圈通过（13-15-17-19-29-27-23-25）路径通电，使 M_2 正转，带动圆工作台旋转运动（圆工作台只需要单向旋转）。由 KM_3 线圈的通电路径可知，只要扳动工作台进给操作的任何一个手柄，SQ_3～SQ_6 其中一个行程开关的常闭触点断开，都会切断 KM_3 线圈支路，使圆工作台停止运动，从而保证了工作台的进给运动和圆工作台的旋转运动不会同时进行。

3. 照明电路的控制

万能铣床的照明灯 EL 由照明变压器 TC_3 提供 24V 的工作电压，SA_4 为灯开关，熔断器 FU_5 提供照明电路的短路保护。

7.6.4 X62W 型万能铣床常见电气故障的诊断与检修

X62W 型万能铣床电气控制线路较常见的故障主要是主轴电动机控制电路和工作台进给控制电路的故障。

1. 主轴电动机控制电路故障

（1）M_1 不能启动。与前面已分析过的机床的同类故障一样，可从电源、QS_1、FU_1、KM_1 的主触点、FR_1 到换相开关 SA_3，从主电路到控制电路进行检查。因为 M_1 的容量较大，应注意检查 KM_1 的主触点、SA_3 的触点有无被熔化，有无接触不良。

此外，如果主轴换刀制动开关 SA_1 仍处在"换刀"位置，SA_{1-2} 断开；或者 SA_1 虽处于正常工作的位置，但 SA_{1-2} 接触不良，使控制电源未接通，M_1 也不能启动。

（2）M_1 停机时无制动。重点检查电磁离合器 YC_1，如 YC_1 线圈有无断线、接点有无接触不良,整流电路有无故障等。此外,还应检查控制按钮 SB_5 和 SB_6。

(3)主轴换刀时无制动。如果在 M_1 停车时主轴的制动正常,而在换刀时制动不正常,从电路分析可知应重点检查制动控制开关 SA_1。

(4)按下停机按钮后 M_1 不停。故障的主要原因可能是:KM_1 的主触点熔焊。如果在按下停机按钮后,KM_1 不释放,则可断定故障是由 KM_1 主触点熔焊引起的。应注意此时电磁离合器 YC_1 正在对主轴起制动作用,会造成 M_1 过载,并产生机械冲击。所以一旦出现这种情况,应马上松开停机按钮,进行检查,否则很容易烧坏电动机。

(5)主轴变速时无瞬时冲动。由于主轴变速行程开关 SQ_1 在频繁动作后,造成开关位置移动,甚至开关底座被撞碎或触点接触不良,因此都将造成主轴无变速时的瞬时冲动。

2.工作台进给控制电路故障

铣床的工作台应能够进行前、后、左、右、上、下 6 个方向的常速和快速进给运动,其控制是由电气和机械系统配合进行的,所以在出现工作台进给运动的故障时,如果对机、电系统的部件逐个进行检查,是难以尽快查出故障所在的。所以可依次进行其他方向的常速进给、快速进给、进给变速冲动和圆工作台的进给控制试验,来逐步缩小故障范围,分析故障原因,然后再在故障范围内对电气元件、触点、接线和接点进行逐个检查。在检查时,还应考虑机械磨损或移位使操纵失灵等非电气的故障原因。这部分电路的故障较多,下面仅以一些较典型的故障为例进行分析。

(1)工作台不能纵向进给。此时应先对横向进给和垂直进给进行试验检查,如果正常,则说明进给电动机 M_2,主电路,接触器 KM_3、KM_4 及与纵向进给相关的公共支路都正常,就应重点检查行程开关 SQ_{2-1}、SQ_{3-2} 及 SQ_{4-2},即接线端编号为(13-15-17-19)的支路,因为只要这三对常闭触点之中有一对不能闭合、接触不良或者接线松脱,纵向进给就不能进行。同时,可检查进给变速冲动是否正常,如果也正常,则故障范围已缩小到在 SQ_{2-1}、SQ_{5-1} 及 SQ_{6-1} 上了,一般情况下 SQ_{5-1}、SQ_{6-1} 两个行程开关的常开触点同时发生故障的可能性较小,而 SQ_{2-1}(13-15)由于在进给变速时,常常会因用力过猛而容易损坏,所以应先检查它。

(2)工作台不能向上进给。首先进行进给变速冲动试验,若进给变速冲动正常,则可排除与向上进给控制相关的支路(13-27-29-19)存在故障的可能性;再进行向左方向进给试验,若又正常,则又排除(19-21)和(31-33-12)支路存在故障的可能性。这样,故障点就已缩小到 21-31(SQ_{4-1})的范围内。例如,可能是在多次操作后,行程开关 SQ_4 因安装螺钉松动而移位,造成操纵手柄虽已到位,但其触点 SQ_{4-1}(21-31)仍不能闭合,因此工作台不能向上进给。

(3)工作台各个方向都不能进给。此时可先进行进给变速冲动和圆工作台的控制,如果都正常,则故障可能出在圆工作台控制开关 SA_{2-3} 及其接线(19-21)上。但若变速冲动也不能进行,则要检查接触器 KM_3 能否吸合。如果 KM_3 不能吸合,除了 KM_3 本身的故障之外,还应检查控制电路中有关的电器、接点和接线,如接线端(2-4-6-8-10-12)、(7-13)等部分;如果 KM_3 能吸合,则应着重检查主电路,包括 M_2 的接线及绕组有无故障。

(4)工作台不能快速进给。如果工作台的常速进给运行正常,仅不能快速进给,则应检查 SB_3、SB_4 和 KM_2,如果这 3 个电器无故障,电磁离合器电路的电压也正常,则故障可能发生在 YC_3 本身,常见的有 YC_3 线圈损坏或机械卡死,离合器的动、静摩擦片间隙调整不当等。

问题与思考

1．试述 X62W 型万能铣床型号各部分的意义。说一说万能铣床的主运动是什么？
2．X62W 型万能铣床的进给运动包括哪些？
3．X62W 型万能铣床对主轴电动机 M_1 都有哪些控制要求？

7.7　桥式起重机的电气控制电路

起重机是用来在空间垂直升降和水平移运重物的机械设备，广泛应用于工矿企业、港口、车站、仓库料场、建筑安装、电站等部门。

7.7.1　桥式起重机的结构与运动形式

起重机包括桥式、门式、梁氏和旋转式等多种，其中以桥式起重机的应用最广。桥式起重机又分为通用桥式起重机、冶金专用起重机、龙门起重机与缆索起重机等。通用的桥式起重机是机械制造工业中最广泛使用的起重机械，又称"天车"或"行车"，它是一种横跨在车间两边或某些建筑场地的固定跨间上空用来吊运各种物件的设备。桥式起重机按起吊装置不同，可分为吊钩桥式起重机、电磁盘桥式起重机和抓斗桥式起重机，其中以吊钩桥式起重机应用最广。

桥式起重机的主要
结构和运动情况

起重机对减轻工人劳动强度、提高劳动生产率、促进生产过程机械化起着重要作用，是现代化生产中不可缺少的工具。

1．桥式起重机的结构

桥式起重机主要由桥架（又称大车）、大车移行机构、装有提升机构的小车、操纵室、小车导电装置（辅助滑线）、提升机构及起重机总电源导电装置（主滑线）等部分组成。其结构如图 7.17 所示。

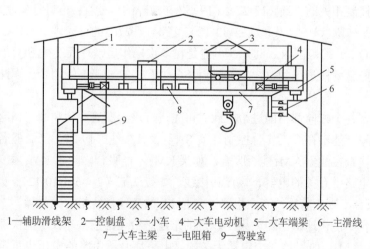

1—辅助滑线架　2—控制盘　3—小车　4—大车电动机　5—大车端梁　6—主滑线
7—大车主梁　8—电阻箱　9—驾驶室

图 7.17　桥式起重机的结构示意图

（1）桥架。桥架是桥式起重机的基本构件，它由主梁、端梁、走台等部分组成。主梁跨架在跨间的上空，有箱型、桁架、腹板、圆管等结构形式。主梁两端连有端梁，在两主梁外侧安装有走台，设有安全栏杆。在一侧的走台上安装有大车移行机构，在另一侧走台上安装有向小车电气设备供电的装置，即辅助滑线。在主梁上方铺有导轨，供小车移动。整个桥式起重机在大车移行机构拖动下，沿车间长度方向的导轨移动。

（2）大车移行机构。大车移行机构由大车拖动电动机、传动轴、联轴节、减速器、车轮及制动器等部件构成。大车移行机构的安装方式有集中驱动和分别驱动两种，目前我国生产的桥式起重机大多采用分别驱动：由两台电动机分别驱动两个主动轮，沿车间长度方向移动。

（3）小车。小车主要由小车架、小车移行机构和提升机构等组成。小车安放在桥架导轨上，可顺车间宽度方向移动。图 7.18 所示为桥式起重机小车移行机构系统图。

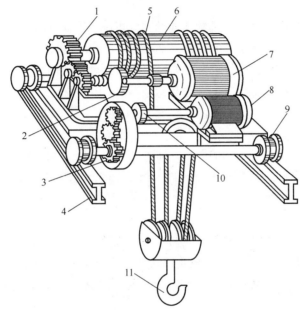

1—提升机构减速器　2—提升机构制动轮　3—小车减速器　4—钢轨　5—钢丝绳　6—卷筒
7—提升电动机　8—小车电动机　9—小车走轮　10—小车制动轮　11—吊钩

图 7.18　桥式起重机小车移行机构系统图

小车移行机构主要由小车电动机、制动轮、联轴节、减速器及车轮等组成。小车电动机经减速器驱动小车主动轮，拖动小车沿导轨移动。

（4）提升机构。提升机构由提升电动机、减速器、卷筒、制动器、吊钩等组成。提升电动机经联轴节、制动轮与减速器连接，减速器的输出轴与缠绕钢丝绳的卷筒相连接，钢丝绳的另一端装有吊钩，当卷筒转动时，吊钩就随钢丝绳在卷筒上的缠绕或放开而上升与下降。对于起重量在 15t 及以上的起重机，备有两套提升机构，即主钩与副钩。

（5）操纵室。操纵室是操纵起重机的吊舱，又称驾驶室。操纵室内有大、小车移行机构控制装置，提升机构控制装置以及起重机的保护装置等。操纵室通常固定在主梁的一端，也有少数装在小车下方随小车移动的。操纵室上方开有走台的舱口通道，供检修大车与小车机械及电气设备时人员上下用。

2．桥式起重机的运动形式

桥式起重机的运动形式有以下 3 种。

① 起重机由大车电动机驱动，沿车间两边的轨道做纵向前后运动。

② 小车及提升机构由小车电动机驱动，沿桥架上的轨道做横向左右运动。

③ 在升降重物时由起重电动机驱动做垂直上下运动。

因此，桥式起重机可实现重物在垂直、横向、纵向3个方向的运动，把重物移至车间任一位置，完成车间内的起重运输任务。

7.7.2 桥式起重机的技术参数

桥式起重机的主要技术参数有起重量、跨度、起升高度、运行速度、提升速度、通电持续率、工作类别等。

1．起重量

起重量指起重机实际允许起吊的最大负荷量，以吨（t）为单位。国产的桥式起重机系列的起重量有5、10（单钩）、15/3、20/5、30/5、50/10、75/20、100/20、125/20、150/30、200/30、250/30（双钩）等多种。数字的分子为主钩起重量，分母为副钩起重量。

桥式起重机按照起吊重量可分为3个等级，即5~10t为小型，10~50t为中型，50t以上为重型起重机。

2．跨度

起重机主梁两端车轮中心线间的距离，即大车轨道中心线间的距离称为跨度，以米（m）为单位。国产桥式起重机的跨度有10.5m、13.5m、16.5m、19.5m、22.5m、25.5m、28.5m、31.5m等，每3m为一个等级。

3．提升高度

起重机吊具或抓取装置的上极限位置与下极限位置之间的距离，称为起重机的提升高度，以m为单位。常用的起升高度有12m、16m、12m/14m、12m/18m、16m/18m、19m/21m、20m/22m、21m/23m、22m/26m、24m/26m等几种。其中分子为主钩提升高度，分母为副钩提升高度。

4．运行速度

运行机构在拖动电动机额定转速下运行的速度，以米每分钟（m/min）为单位。小车运行速度一般为40~60m/min，大车运行速度一般为100~135m/min。

5．提升速度

提升机构的提升电动机以额定转速取物上升的速度，以米每分钟（m/min）为单位。一般提升速度不超过30m/min，依货物性质、重量、提升要求来决定。

6．通电持续率

由于桥式起重机为断续工作，其工作的繁重程度用通电持续率JC%表示。通电持续率为工作时间与周期时间之比，一般一个周期通常定为10min。标准的通电持续率规定为15%、25%、40%、60% 4种。

7．工作类型

起重机按其载荷率和工作繁忙程度可分为轻级、中级、重级和特重级4种工作类型。

① 轻级：工作速度低，使用次数少，满载机会少，通电持续率为15%。用于不需紧张及繁重工作的场所，如在水电站、发电厂中用作安装检修用的起重机。

② 中级：经常在不同载荷下工作，速度中等，工作不太繁重，通电持续率为25%，如一般机械加工车间和装配车间用的起重机。

③ 重级：工作繁重，经常在重载荷下工作，通电持续率为 40%，如冶金和铸造车间内使用的起重机。

④ 特重级：经常起吊额定负荷，工作特别繁忙，通电持续率为 60%，如冶金专用的桥式起重机。

起重量、运行速度和工作类型是桥式起重机最重要的 3 个参数。

7.7.3　桥式起重机对电力拖动和电气控制的要求

桥式起重机的工作条件比较差，由于安装在车门（仓库、码头、货场）的上部，有的还是露天安装，因此往往处在高温、高湿度、易受风雨侵蚀或多粉尘的环境；同时，还经常处于频繁的启动、制动、反转状态，要承受较大的过载和机械冲击。因此，对桥式起重机的电力拖动和电气控制有以下几个特殊的要求。

1．对起重电动机的要求

（1）起重电动机为重复短时工作制。所谓"重复短时工作制"，即通电持续率介于 25%～40%。重复短时工作制的特点是电动机较频繁地通、断电，经常处于启动、制动和反转状态，而且负载不规律，时轻时重，因此受过载和机械冲击较大；同时，由于工作时间较短，同样的功率下其温升要比长期工作制的电动机低，允许过载运行。因此，要求电动机有较强的过载能力。

（2）有较大的启动转矩。起重电动机往往带负载启动，因此要求有较好的启动性能，即启动转矩大，启动电流小。

（3）能进行电气调速。由于起重机对重物停放的准确性要求较高，在起吊和下降重物时要进行调速，但是起重机的调速大多数是在运行过程中进行的，而且变换次数较多，所以不宜采用机械调速，应采用电气调速。起重电动机多采用绕线型异步电动机转子电路串电阻的方法启动和调速。

（4）为适应较恶劣的工作环境和机械冲击，电动机采用封闭式，要求有坚固的机械结构，采用较高的耐热绝缘等级。

根据以上要求，专门设计了起重用的交流异步电动机，型号为 YZR（绕线型）和 YZ（鼠笼型）系列，这类电动机具有过载能力强、启动性能好、机械强度大和机械特性较软的特点，能够适应起重机工作的要求。起重电动机在铭牌上标出的功率均为通电持续率 25% 时的输出功率。

2．桥式起重机的电力拖动系统及电气控制要求

桥式起重机的电力拖动系统由 3～5 台电动机所组成。

（1）小车驱动电动机 1 台。

（2）大车驱动电动机 1～2 台：大车如果采用集中驱动，则只有 1 台大车电动机；如果采用分别驱动，则由 2 台相同的电动机分别驱动左、右两边的主动轮。

（3）起重电动机 1～2 台：单钩的小型起重机只有 1 台起重电动机；对于 15t 以上的中型和重型起重机，则有 2 台（主钩和副钩）起重电动机。

桥式起重机电力拖动及电气控制的主要要求如下。

（1）空钩能够快速升降，以减少辅助工时；轻载时的提升速度应大于额定负载时的提升速度。

（2）有一定的调速范围，普通起重机调速范围的高低速之比一般为 3:1，要求较高的则要达到（5~10）:1。

（3）有适当的低速区，在刚开始提升重物或重物下降至接近预定位置时，都应低速运行。因此要求在 30%额定速度内分成若干低速挡以供选择。同时要求由高速向低速过渡时应逐级减速以保持稳定运行。

（4）提升的第一挡为预备挡，用以消除传动系统中的齿轮间隙，并将钢丝绳张紧，以避免过大的机械冲击。预备级的启动转矩一般限制在额定转矩的 50%以下。

（5）起重电动机负载的特点是位能性反抗力矩，即负载转矩的方向并不随电动机的转向而改变，因此要求在下放重物时起重电动机可工作在电动机状态、反接制动或再生发电制动状态，以满足对不同下降速度的要求。

（6）为确保安全，要求采用电气和机械双重制动，既可减轻机械抱闸的负担，又可防止因突然断电而使重物自由下落造成事故。

（7）要求有完备的电气保护与电气联锁环节。例如，具有短时过载的保护措施，由于热继电器的热惯性较大，因此起重机电路多采用过电流继电器作过载保护；要有零压保护；要有行程终端限位保护；等等。

以上要求都集中反映在对提升机构的拖动及其控制上，桥式起重机对大车、小车驱动电动机一般没有特殊的要求，只是要求有一定的调速范围、采用制动停机，并有适当的保护。

桥式起重机的控制设备均已有系列化和标准化的定型产品。

7.7.4 凸轮控制器及其控制电路

凸轮控制器是一种大型手动控制电器，是起重机上重要的电气操作设备之一，用以直接操作与控制电动机的正反转、调速、启动与停止。应用凸轮控制器控制电动机的控制电路简单，维修方便，广泛用于中小型起重机的平移机构和小型起重机提升机构的控制中。

1. 凸轮控制器

图 7.19 所示为凸轮控制器的结构及工作原理图。

从凸轮控制器的外部看，它由机械结构、电气结构、防护结构 3 部分组成。其中，手轮、转轴、凸轮、滚子、杠杆、弹簧、定位棘轮为机械结构；触点、接线柱和连接板等为电气结构；而上下盖板、外罩和灭弧罩等为防护结构。

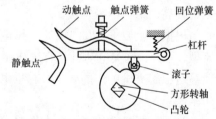

图 7.19 凸轮控制器的结构及工作原理图

2. 凸轮控制器工作原理

当凸轮控制器的方形转轴在手轮扳动下转动时，固定在转轴上的凸轮同轴一起转动，当凸轮的凸起部位顶住滚子时，便将动触点与静触点分开；当转轴带动凸轮转动到凸轮凹处与滚子相对时，动触点在弹簧作用下，使动、静触点紧密接触，从而实现触点接通与断开的目的（见图 7.19）。

凸轮控制器在方形轴上可以叠装不同形状的凸轮块，可使一系列的动触点按预先安排的顺序接通与断开。将这些触点接到电动机电路中，即可实现对电动机的控制。

3. 凸轮控制器控制电路

图 7.20 所示为 KT14-25J/1 型凸轮控制器控制提升的移行机械电气原理图。

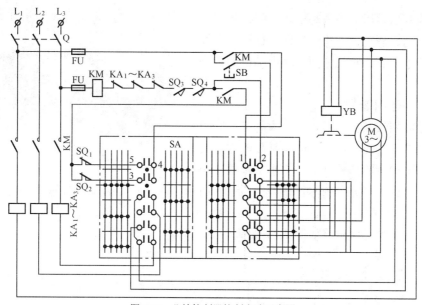

图 7.20　凸轮控制器控制电路示意图

（1）电路特点。

① 电路可逆对称。通过凸轮控制器触点来换接电动机定子电源相序实现电动机正、反转，改变电动机转子外接电阻以实现电动机的调速。在凸轮控制器左右对应挡位处，电动机工作情况完全相同。

② 由于凸轮控制器触点数量有限，为获得尽可能多的调速等级，电动机转子串接不对称外接电阻。

（2）电路分析。由图 7.20 可知，凸轮控制器左右各有 5 个工作位置，共有 9 对主触点、3 对常闭触点，采用对称接法。其中，4 对常开主触点接于电动机定子电路，实现电动机的正、反转控制；另 5 对常开主触点接于电动机转子电路，实现转子电阻的接入和切除。由于转子电阻采用不对称接法，在凸轮控制器上升或下降的 5 个位置采取逐级切除转子电阻，获得图 7.21 所示的移行机构电动机正转机械特性曲线。

凸轮控制器移行机构电动机的反转机械特性曲线是在第Ⅲ象限，情况与正转相同，这样便可得到不同的运行速度。其余 3 对常闭触点中的 1 对用以实现零位保护，另外 2

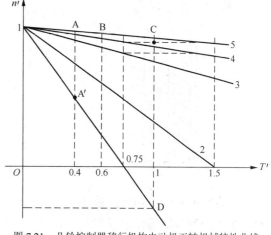

图 7.21　凸轮控制器移行机构电动机正转机械特性曲线

对常闭触点与前进行程开关 SQ_1 和后退行程开关 SQ_2 相串联，以实现限位保护。

7.7.5　主令控制器控制电路

主令控制器又称主令开关，主要用于电气传动装置中，按一定顺序分合触点，达到发布命令或其他控制线路联锁、转换的目的，其产品如图 7.22 所示。

主令控制器适用于频繁对电路进行接通和切断的情况，常配合磁力启动器对绕线型异步电动机的启动、制动、调速及换向实行远距离控制，广泛用于各类起重机械的拖动电动机的控制系统中。

图 7.22　主令控制器产品图

1．主令控制器概述

主令控制器按其结构形式可分为两类：一类是凸轮可调式主令控制器；另一类是凸轮固定式主令控制器。前者的凸轮片上开有小孔和槽，使之能根据规定的触点分合图进行调整；后者的凸轮只能根据规定的触点分合图进行适当的排列与组合。

主令控制器的控制电路如图 7.23 所示。

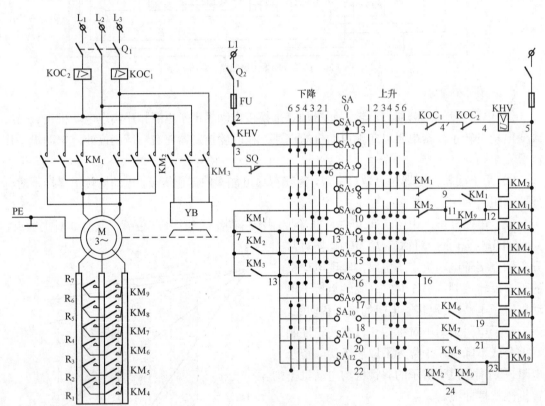

图 7.23　主令控制器的控制电路图

主令控制器一般由触点系统、操作机构、转轴、齿轮减速机构、凸轮、外壳等几部分组成。主令控制器的动作原理与万能转换开关类同，都是靠凸轮来控制触点系统的分合。但与万能转换开关相比，它的触点容量大，操纵挡位多。

主令控制器中，不同形状凸轮的组合可使触点按一定顺序动作，而凸轮的转角是由控制器的结构决定的，凸轮数量的多少则取决于控制线路的要求。由于主令控制器的控制对象是二次电路，所以其触点工作电流不大。成组的凸轮通过螺杆与对应的触点系统连成一个整体，其转轴既可直接与操作机构连接，也可通过减速器与之连接。如果被控制的电路数量很多，即触点系统挡位很多，则可将它们分为 2～3 列，并通过齿轮啮合机构来联系，以免主令控制器过长。主令控制器还可组合成联动控制台，以实现多点多位控制。

2．主令控制器的控制分析

配备万向轴承的主令控制器可将操纵手柄在纵横倾斜的任意方位上转动，以控制工作机械，如电动行车和起重工作机械可做上下、前后、左右等方向的运动，操作控制灵活方便。

（1）提升重物的控制。主令控制器提升控制共有 6 个挡位，在提升各挡位上，触点 SA_3、SA_4、SA_6 与 SA_7 都闭合，于是将上升行程开关 SQ_1 接入，实现上升限位保护；接触器 KM_3、KM_1、KM_4 始终通电吸合，于是电磁抱闸松开，短接电阻 R_1，电动机按提升相序接通电源，产生提升方向电磁转矩，在上升"1"位启动转矩小，一般吊不起重物，只是作为张紧钢丝绳和消除齿轮间隙的预备启动级。

当主令控制器手柄依次扳到上升"2"位至上升"6"位时，控制器触点 $SA_8 \sim SA_{12}$ 相继闭合，接触器 $KM_5 \sim KM_9$ 线圈依次通电吸合，将 $R_2 \sim R_6$ 各段转子电阻逐级短接，于是可获得图 7.24 第 I 象限中的第 $1 \sim 6$ 条机械特性曲线。根据各类负载大小适当选择挡位进行提升操作，可获得 5 种不同的提升速度。

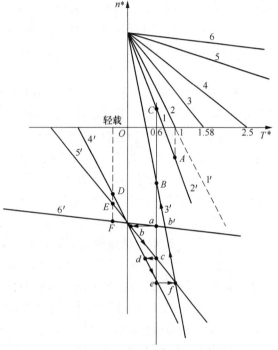

图 7.24　主令控制器控制电动机机械特性曲线
注：图中"*"表示倒拉反接制动

（2）下放重物的控制。主令控制器在下降控制时也有 6 个挡位，在前 3 个挡位时，正转接触器 KM_1 通电吸合，电动机仍以提升相序接线，产生向上的电磁转矩。只有在下降后 3 个挡位，反转接触器 KM_2 才通电吸合，电动机产生向下的电磁转矩。所以，前 3 个挡位为倒拉反接制动下降，而后 3 个挡位为强力下降。

下降"1"为预备挡，此时控制器触点 SA_4 断开，KM_3 断电释放，制动器未松开；触点 SA_6、SA_7、SA_8 闭合，接触器 KM_4、KM_5、KM_1 通电吸合，电动机转子短接二段电阻 R_1、R_2，定子按提升相序接通电源，但此时由于制动器未打开，故电动机并不启动旋转。该挡位是为适应提升机构由上升变换到下降工作，消除因机械传动间隙对机构的冲击而设的。所以此挡不能停顿，必须迅速通过该挡，以防电动机在制动状态下由于时间过长而烧毁电动机。

下降"2"挡是为重载低速下放而设的。此时控制器触点 SA_6、SA_4、SA_7 闭合，接触器 KM_1、KM_3、KM_4 通电吸合，制动器打开，电动机转于串入电阻 $R_2 \sim R_7$，定子按起升相序接线，在重载时获得倒拉反接制动低速下放。如图 7.24 所示，在 $T^*=1$ 时，电动机启动转矩的标幺值为 0.67，所以控制器手柄置于下降"2"挡位时，将稳定运行在 A 点上，低速下放置物。

下降"3"挡是为中型载荷低速下放而设的。在该挡位时，控制器触点 SA_6、SA_4 闭合，接触器 KM_1、KM_3 通电吸合，此时电动机转子串入全部电阻，制动器松开，电动机定子按提升相序接线，但由于电动机此时启动转矩标幺值为 0.33，当 $T^*=0.6$ 时，在中型载荷作用下电动机按下降方向运转，获得倒拉反接制动下降，如图 7.24 所示，电动机稳定工作在 B 点。

在以上制动下降的 3 个挡位，控制器触点 SA_3 始终闭合，将上升行程开关 SQ_1 接入，其目的在于对吊物重量估计不准，如将中型载荷误认为重型载荷而将控制器手柄置于下降"2"挡位时，将发生重物不但不下降反而上升而运行在图 7.24 中的 C 点，按 n_c 速度上升，起上升限位作用。另外，在下降"2"与"3"挡位时还应注意，对于 $T^* < 0.3$ 时，不应将控制器手柄在此停留。因为此时电动机启动转矩都大于 T^*，将出现不但不下降反而上升的现象。

主令控制器手柄在下降"4""5""6"挡位时为强力下降。此时，控制器触点 SA_2、SA_5、SA_4、SA_7 与 SA_8 始终闭合。接触器 KM_2、KM_3、KM_4、KM_5 通电吸合，制动器打开，电动机定子则按下降相序接线，转子短接两段电阻 R_1、R_2 启动旋转，电动机工作在反转电动状态。此时重力负载转矩小于摩擦转矩，不能下降，必须强使它下放。当控制器手柄扳至下降"5"挡位时，触点 SA_9 闭合，接触器 KM_6 通电吸合，短接电阻 R_3，电动机转速升高；当控制器手柄扳至下降"6"挡位时，触点 SA_{10}、SA_{11}、SA_{12} 都闭合，接触器 KM_7、KM_8、KM_9 通电吸合，电动机转子只串入一段常串电阻 R_7 运行，获得如图 7.24 所示的低于同步转速的下放速度。

（3）电路的联锁与保护。主令控制器有 6 个工作挡位，对于不同载荷可实现强力下降或制动下降，但往往对载荷重量难以估计准确，容易出现一些事故，为此设有联锁与保护环节。

① 由强力下降过渡到倒拉反接制动下降，避免重载时高速的保护。对于轻型载荷，允许将控制器手柄置于下降"4""5""6"挡位进行强力下降。若此时重物并不是轻型载荷，由于司机估计失误，将控制器手柄扳在下降"6"挡位，此时电动机在重力转矩与电磁转矩共同作用下，运行在再生制动状态。如图 7.24 所示，当 $T^* = 0.6$ 时，电动机工作在 a 点。为此，应将控制器手柄从下降"6"位扳回至下降"3"位，在这过程中，工作点将由 a—b—c—d—e—f—B，最终在 B 点以低速稳定下降。为避免中间的高速，在控制器手柄由下降"6"扳回至下降"3"时，应躲开下"5"、下"4"两条特性。为此，在控制电路中将触点 KM_2（16-24）、KM_9（24-23）串联后接在控制器触点 SA_8 与接触器 KM_9 线圈之间，当控制器手柄由下降"6"扳回至下降"3"或下降"2"挡时，接触器 KM_9 仍保持通电吸合状态，转子中始终串入常串电阻 R_7，电动机仍运行在特性 6′上，由 a 点经 b' 点平稳过渡到 B 点，不致产生高速下降。在该环节中串入触点 KM_2（16-24）是为了当起升电动机正转接线时，该触点断开，使 KM_9 不能形成自锁电路，从而使该保护环节在提升时不起作用。

② 确保反接制动电阻串入情况下进行制动下降的环节。当控制器手柄由下降"4"扳到下降"3"时，触点 SA_5 断开，SA_6 闭合，接触器 KM_2 断电释放，而 KM_1 通电吸合，电动机处于反接制动状态，为避免反接时过大的冲击电流，应使接触器 KM_9 断电释放，以便接入反接电阻，且只有在 KM_9 断电后才使 KM_1 吸合。为此，一方面在控制器触点闭合顺序上保证在 SA_8 断开后，SA_6 才闭合；另一方面增设了 KM_1（11-12）与 KM_9（11-12）常闭触点相并联的联锁触点。这就保证了 KM_9 断电释放后 KM_1 才能通电并自锁工作。此环节还可防止由于 KM_9 主触点因电流过大而发生熔焊使触点分不开，将转子电阻 $R_1 \sim R_6$ 短接，只剩下常串电阻 R_7，此时若将控制器手柄扳于提升挡位将造成转子只串电阻 R_7 发生直接启动事故。

③ 在制动下降挡位与强力下降挡位相互转换时断开机械制动的环节。在控制器下降"3"挡位与下降"4"挡位转换时，接触器 KM_1、KM_2 之间设有电气互锁，在这换接过程中，必有一瞬间，这两个接触器均处于断电状态，将使制动接触器 KM_3 断电释放，造成电动机在高

速下进行机械制动。为此，在 KM_3 线圈电路中设有 KM_1、KM_2、KM_3 3 对触点构成的并联电路。这样，由 KM_3 实现自锁，确保 KM_1、KM_2 在换接过程中，KM_3 始终通电，避免了发生换接时的机械制动。

④ 顺序联锁保护环节。在加速接触器 KM_6、KM_7、KM_8、KM_9 线圈电路中串接了前一级加速接触器的常开辅助触点，确保转子电阻 $R_3 \sim R_6$ 按顺序依次短接，实现特性平滑过渡，电动机转速逐级提高。

⑤ 完善的保护。由过电流继电器 KOC_1、KOC_2 实现过电流保护；零电压继电器 KHV 与主令控制器 SA 实现零电压保护与零位保护；行程开关 SQ 实现上升的限位保护等。

7.7.6　10t 交流桥式起重机控制电路分析

1．起重机的供电特点

交流起重机电源由公共的交流电网供电，由于起重机的工作是经常移动的，因此其与电源之间不能采用固定连接方式，对于小型起重机供电方式采用软电缆供电，随着大车或小车的移动，供电电缆随之伸展及叠卷。对于一般桥式起重机常用滑线和电刷供电。三相交流电源接到沿车间长度方向架设的 3 根主滑线上，再通过电刷引到起重机的电气设备上，首先进入驾驶室中的保护盘上的总电源开关，然后再向起重机各电气设备供电。对于小车以及上面的提升机构等电气设备，则经位于桥架另一侧的辅助滑线来供电。

滑线通常用角钢、圆钢、V 形钢轨制成。当电流值很大或滑线太长时，为减小滑线电压降，常将角钢与铝排逐段并联，以减少电阻值。在交流系统中，圆钢滑线因趋肤效应的影响，只适用于短线路或小电流的供电线路。

2．电路的构成

10t 交流桥式起重机电气控制原理电路如图 7.25 所示。

10t 桥式起重机只有一个吊钩，但大车采用分别驱动，所以共用了 4 台绕线型异步电动机拖动。起重电动机 M_1、小车驱动电动机 M_2、大车驱动电动机 M_3 和 M_4 分别由 3 只凸轮控制器控制：QM_1 控制 M_1、QM_2 控制 M_2、QM_3 同步控制 M_3 与 M_4。$R_1 \sim R_4$ 分别为 4 台电动机转子电路串入的调速电阻器，$YB_1 \sim YB_4$ 则分别为 4 台电动机的制动电磁铁。三相电源由 QS_1 引入，并由接触器 KM 控制。过电流继电器 $KI_0 \sim KI_4$ 提供过电流保护，其中 $KI_1 \sim KI_4$ 为双线圈式，分别保护 M_1、M_2、M_3 与 M_4；KI_0 为单线圈式，单独串联在主电路的一相电源线中，作为总电路的过电流保护。

该控制原理图中的凸轮控制器 QM_3 共有 17 对触点，比 QM_1、QM_2 多了 5 对触点，用于控制另一台电动机的转子电路，因此可以同步控制两台绕线型转子异步电动机。下面主要介绍该电路的保护电路部分。

3．保护电路

保护电路主要是 KM 的线圈支路，位于图 7.25 中的 7～10 区。该电路具有欠电压、零压、零位、过电流、行程终端限位保护和安全保护共 6 种保护功能。电路需保护 4 台电动机，因此在 KM 的线圈支路中串联的触点较多一些。$KI_0 \sim KI_4$ 为 5 只过电流继电器的常闭触点；SA_1 仍是事故紧急开关；SQ_6 是舱口安全开关，SQ_7 和 SQ_8 是横梁栏杆门的安全开关，平时驾驶舱门和横梁栏杆门都应关好，将 SQ_6、SQ_7、SQ_8 都压合。若有人进入桥架进行检修时，这些门开关就会被打开，即使按下 SB 也不能使 KM 线圈支路通电。与启动按钮 SB 相串联的是 3 只凸轮控制器的零位保护触点：QM_1、QM_2 的触点 12 和 QM_3 触点 17。电路的限位保护电路位于图 7.25 中的 7 区，因为 3 只凸轮控制器分别控制吊钩、小车和大车做垂直、横向和纵向共 6 个方向的运动，除吊钩下降不需要提供限位保护之外，其余 5 个方向都需要提供行程终端限位保护，相应的行程开关和凸轮控制器的常闭触点均串入 KM 的自锁触点支路之中，各电器（触点）的保护作用见表 7.2。

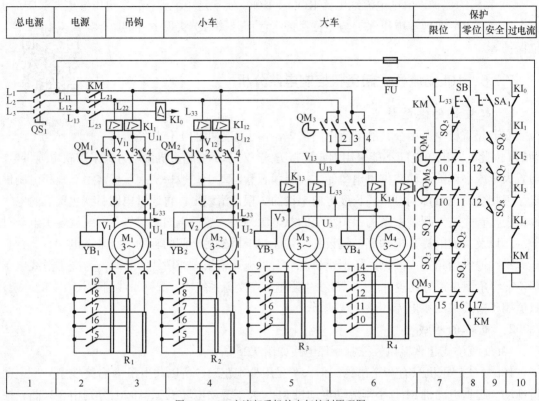

总电源	电源	吊钩	小车	大车	保护			
					限位	零位	安全	过电流

1	2	3	4	5	6	7	8	9	10

图 7.25　10t 交流起重机的电气控制原理图

表 7.2　　　　　　　　　　　行程终端限位保护电器及触点一览表

运 行 方 向		驱动电动机	凸轮控制器及保护触点		限位保护行程开关
吊钩	向上	M_1	QM_1	11	SQ_5
小车	右行	M_2	QM_2	10	SQ_1
	左行			11	SQ_2
大车	前行	M_3、M_4	QM_3	15	SQ_3
	后行			16	SQ_4

问题与思考

1．桥式起重机的结构主要由哪几部分组成？桥式起重机有哪几种运动形式？

2．10t 桥式起重机电力拖动系统由哪几台电动机组成？

3．起重电动机为什么要采用电气和机械双重制动？

应用实践

Z3040 型摇臂钻床的演示实验

一、实验目的

1．熟悉 Z3040 型摇臂钻床电气控制电路的特点，掌握电气控制电路的动作原理。能够对钻床进行操作并清楚摇臂升降、夹紧放松等各运动中行程开关的作用及其逻辑关系。

2．了解 Z3040 型摇臂钻床电气控制电路板中各电器位置的合理布置及配线方式。熟悉所用电器的规格、型号、用途及动作原理。

3．学习摇臂钻床电气控制电路板的接线规则和方法，了解摇臂钻床电气控制电路的线号标注规则及导线、按钮规定使用的颜色。

4．能正确使用万用表、工具等对机床电气控制电路进行有针对性的检查、测试和维修。学会根据电气原理图分析和排除故障，初步掌握一般机床电气设备的调试、故障分析和排除故障的方法，具有一定的维修能力。

5．进一步牢固地掌握继电器-接触器控制电路的基本环节在钻床电路中的控制作用，初步具备改造和安装一般生产机械电气设备控制电路的能力。

二、实训仪器和设备

1．三相交流异步电动机或三相负载模拟设备　　　　4 台

2．Z3040 型摇臂钻床电气控制电路板　　　　　　　1 块

3．万用表、兆欧表　　　　　　　　　　　　　　　各 1 块

4．常用电工工具　　　　　　　　　　　　　　　　1 套

5．连接电源和电动机的三芯橡胶电缆　　　　　　　若干

三、电气原理图

Z3040 型摇臂钻床电气控制原理图如图 7.26 所示。

四、实训内容和步骤

1．熟悉电路元器件及外观检查。

2．检查线号及端子接线。

3．检查电路接线。

4．检查行程开关。

5．通电实验。

五、实训总结

1．在 Z3040 型摇臂钻床电气控制电路中，设有哪些联锁与保护？

2．试述 Z3040 型摇臂钻床欲使摇臂向下移动时的操作及电路工作情况。

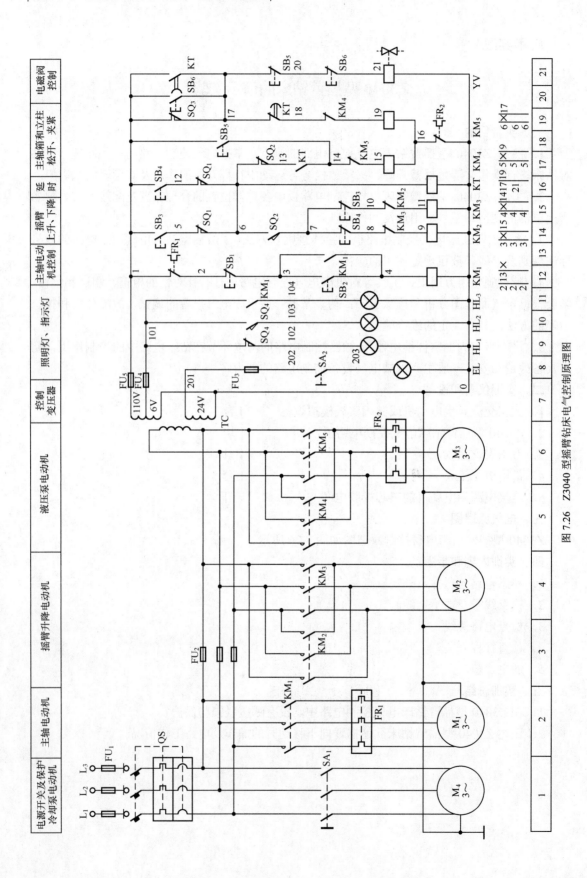

图 7.26 Z3040 型摇臂钻床电气控制原理图

XA6132 型卧式万能铣床电气原理与故障分析

一、实验目的

1. 了解 XA6132 型卧式万能铣床电气控制电路的特点。

2. 了解 XA6132 型卧式万能铣床电气控制电路板中各电器位置的合理布置及配线方式。熟悉所用电器的规格、型号、用途及动作原理。

3. 学习 XA6132 型卧式万能铣床电气控制电路板的接线规则和方法，了解 XA6132 型卧式万能铣床电气控制电路的线号标注规则及导线、按钮规定使用的颜色。

4. 能正确使用仪表、工具等对机床电气控制电路进行有针对性的检查、测试和维修。学会根据电气原理图分析和排除故障，初步掌握一般机床电气设备的调试、故障分析和排除故障的方法，具有一定的维修能力。

5. 进一步牢固地掌握继电-接触器控制电路的基本环节在 XA6132 型铣床电气控制电路中的控制作用，初步具备改造和安装一般生产机械电气设备控制电路的能力。

二、实训仪器和设备

1. 三相交流异步电动机（其中 1 台连有速度继电器）	3 台
2. XA6132 型卧式万能铣床电气控制电路板　（自制）	1 块
3. 万用表、兆欧表	各 1 只
4. 常用电工工具	1 套
5. 连接电源和电动机的三芯橡胶电缆	若干

三、实训内容和步骤

1. 分析 XA6132 型卧式万能铣床的控制特点。

① 主轴旋转运动的控制；

② 工作台的进给控制。

2. 检查与观察电气元件

① 对电气元件进行外观检查；

② 写出元件的规格型号；

③ 检查进给行程开关状态。

3. 检查线号及端子接线。

4. 检查电路接线。

5. 检查行程开关。

6. 通电实验。

四、电气原理图

XA6132 型卧式万能铣床电气控制原理图，如图 7.27 所示。

五、实训总结

1. 在 XA6132 型卧式万能铣床电气控制电路中，设有哪些联锁与保护？

2. 实验板的电气设备及接线要做哪几项检查？主回路和控制回路线号标注的原则是什么？

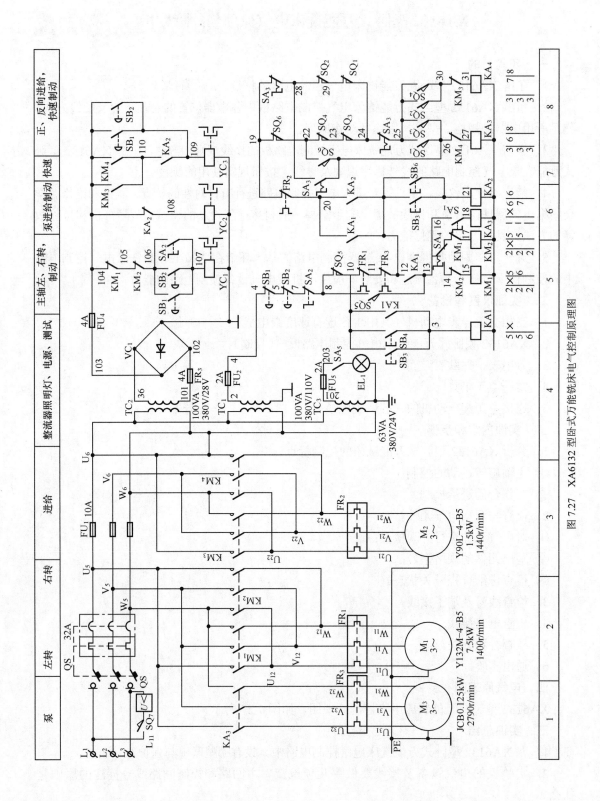

图 7.27 XA6132 型卧式万能铣床电气控制原理图

第 7 章 自测题

一、填空题

1. 金属切削机床的机械运动可分为_____运动和_____两大类，分别为_____运动、_____运动和_____运动。

2. Z3040 型摇臂钻床由于摇臂升降电动机 M_2 采用的是_____工作制，因此不需要用热继电器进行过载保护；Z3040 型摇臂钻床的冷却泵电动机 M_4 则是因其_____不会过载而不采用热继电器进行过载保护。

3. M7130 型卧轴矩台平面磨床电气原理图中控制电路中的电阻_____的作用是限制去磁电流，电阻_____的作用是对电磁吸盘线圈进行过电压保护，电阻_____的作用是对整流器进行过电压保护。

4. X62W 型万能铣床的主轴电动机采用的是_____制动，T68 型卧式镗床的主轴电动机采用的是_____制动。

5. X62W 型万能铣床工作台的进给运动包括_____进给和_____进给两种形式，其中_____进给必须在主轴电动机 M_1 启动运行后才能进行。

6. C650-2 型卧式车床的主运动是_____运动，进给运动是_____运动，辅助运动包括刀架的快速移动、工件的夹紧与松开等。

7. M7130 型卧轴矩台平面磨床的电气控制线路中有 3 个电阻 R_1、R_2 和 R_3，其中 R_1 在控制电路中的作用是_____的过电压保护，R_2 的作用是_____的过电压保护，R_3 的作用是_____的过电流保护。

8. 桥式起重机在起重量上，_____钩起重量大于_____钩起重量，在提升高度方面，桥式起重机的_____钩提升高度大于_____钩提升高度。

9. 为适应提升机构由上升变为下降、消除因机械传动间隙对机构的冲击而设置的下降挡称为_____挡，由于该挡电动机处于_____状态，因此为防止时间过长而烧毁电机，此挡_____。

10. 桥式起重机电路具有_____、_____、_____、_____、_____和_____共 6 种保护功能。

二、判断题

1. 磨床的电磁吸盘可以使用直流电，也可以使用交流电。 （　　）

2. 在切削加工过程中，铣床的主轴电动机可以正转或反转。 （　　）

3. T68 卧式镗床主回路中串电阻器，目的是限制启、制动电流和减小机械冲击。 （　　）

4. X62W 型万能铣床主轴电动机的制动采用的是反接制动。 （　　）

5. 机床照明控制电路中的照明变压器通常要求其二次侧可靠接地。 （　　）

6. M7130 型卧轴矩台平面磨床的主运动是主轴电机带动卡盘和工件的旋转运动。 （　　）

7. 速度继电器是用来测量异步电动机工作时运转速度的电气设备。 （　　）

8. M7130 型卧轴矩台平面磨床的电磁吸盘中通入的是脉动直流电。 （　　）

9. Z3040 型摇臂钻床的 4 台拖动电动机均采用直接启动方式。 （　　）

10. C650 普通卧式车床的主运动是工件的直线运动。 （　　）

11．桥式起重机中的过载保护设备与机床电路一样，采用热继电器。　　　　　（　　）

12．桥式起重机下放的1、2、3挡，电动机的电磁转矩是驱动转矩。　　　　　（　　）

13．桥式起重机在倒拉下放挡时，电动机的电磁转矩是制动转矩。　　　　　　（　　）

14．桥式起重机的制动方式均采用电气制动。　　　　　　　　　　　　　　　（　　）

15．桥式起重机的零位保护是由行程开关控制来实现的。　　　　　　　　　　（　　）

三、选择题

1．M7130型卧轴矩台平面磨床电磁吸盘线圈的电流是（　　）。
　　A．交流　　　　　　　B．直流　　　　　　C．单向脉动直流　　　D．锯齿形电流

2．Z3040型摇臂钻床的摇臂回转，是靠（　　）实现的。
　　A．电动机拖动　　　　　　　　　　B．人工推转
　　C．机械传动　　　　　　　　　　　D．摇臂松开—人工推转—摇臂夹紧的自动控制

3．主轴电动机只做旋转主运动而没有直线进给运动的机床是（　　）。
　　A．T68型卧式镗床　　　　　　　　B．X62W型万能铣床
　　C．Z3040型摇臂钻床　　　　　　　D．不存在

4．M7130平面磨床控制电路中，对整流器起过电压保护的是（　　）。
　　A．电阻 R_1　　　B．电阻 R_2　　　C．电阻 R_3　　　D．不存在

5．机床控制电路中，在反接制动过程中的控制继电器是（　　）。
　　A．电流继电器　　B．电压继电器　　C．速度继电器　　　D．交流接触器

6．X62W型万能铣床控制电路中，控制常速进给的电磁离合器是（　　）。
　　A．YC_1　　　　　B．YC_2　　　　C．YC_3　　　　D．不存在

7．T68型卧式镗床的主轴电动机 M_1 在低速时的定子绕组连接方式为（　　）。
　　A．星形　　　　B．三角形　　　C．双星形　　　D．双三角形

8．若X62W型万能铣床的主轴未启动，则工作台（　　）。
　　A．不能有任何进给　　　　　　　B．可以常速进给
　　C．可以快速进给　　　　　　　　D．常速加快速进给

9．Z3040型摇臂钻床的驱动电动机中，设置过载保护的是（　　）。
　　A．主轴电动机 M_1　　　　　　　B．摇臂升降电动机 M_2
　　C．液压泵电动机 M_3　　　　　　D．M_1 和 M_2 两台电动机

10．C650型卧式车床的主轴电动机停机时采用（　　）。
　　A．能耗制动　　B．机械制动　　C．反接制动　　　D．自由停机

11．桥式起重机的控制电路中，起过载保护的电器是（　　）。
　　A．过流继电器　　B．热继电器　　C．熔断器　　　D．主令控制器

12．用凸轮控制器控制小车或大车的移行，从第1～5挡，电动机转速（　　）。
　　A．逐渐升高　　B．逐渐降低　　C．不变　　　D．不确定

13．桥式起重机在下放过程中，电动机的电磁转矩为驱动转矩时处于（　　）。
　　A．倒拉反接制动下放　　　　　　B．再生发电制动下放
　　C．强迫下放　　　　　　　　　　D．能耗制动下放

四、简答题

1．在各种机床控制电路中，为什么冷却泵电动机一般都受主电动机的联锁控制，在主轴

电动机启动后才能启动，一旦主轴电动机停转，冷却泵电动机也同步停转？

2. C650-2 型车床主轴电动机的控制特点是什么？控制电路中时间继电器 KT 的作用是什么？

3. 磨床采用电磁吸盘来夹持工件有什么好处？M7130 型卧轴矩台平面磨床的控制电路具有哪些保护环节？

4. X62W 型万能铣床进给变速能否在运动中进行？为什么？

5. T68 型卧式镗床与 X62W 型万能铣床的变速冲动有什么不同？T68 型卧式镗床在进给时能否变速？

6. 桥式起重机的结构主要由哪几部分组成？桥式起重机有哪几种运动形式？

7. 桥式起重机电力拖动系统由哪几台电动机组成？

8. 起重电动机的运行工作有什么特点？对起重电动机的拖动和控制有什么要求？

9. 起重电动机为什么要采用电气和机械双重制动？

10. 凸轮控制器控制电路的零位保护与零压保护有什么不同？

第8章
电气控制系统的设计

电气控制系统设计包括电气控制原理图设计和电气工艺设计两部分，是为电气控制装置的制造、使用、运行及维修的需要而进行的生产施工设计。在学习和掌握了电气控制电路基本环节以及针对一般生产机械电气控制电路进行分析的基础上，应进一步学习一般生产机械电气控制系统设计的相关知识，通过设计有助于对所学电机与电气控制课程的复习、巩固，并可对所学知识达到灵活应用的目的。

学习目标

电气控制原理图的设计是为满足生产机械及其工艺要求而进行的电气控制设计，体现了设备的自动化程度和技术的先进性，是电气控制系统设计的核心；电气工艺设计是为电气控制装置本身的制造、使用、运行及维护的需要而进行的设计，决定着电气控制设备的可靠性、经济性、造型美观性等技术和经济指标。原理图设计和工艺设计两个方面都不能忽视，应用型、技能型人才更应重视工艺设计。

学习本章的目的：通过对某一生产设备电气控制装置的设计实践，了解一般电气控制系统设计的全过程、设计上的要求、应完成的工作内容和具体设计方法。通过对电气控制系统的设计，可以帮助学习者进一步巩固本课程所学知识，并对所学知识能够灵活应用，真正达到学以致用的目的。

理论基础

本章的基础知识为第1～第7章所有内容。

8.1 电气控制系统设计的原则和内容

8.1.1 电气控制系统设计的原则

电气控制系统设计的基本任务是根据设备对电气控制系统的具体要求，设计、编制出设备制造、使用、维修过程中所必需的图样、资料等。图样包括电气控制原理图、电气系统的组件划分图、电器布置图、电气接线图、电气箱图、控制面板图、元器件安装底板图和非标准件加工图等，另外还要编制外购件目录、单台材料消耗清单、设备说明书等文字资料。在电气控制系统的设计中，应遵循以下原则。

（1）设计前应深入现场进行调查，搜集资料，与生产相关人员、实际操作者进行沟通，明确电气控制的基本要求，以此作为电气控制系统设计的依据，并尽量和相关技术人员共同拟订电气控制方案，协同解决设计中的各种问题。

（2）在设计成果能够满足生产机械和生产工艺对电气控制要求的前提下，力求拟设计的电气控制系统简单、经济、合理、便于操作、维修方便、安全可靠，不盲目追求自动化水平和各种控制参数的高指标。

（3）为确保电气控制系统的正常工作，在考虑技术进步、造型美观的同时，应正确、合理地选用电气控制系统中所使用的电气元件。

（4）为适应生产的发展和工艺的改进，电气控制系统中所涉及的设备能力应留有裕量。

8.1.2　电气控制系统设计的基本内容

电气控制系统设计的内容主要包含原理图设计与工艺设计两个部分。以电力拖动控制设备为例，设计内容如下。

（1）拟订电气设计任务书。

（2）确定电力拖动方案，选择电动机。

（3）设计电气控制原理图，计算主要技术参数。

（4）选择电气元器件，制订元器件明细表。

（5）编写设计说明书。

电气控制原理图是整个设计的中心环节，它为工艺设计和制订其他技术资料提供依据。

进行工艺设计主要是为了便于组织电气控制系统的制造，从而实现原理图设计提出的各项技术指标，并为设备的调试、维护与使用提供相关的图样资料。

工艺设计的主要内容有以下几点。

（1）设计电气总布置图、总安装图与总接线图。

（2）设计组件布置图、安装图和接线图。

（3）设计电气箱、操作台及非标准元件。

（4）列出元器件清单。

（5）编写使用维护说明书。

8.2　电气控制系统设计的一般步骤

8.2.1　拟订设计任务书

电气控制系统的设计任务书中，主要包括以下内容。

（1）设备名称、用途、基本结构、动作要求及工艺过程介绍。

（2）电力拖动的方式及控制要求等。

（3）对设备联锁、保护的要求。

（4）对设备的自动化程度、稳定性及抗干扰要求。

（5）对操作台、照明、信号指示、报警方式等的要求。

（6）设备的验收标准。

（7）其他要求。

8.2.2　确定电力拖动方案

电力拖动方案选择是电气控制系统设计的主要内容之一，也是以后各部分设计内容的基础和先决条件。

所谓电力拖动方案，是指根据零件加工精度、加工效率要求、生产机械的结构、运动部件的数量、运动要求、负载性质、调速要求以及投资额等条件去确定电动机的类型、数量、传动方式，进而拟订电动机启动、运行、调速、转向、制动等控制要求。电力拖动方案的确定要从以下几个方面考虑。

1．拖动方式的选择

电力拖动方式有单独拖动与分立拖动两种。电力拖动发展的趋向是电动机逐步接近工作机构，形成多电动机的拖动方式，这样，不仅能缩短机械传动链，提高传动效率，便于自动化，也能使总体结构得到简化。具体选择时应根据工艺要求及结构具体情况决定电动机的数量。

2．调速方案的选择

生产机械设备从生产工艺出发，往往不同的设备有不同的调速要求、调速范围和调速精度等。为了满足各种设备不同的调速性能，应选用不同的调速方案，如采用机械变速、多速电动机变速、变频调速等方法来实现。随着交流调速的发展，其经济技术指标不断提高，采用各种形式的变频调速技术，应作为机械设备调速方案的首选。

大型、重型设备的主运动和进给运动，应尽可能采用无极调速，有利于简化机械结构、降低成本，精密机械设备为保证加工精度也应采用无极调速。对于一般中小型设备，在没有特殊要求时，可选用经济、简单、可靠的鼠笼型三相异步电动机。

3．电动机调速性质与负载特性相适应

机械设备的各个工作机构，具有各自的负载特性，如机床的主运动为恒功率负载，而进给运动为恒转矩负载。在选择电动机调速方案时，要使电动机的调速性质与生产机械的负载特性相适应，以使电动机获得充分合理的使用。如双速鼠笼型异步电动机，当定子绕组由三角形连接改成双星形连接时，转速增加一倍，功率却增加很少，适用于恒功率传动；对于低速为星形连接的双速电动机改成双星形连接后，转速和功率都增加一倍，而电动机输出的转矩保持不变，适用于恒转矩传动。

8.2.3　拖动电动机的选择

电动机的选择主要考虑的因素有电动机的类型、结构形式、容量、额定电压与额定转速。电动机选择的基本原则如下。

（1）电动机的机械特性应满足生产机械提出的要求，要与负载的特性相适应。保证运行稳定且具有良好的启动、制动性能。

（2）工作过程中电动机容量要尽量得到充分利用，并使电动机的温升尽可能达到或接近其额定温升值。

（3）电动机结构形式应满足机械设计提出的安装要求，并能适应周围环境。

（4）在满足设计要求的前提下，应优先采用结构简单、价格便宜、使用维护方便的鼠笼型三相异步电动机。

8.2.4 电动机容量的选择

电动机容量可以采取以下方法进行选择。

1．分析计算法

根据生产机械的要求预选一台电动机，再用该电动机的技术数据和生产机械的要求相比对，求出电动机的负载图。最后按电动机的负载图从发热方面进行校验，并检查电动机的过载能力与启动转矩是否满足生产设备要求，如若不合格，另选一台电动机重新计算，直到合格为止。此法计算工作量大，负载图的绘制较为困难。

2．统计类比法

对于比较简单、无特殊要求、生产数量不多的电力拖动系统，电动机容量往往采用统计类比法。

将各种同类型、先进的机床电动机容量进行统计和分析，从中找出电动机容量与机床主要参数间的关系，再根据我国实际情况得出相应的计算公式来确定电动机容量的方法称为统计类比法，这是一种实用的方法。

当机床的主运动和进给运动由同一台电动机拖动时，应按主运动电动机功率计算。若进给运动选择单独电动机拖动，并具有快速运动功能时，电动机功率应按快速移动所需功率来计算。

此外，还有一种类比法，通过对长期动作的同类生产机械的电动机容量进行调查，并对机械主要参数、工作条件进行类比，从而确定电动机的容量。

8.2.5 选择控制方式

控制方式要实现拖动方案的控制要求。随着现代电气技术的迅速发展，生产机械电力拖动的控制方式从传统的继电器-接触器控制系统向可编程序控制器（PLC）控制、数控机床（CNC）控制、计算机网络控制等方面发展，控制方式越来越多。控制方式的选择应在经济、安全的前提下，最大限度地满足工艺的要求。

8.2.6 设计电气控制原理图并合理选用元器件以及编制元器件明细表

根据生产设备对电气控制方面的要求，合理选择电动机和元器件，设计、编制出相应的电气控制原理图，以原理图中所需要的元器件进行汇总，写出元器件明细表。

8.2.7 设计电气设备的各种施工图样

根据生产设备对电气控制系统的要求，设计、编制出设备制造和使用维修过程中所必需的图纸、资料，除电气控制原理图外，还有元件布置图、电气控制装置安装接线图、电气箱图及控制面板等。

8.2.8 编写设计说明书和使用说明书

设计说明书和使用说明书是设计审定、调试、使用、维护过程中必不可少的技术资料。设计说明书和使用说明书应包含：电气拖动方案的选择依据，电气控制系统的主要原理与特点，主要参数的计算过程，各项技术指标的实现，设备调试的要求和方法，设备使用、维护要求，使用注意事项等。

问题与思考

1. 传统继电器-接触器的电气控制系统设计包括哪两大部分内容？
2. 电气控制系统设计中的工艺设计的目的是什么？

8.3 电气控制原理图的设计方法及步骤

电气控制原理图设计是原理图设计的核心内容，各项设计指标通过它来实现，它又是工艺设计和各种技术资料的依据。

8.3.1 电气控制原理图设计的基本方法

电气控制原理图设计的方法主要有经验设计法和逻辑设计法两种。

1．经验设计法

经验设计法也叫分析设计法，是根据生产工艺的要求选择适当的基本控制环节或将比较成熟的电路按其联锁条件组合起来，并经补充和修改，将其综合成满足控制要求的完整电路。当没有现成的典型环节时，可根据控制要求边分析边设计。

经验设计法的优点是设计方法简单，无固定的设计程序，它是在熟练掌握各种电气控制电路的基本环节和具备一定阅读分析电气控制电路能力的基础上进行的，容易被初学者所掌握，对于具备一定工作经验的电气技术人员来说，能较快地完成设计任务，因此在电气控制系统的设计中被普遍采用。其缺点是设计出的方案不一定是最佳方案，当经验不足或考虑不周全时会影响电路工作的可靠性。为此，应反复审核电路工作情况，有条件时还应进行模拟试验，发现问题及时修改，直到电路动作准确无误，满足生产工艺要求为止。

2．逻辑设计法

逻辑设计法是利用逻辑代数来进行电路设计，从生产机械的拖动要求和工艺要求出发，将控制电路中的接触器-继电器线圈的通电与断电、触点的闭合与断开、主令电器的接通与断开看成逻辑变量，根据控制要求将它们之间的关系用逻辑关系式来表达，然后化简，作出相应的电路图。

逻辑设计法的优点是能获得理想、经济的方案，但这种方法设计难度较大，整个设计过程较复杂，还要涉及一些新概念，因此，在一般常规设计中，很少单独采用。其具体设计过程可参阅专门论述资料，这里不再进一步介绍。

逻辑电路有两种基本类型，对应的设计方法也各有不同。

（1）组合逻辑电路。其特点是执行元件的输出状态只与同一时刻控制元件的状态有关，输入、输出呈单方向关系，即输出量对输入量无影响。它的设计方法比较简单，可以作为经验设计法的辅助和补充，用于简单控制电路的设计，或对某些局部电路进行简化，进一步节省并合理使用电气元件与触点。

（2）时序逻辑电路。其特点是输出状态不仅与同一时刻的输入状态有关，而且与输出量的原有状态及其组合顺序有关，即输出量通过反馈作用，对输入状态产生影响。这种逻辑电路设计要设置中间记忆元件，如中间继电器等，记忆输入信号的变化，以达到各程序两两区分的目的。

8.3.2　电气控制原理图设计的步骤

电气原理图设计的基本步骤包括以下几部分。

（1）拟定电气设计任务书（技术条件）。

（2）确定电力拖动方案（电气传动形式）及控制方案。

（3）选择电动机，包括类型、电压等级、容量及转速，并选择出具体型号。

（4）设计电气控制原理框图，包括主电路、控制电路和辅助控制电路，确定各部分之间的关系，拟定各部分技术要求。

（5）设计并绘制电气控制原理图，计算主要技术参数。

（6）选择电器元件，制订电机和电器元件明细表，以及装置易损件及备用清单。

（7）编写设计说明书。

设计过程中，可根据控制电路的简易程度适当地选用上述步骤。

8.3.3　电气控制原理图设计的一般要求

在电力拖动方案和控制方案确定后，方可着手进行电气控制原理图的具体设计。一般来说，电气控制原理图应满足生产机械加工工艺的要求，电路要具有安全可靠、操作和维修方便、设备投资少等特点。为此，必须正确地设计控制电路，合理地选择电气元件。电气控制原理图的设计应满足以下要求。

1．最大限度满足生产机械和工艺对电气控制系统的要求

首先弄清设备需满足的生产工艺要求，对设备的工作情况做全面的了解，深入现场调研，收集资料，结合技术人员及现场操作人员的经验，作为设计电气控制原理图的基础。

2．满足控制电路电源种类和电压数值的要求

对于比较简单的控制电路，当元器件不多时，往往直接采用交流 380V 或 220V 电源，不用控制电源变压器。对于比较复杂的控制电路，应采用控制电源变压器，将控制电压降到 110V 或 48V、24V。这种方案对维修、操作以及元器件的工作可靠、有利。

对于操作比较频繁的直流电力传动的控制电路，常用 220V 或 110V 直流电源供电。直流电磁铁及电磁离合器的控制电路，常采用 24V 直流电源供电。

3．确保电气控制电路工作的可靠性和安全性

为保证电气控制电路可靠地工作，应考虑以下几个方面。

（1）元器件的工作要稳定可靠。

（2）电气元件的线圈和触点的连接应符合国家有关标准规定。

电气元件图形符号应符合国家标准中的规定，绘制时要合理安排版面。例如，主电路一般安排在左面或上面；控制电路或辅助电路安排在右面或下面；元器件目录表安排在标题上方。为读图方便，有时以动作状态表或工艺过程图形式将主令开关的通断、电磁阀动作要求、控制流程等表示在图面上，也可以在控制电路的每一支路边上标注出控制目的。

4．在满足生产工艺要求的前提下，力求使控制线路简单、经济

（1）尽量选用标准电气元件，减少电气元件数量，选用同型号电气元件以减少备用品的数量。

（2）尽量选用标准的、常用的或经过实践考验的典型环节或基本电气控制线路形式。

5．尽量减少不必要的触点，以简化线路

实际连接时，应注意：在满足生产工艺前提下，元件越少，触点数量越少，线路越简单，可提高工作可靠性，降低故障率。

常用减少触点数量的方法有以下几种。

（1）合并同类触点，如图 8.1 所示。

（2）利用转换触点方式，如图 8.2 所示。

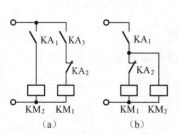

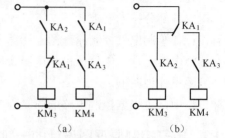

图 8.1　同类触点合并图例　　　　　　图 8.2　具有转换触点的中间继电器的应用

（3）利用二极管的单向导电性减少触点数目，如图 8.3 所示。

图 8.3（a）中用了 3 个触点，图 8.3（b）利用二极管减少了触点数目。

（4）利用逻辑代数的方法减少触点数目，如图 8.4 所示。

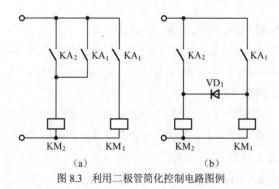

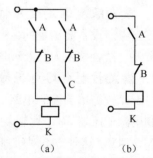

图 8.3　利用二极管简化控制电路图例　　　　图 8.4　利用逻辑关系减少触点图例

6．尽量缩短连接导线的数量和长度

设计时，应根据实际情况，合理考虑并安排电气设备和元件的位置及实际连线，使连接导线数量最少，长度最短。

图 8.5（a）中接线不合理，从电气柜到操作台需 6 根导线。图 8.5（b）接线就合理，从电气柜到操作台只需 5 根导线。

　　　　同一电器的不同触点在线路中应尽可能具有公共连接线，以减少导线段数和缩短导线长度，如图 8.6 所示。

7．减少通电电器

线路工作时，除必要的电气元件必须通电外，其余尽量不通电以节约电能，如图 8.7 所示。

同一电气元件的常开和常闭触点靠得很近，如果分别接在电源不同相上，当触点断开产

生电弧时，可能在两触点间形成飞弧造成电源短路。图 8.8（a）中 SQ 的接法错误，应改成
图 8.8（b）所示形式。

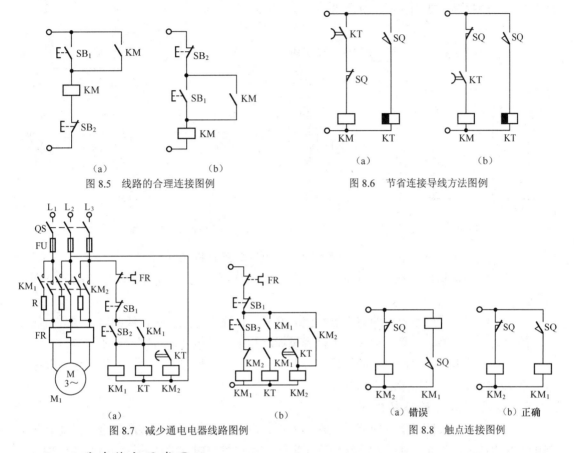

（a）　　　　　　　　　　　（b）

图 8.5　线路的合理连接图例　　　　　　　　　图 8.6　节省连接导线方法图例

（a）　　　　　　　　　　（b）　　　　　　　　　（a）错误　　　　　　　（b）正确

图 8.7　减少通电电器线路图例　　　　　　　　　图 8.8　触点连接图例

8．正确连接电器线圈

（1）交流电压线圈通常不能串联使用，即使是两个同型号的电压线圈也不能采用串联或
接在两倍线圈额定电压的交流电源上，以免电压分配不均引起工作不可靠，如图 8.9（a）所
示。若需两个电器同时工作，其线圈应并联连接，如图 8.9（b）所示。

如果两个直流电压线圈的电感量相差悬殊，则不能直接并联，如图 8.9（c）所示。解决
的办法：在 KA 线圈电路中单独串接接触器 KM 的常开触点，如图 8.9（d）所示。

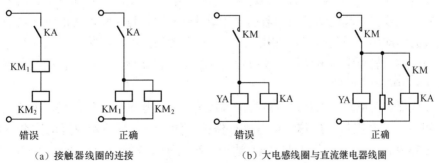

错误　　　　　　　　正确　　　　　　　　错误　　　　　　　　正确

（a）接触器线圈的连接　　　　　　　　（b）大电感线圈与直流继电器线圈

图 8.9　线圈连接说明图例

（2）合理安排电气元件和触点的位置，具体说明如图 8.10 所示。

（3）防止出现寄生电路。线路工作时，发生意外接通的电路称为寄生电路。寄生电路会破坏电气元件和控制线路的工作顺序或造成误动作，如图 8.11（a）所示。解决办法：将指示灯与其相应的接触器线圈并联，如图 8.11（b）所示。

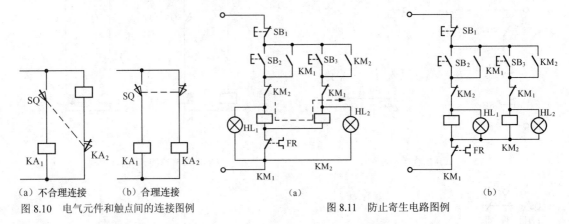

图 8.10　电气元件和触点间的连接图例　　　　　　　　图 8.11　防止寄生电路图例

（4）在可逆线路中，正、反向接触器间要有电气联锁和机械联锁。

（5）线路应能适应所在电网的情况，并据此决定电动机启动方式是直接启动还是间接启动。

（6）在电路中采用小容量的继电器触点来断开或接通大容量接触器线圈时，要分析触点容量的大小。若不够时，必须加大继电器容量或增加中间继电器，否则工作不可靠。

（7）应充分考虑继电器触点的接通和分断能力。若要增加接通能力，可用多触点并联；若要增加分断能力，可用多触点串联。

9．应具有必要的保护环节

控制电路在事故情况下，应能保证操作人员、电气设备、生产机械的安全，并能有效地制止事故的扩大。为此，在控制电路中应采取一定的保护措施。常用的有漏电开关保护、过载、短路、过电流、过电压、失电压、联锁与行程保护等措施。必要时还可设置相应的指示信号。

（1）短路保护。强大的短路电流容易引起各种电气设备和元件的绝缘损坏及机械损坏。因此，短路时应迅速可靠地切断电源，也可用断路器（自动空气开关）作短路保护，熔断器还兼有过载保护功能。

（2）过电流保护。不正确的启动和过大的负载都会引起电动机中通过很大的过电流。过大的电流冲击负载将引起电动机换向器的损坏或其他故障，过电流产生的过大电动机转矩会使生产机械的传动部分受到损坏。采用过电流继电器的保护电路如图 8.12（a）所示，过电流继电器的动作值一般整定为电动机启动电流的 1.2 倍。鼠笼型异步电动机的过电流保护电路如图 8.12（b）所示。

（3）过载保护。电动机长期过载运行，其绕组温升将超过允许值，损坏电动机。实际生产中多采用具有反时限特性的热继电器进行保护，同时装有熔断器或过电流继电器配合使用，如图 8.13 所示。其中，图 8.13（a）适于三相均衡过载的保护；图 8.13（b）适于任一相断线或三相均衡过载的保护；图 8.13（c）为三相保护，能可靠地保护电动机的各种过载。图 8.13（b）和图 8.13（c）中，如电动机定子绕组为三角形连接，应采用差动式热继电器。

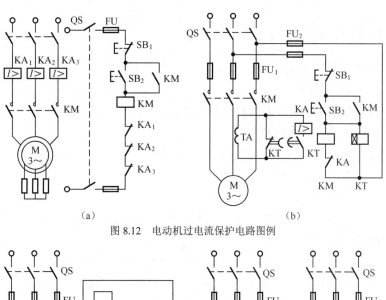

图 8.12　电动机过电流保护电路图例

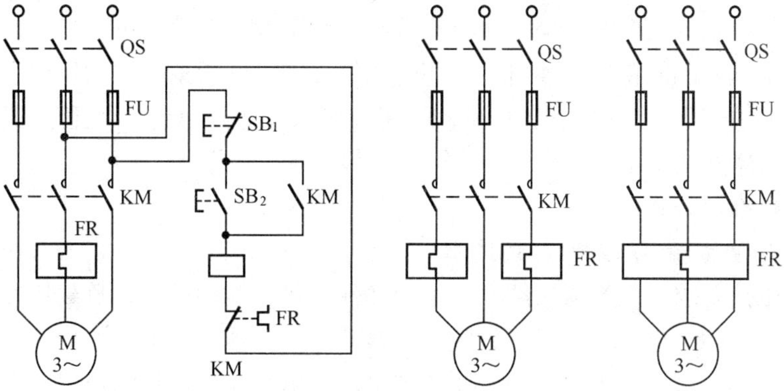

图 8.13　电动机过载保护电路图例

（4）失电压保护。防止电压恢复时电动机自行启动的保护称为失电压保护。失电压保护一般通过并联在启动按钮上接触器的常开触点［见图 8.14（a）］或通过并联在主令控制器的零位常开触点上的零压继电器的常开触点［见图 8.14（b）］来实现。

（5）弱磁保护。直流并励电动机、复励电动机在励磁减弱或消失时，会引起电动机"飞车"，必须加弱磁保护。采用弱磁继电器，吸合电流一般为额定励磁电流的 0.8 倍。

（6）极限保护。对直线运动的生产机械常设极限保护，如上、下极限，前、后极限等。常用行程开关的常闭触点来实现。

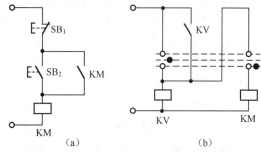

（7）其他保护。根据实际情况设置，如温度、水位、欠电压等保护环节。

图 8.14　电动机失电压保护电路图例

10．操作、维修方便

控制电路应从操作与维修人员的工作出发，力求操作简单、维修方便。具体安装与配线时，电气元件应留备用触点，必要时留备用元件；为检修方便，应设置电气隔离，避免带电检修；为调试方便，控制应简单，能迅速实现从一种方式到另一种方式的转换。设置多点控制，便于在生产机械旁调试；操作回路较多时，如要求正、反转并调速，应采用主令控制器，不要用过多按钮。

8.3.4 电气控制电路设计的基本规律

设计程序如下。

1．拟订设计任务书

设计任务书是整个系统设计的依据，拟订时，应聚集电气、机械工艺、机械结构三方面设计人员，根据机械设备总体技术要求，共同商讨。

设计任务书应简要说明所设计设备的型号、用途、工艺过程、技术性能、传动要求、工作条件、使用环境等。还应说明以下几点。

（1）控制精度，生产效率要求。

（2）有关电力拖动的基本特性，如电动机的数量、用途、负载特性、调速范围以及对反向、启动和制动的要求等。

（3）用户供电系统的电源种类，如电压等级、频率及容量等要求。

（4）有关电气控制的特性，如自动控制的电气保护、联锁条件、动作程序等。

（5）其他要求，如主要电气设备的布置草图、照明、信号指示、报警方式等。

（6）目标成本及经费限额。

（7）验收标准及方式。

2．电力拖动方案与控制方式选择

根据生产工艺要求、生产机械结构、运动部件数量、运动要求、负载特性、调速要求以及投资额等条件，确定电动机的类型、数量、拖动方式，拟订电动机的启动、运行、调速、转向、制动等控制要求，作为电气控制原理图设计及电气元件选择的依据。

3．电动机的选择

根据拖动方案，选择电动机的类型、数量、结构形式以及容量、额定电压、额定转速等。应遵循的基本原则如下。

（1）电动机机械特性应满足生产机械要求，与负载特性相适应，保证运行稳定，有一定调速范围与良好的启、制动性能。

（2）结构形式应满足设计提出的安装要求，适应周围环境。

（3）根据负载和工作方式，正确选择电动机容量。

① 对于恒定负载长期工作制的电动机，应保证电动机额定功率等于或大于负载所需功率。

② 对于变动负载长期工作制电动机，应保证负载变到最大时，电动机仍能给出所需功率，而电动机温升不超过允许值。

③ 对于短时工作制电动机，应按照电动机过载能力来选择。

④ 对于重复短时工作制电动机，原则上可按电动机在一个工作循环内的平均功耗来选择。

（4）电动机电压应根据使用地点的电源电压来决定。

（5）在无特殊要求的场合，一般采用交流电动机。

4．电气控制方案的确定

综合考虑各方案的性能、设备投资、使用周期、维护检修、发展等因素。

其主要原则如下。

（1）自动化程度与国情相适应：尽可能选用最新科技，同时要与企业自身经济实力相适应。

（2）控制方式应与设备的通用及专用化相适应：对工作程序固定的专用设备，可采用继电器-接触器控制系统；对要求较复杂的控制对象或要求经常变换工序和加工对象的设备，可采用可编程序控制器控制系统。

（3）控制方式随控制过程的复杂程度而变化：根据控制要求及控制过程的复杂程度，可采用分散控制或集中控制方案，但各单机的控制方式和基本控制环节应尽量一致，以简化设计和制造过程。

（4）控制系统的工作方式，应在经济、安全的前提下，最大限度地满足工艺要求。另外控制方案的选择，还应考虑采用自动、半自动循环，工序变更、联锁、安全保护、故障诊断、信号指示、照明等。

5．设计原理图

设计电气控制原理图并合理选择元器件，编制元器件目录清单。

6．设计施工图纸

设计制造、安装、调试所必需的各种施工图纸，并以此为依据编制各种材料定额清单。

7．编写说明书

根据以上进行的工作内容编写说明书。

问题与思考

1．电气控制原理图设计的方法主要有哪两种？
2．电气控制原理图的逻辑设计法中，包括哪两种逻辑电路？

8.4　电气控制装置的工艺设计

电气控制设计的基本思路是一种逻辑思维，只要符合逻辑控制规律、能保证电气安全及满足生产工艺的要求，就可以说是一种好的设计。但为了满足电气控制设备的制造和使用要求，必须进行合理的电气控制工艺设计。这些设计包括电气设备的结构设计、电气设备总体布置图、总接线图设计及各部分的电气装配图与接线图设计，同时还要有部分的元件目录、进出线号及主要材料清单等技术资料。

8.4.1　电气设备的总体布置设计

电气设备总体布置设计任务是根据电气控制原理图的工作原理与控制要求，先将控制系统划分为几个组成部分，这些组成部分均称为部件。再根据电气设备的复杂程度，把每一部件划成若干组件，然后根据电气控制原理图的接线关系整理出各部分的进出线号，并调整它们之间的连接方式。总体布置设计是以电气系统的总装配图与总接线图形式来表达的，图中应以示意形式反映出各部分主要组件的位置及各部分接线关系、走线方式及使用的行线槽、管线等。

总装配图、接线图根据需要可以分开，也可并在一起，是进行分部设计和协调各部分组成为一个完整系统的依据。总体设计要使整个系统集中、紧凑，同时在空间允许条件下，把发热元件、噪声振动大的电气部件，尽量放在离其他元件较远的地方或隔离起来。对于多工位的大型设备，还应考虑两地操作的方便性；总电源开关、紧急停止控制开关应安放在方便而明显的位置。总体布置设计得合理与否关系到电气系统的制造、装配质量，更将影响到电气控制系统性能的实现及其工作的可靠性，以及操作、调试、维护等工作的方便及质量。

1．组件划分的原则

（1）把功能类似的元件组合在一起。

（2）尽可能减少组件之间的连线数量，同时把接线关系密切的控制电器置于同一组件中。

（3）让强、弱电控制器分离，以减少干扰。

（4）为力求整齐美观，可把外形尺寸、重量相近的电器组合在一起。

（5）为便于检查与调试，把需经常调节、维护的元件和易损元件组合在一起。

2．电气控制设备的不同组件之间的接线方式

（1）开关电器、控制板的进出线一般采用接线端头或接线鼻子连接，这可按电流大小及进出线数选用不同规格的接线端头或接线鼻子。

（2）电气柜（箱）、控制箱、柜（台）之间以及它们与被控制设备之间，采用接线端子排或工业连接器连接。

（3）弱电控制组件、印制电路板组件之间应采用各种类型的标准接插件连接。

（4）电气柜（箱）、控制箱、柜（台）内的元件之间的连接，可以借用元件本身的接线端子直接连接，过渡连接线应采用端子排过渡连接，端头应采用相应规格的接线端子处理。

8.4.2 电气元件布置图的设计与绘制

电气元件布置图是某些电气元件按一定原则的组合。电气元件布置图的设计依据是部件原理图、组件的划分情况等。设计时应遵循以下原则。

（1）同一组件中电气元件的布置应注意将体积大和较重的电气元件安装在电器板的下面，而发热元件应安装在电气箱（柜）的上部或后部，但热继电器宜放在其下部，因为热继电器的出线端直接与电动机相连便于出线，而其进线端与接触器直接相连接，便于接线并使走线最短，且宜于散热。

（2）强电、弱电分开并注意屏蔽，防止外界干扰。

（3）需要经常维护、检修、调整的电气元件安装位置不宜过高或过低，人力操作开关及需经常监视的仪表的安装位置应符合人体工程学原理。

（4）电气元件的布置应考虑安全间隙，并做到整齐、美观、对称，外形尺寸与结构类似的电器可安放在一起，以利加工、安装和配线。

若采用行线槽配线方式，应适当加大各排电器间距，以利布线和维护。

（5）各电气元件的位置确定以后，便可绘制电气布置图。电气布置图是根据电气元件的外形轮廓绘制的，即以其轴线为准，标出各元件的间距尺寸。每个电气元件的安装尺寸及其公差范围，应按产品说明书的标准标注，以保证安装板的加工质量和各电器的顺利安装。大型电气柜中的电气元件，宜安装在两个安装横梁之间，这样，可减轻柜体重量，节约材料，另外便于安装，所以设计时应计算纵向安装尺寸。

（6）在电气布置图设计中，还要根据本部件进出线的数量、采用导线规格及出线位置等，选择进出线方式及接线端子排、连接器或接插件，并按一定顺序标上进出线的接线号。

8.4.3 电气部件接线图的绘制

电气部件接线图是根据部件电气控制原理及电气元件布置图绘制的，它表示成套装置的

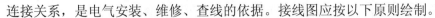

连接关系，是电气安装、维修、查线的依据。接线图应按以下原则绘制。

（1）接线图相接线表的绘制应符合 GB/T 21654—2008《顺序功能表图用 GRAFCET 规范语言》的规定。

（2）所有电气元件及其引线应标注与电气控制原理图中相一致的文字符号及接线号。原理图中的项目代号、端子号及导线号的编制分别应符合 GB/T 5094.3—2005《工业系统、装置与设备以及工业产品结构原则与参照代号　第 3 部分：应用指南》、GB/T 4026—2010《人机界面标志标识的基本和安全规则设备端子和导体终端的标识》及 GB 4884—1985《绝缘导线的标记》等规定。

（3）与电气控制原理图不同，在接线图中同一电气元件的各个部分（触点、线圈等）必须画在一起。

（4）电气接线图一律采用细线条绘制。走线方式分板前走线和板后走线两种，一般采用板前走线。对于简单电气控制部件，电气元件数量较少，接线关系又不复杂的，可直接画出元件间的连线；对于复杂部件，电气元件数量多，接线较复杂的情况，一般是采用走线槽，只要在各电气元件上标出接线号，不必画出各元件间连线。

（5）接线图中应标出配线用的各种导线的型号、规格、截面积及颜色要求等。

（6）部件与外电路连接时，大截面导线进出线宜采用连接器连接，其他应经接线端并排连接。

8.4.4　电气柜、箱和非标准零件图的设计

电气控制装置通常都需要制作单独的电气控制柜、箱，其设计需要考虑以下几方面。

（1）根据操作需要及控制面板、箱、柜内各种电气部件的尺寸确定电气箱、柜的总体尺寸及结构形式，非特殊情况下，应使总体尺寸符合结构基本尺寸与系列。

（2）根据总体尺寸及结构型式、安装尺寸，设计箱内安装支架，并标出安装孔、安装螺栓及接地螺栓尺寸，同时注明配作方式。柜、箱的材料一般应选用柜、箱用专用型材。

（3）根据现场安装位置、操作、维修方便等要求，设计开门方式及形式。

（4）为利于箱内电器的通风散热，在箱体适当部位设计通风孔或通风槽，必要时应在柜体上部设计强迫通风装置与通风孔。

（5）为便于电气箱、柜的运输，应设计合适的起吊钩或在箱体底部设计活动轮。

总之，根据以上要求，应先勾画出箱体的外形草图，估算出各部分尺寸，然后按比例画出外形图，再从对称、美观、使用方便等方面进一步考虑调整各尺寸比例。外表确定以后，再按上述要求进行各部分的结构设计，绘制箱体总装图及各面门、控制面板、底板、安装支架、装饰条等零件图，并注明加工要求，再视需要选用适当的门锁。当然，电气箱、柜的造形结构各异，在箱体设计中应注意吸取各种形式的优点。对非标准的电器安装零件，应根据机械零件设计要求，绘制其零件图，凡配合尺寸应注明公差要求，并说明加工要求。

8.4.5　清单汇总

在电气控制系统原理设计及工艺设计结束后，根据各种图纸，对本设备需要的各种零件及材料进行综合统计，列出元件清单、标准件清单、材料消耗定额表，以便采购人员、生产

管理部门按设备制造需要备料，做好生产准备工作，也便于成本核算。

问题与思考

说明电气控制工艺设计包括哪些内容。

8.5 继电器–接触器控制系统设计实例

本节以皮带运输机的电气控制系统设计为例，以经验设计法介绍继电器-接触器电气控制系统的设计过程。

皮带运输机是一种连续平移运输机械，常用于粮库、矿山等的生产流水线上，将粮食、矿石等从一个地方运到另一个地方。一般由多条皮带机组成，可以改变运输的方向和斜度。

皮带运输机属于长期工作制，不需调速，无特殊要求，也不需要反转。拖动电机多采用鼠笼型异步电动机。若考虑事故情况下可能有重载启动，要求启动转矩大，可由双笼型异步电动机或绕线型异步电动机拖动，也可两者配合使用。

以 3 条皮带运输机为例，如图 8.15 所示。

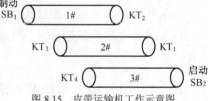

皮带运输机的电气控制要求如下。

（1）启动顺序为 3#、2#、1#，并要有一定时间间隔，以免货物在皮带上堆积，造成后面皮带的重载启动。

图 8.15　皮带运输机工作示意图

（2）停车顺序为 1#、2#、3#，保证停车后皮带上不残存货物。

（3）不论 2#或 3#哪一个皮带出故障，1#必须停车，以免继续进料，造成货物堆积。

（4）有必要的保护。

8.5.1 主电路设计

3 条皮带分别由 3 台电动机拖动，均采用鼠笼型异步电动机。由于电网容量足够大，且 3 台电动机不同时启动，故采用直接启动方式。由于不频繁启动、制动，对于制动时间和停车准确度也无特殊要求，因此制动时采用自由停车。

3 台电动机都用熔断器作短路保护，用热继电器作过载保护。由此，设计出主电路如图 8.16 所示。

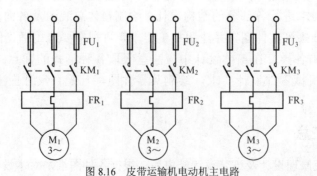

图 8.16　皮带运输机电动机主电路

8.5.2　基本控制电路设计

3 台电动机分别由 3 个接触器 KM_1、KM_2 和 KM_3 控制它们的启动和停车。3 台电动机的启动顺序根据皮带运输机对其要求，应逆序启动，即 3#皮带拖动电动机 M_3 先启动，2#皮带拖动电动机 M_2 次之，最后启动 1#皮带拖动电动机 M_1，采用 3#皮带接触器的辅助常开触点控制 2#接触器线圈，用 2#接触器的辅助常开触点控制 1#接触器线圈。制动顺序为：1#、2#、3#。用 1#接触器辅助常开触点与控制 2#接触器的常闭按钮并联，用 2#接触器的辅助常开触点与控制 3#接触器的常闭按钮并联。其基本控制电路如图 8.17 所示。

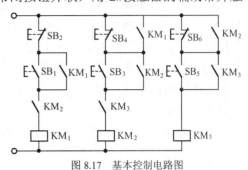

当 M_3 没有启动时，其串接在 KM_2 线圈支路中的 KM_3 常开触点处断开状态，KM_2 无法得电而使 M_2 电动机不能启动；同理，当 M_2 没有启动时，其串接在 KM_1 线圈支路中的 KM_2 常开触点处断开状态，使 KM_1 无法得电而 M_1 无法启动。首先按下 SB_5，KM_3 通电吸合并自锁，电动机 M_3 先

图 8.17　基本控制电路图

启动运转；只有 KM_3 常开触点闭合后，按下 SB_3，KM_2 线圈才能通电吸合并自锁，电动机 M_2 启动运转；最后按下 SB_1、KM_1 线圈通电吸合并自锁，电动机 M_1 启动运转，实现了 3 台电动机按要求的逆序启动。

从控制回路设计图可看出，需要停车时，只有先按下停止按钮 SB_1，KM_1 断电释放，电动机 M_1 停车后，并接在 M_2 的停止按钮 SB_4 两端的 KM_1 常开触点复位后，停止按钮 SB_4 才能起 M_2 的停车作用，这时按下 SB_4，才能使 KM_2 线圈断电，KM_2 线圈断电后，也才能按下 SB_6，使 KM_3 线圈断电，实现了电动机停车时按顺序停车的控制要求。

8.5.3　控制电路特殊部分的设计

1．按时间原则的自动控制设计

为实现自动控制，皮带运输机启动和停车可用行程参量或时间参量控制。由于皮带是回转运动，检测行程比较困难，而按时间原则控制比较方便。所以，以时间为变化参量，利用时间继电器作输出器件的控制信号。以通电延时型时间继电器的延时闭合的常开触点作启动信号，以断电延时型时间继电器的通电瞬时闭合、断电延时打开的常开触点作停车信号。为使 3 条皮带自动按顺序工作，采用中间继电器 KA，电路设计如图 8.18 所示。

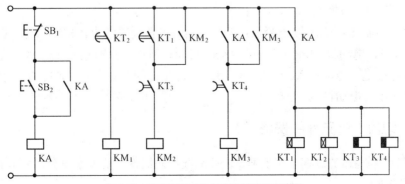

图 8.18　按时间原则的自动控制设计电路图

检查分析：启动时，按下启动按钮 SB$_2$，中间继电器 KA 线圈得电并自锁，KA 串接在时间继电器线圈回路和接触器 KM$_3$ 线圈支路中的常开触点闭合→时间继电器 KT$_1$～KT$_4$ 线圈得电→断电延时打开的 KT$_3$ 和 KT$_4$ 常开触点瞬时闭合→KM$_3$ 得电并自锁，M$_3$ 电动机启动运转→当通电延时型时间继电器的延时闭合触点 KT$_1$ 延时时间到→KM$_2$ 线圈得电并自锁→电动机 M$_2$ 启动运转→当通电延时型时间继电器的延时闭合触点 KT$_2$ 延时时间到→KM$_1$ 线圈得电并自锁→电动机 M$_1$ 启动运转。至此实现了 3 台电动机逆序启动的自动控制。

2．联锁保护设计环节

停车时的电路分析：按下 SB$_1$ 发出停车指令时，KT$_1$、KT$_2$、KA 同时断电，KA 常开触点瞬时断开，KM$_2$、KM$_3$ 若不加自锁，则 KT$_3$、KT$_4$ 的延时将不起作用，KM$_2$、KM$_3$ 线圈将瞬时断电，电动机不能按顺序停车，所以需加自锁环节。3 个热继电器的保护触点均串联在 KA 线圈电路中，无论哪一号皮带机过载，都能按 1#、2#、3#顺序停车。线路失电压保护由 KA 实现。

对电路进行综合审查后，设计电路原理如图 8.19 所示。

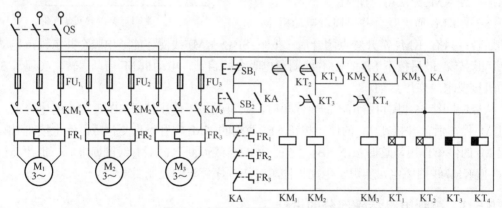

图 8.19　皮带运输机的设计电路原理图

线路工作过程如下。

按下启动按钮 SB$_2$，KA 通电吸合并自锁，KA 常开触点闭合，接通 KT$_1$～KT$_4$，其中 KT$_1$、KT$_2$ 为通电延时型，KT$_3$、KT$_4$ 为断电延时型，KT$_3$、KT$_4$ 的常开触点立即闭合，为 KM$_2$ 和 KM$_3$ 的线圈通电准备条件。KA 另一个常开触点闭合，与 KT$_4$ 一起接通 KM$_3$，电动机 M$_3$ 首先启动，经一段时间，达到 KT$_1$ 的整定时间，则 KT$_1$ 的常开触点闭合，使 KM$_2$ 通电吸合，电动机 M$_2$ 启动，再经一段时间，达到 KT$_2$ 的整定时间，则 KT$_2$ 的常开触点闭合，使 KM$_1$ 通电吸合，电动机 M$_1$ 启动。

按下停止按钮 SB$_1$，KA 断电释放，4 个时间继电器同时断电，KT$_1$、KT$_2$ 常开触点立即断开，KM$_1$ 失电，电动机 M$_1$ 停车。由于 KM$_2$ 自锁，所以，只有达到 KT$_3$ 的整定时间，KT$_3$ 断开，使 KM$_2$ 断电，电动机 M$_2$ 停车，最后，达到 KT$_4$ 的整定时间，KT$_4$ 的常开触点断开，使 KM$_3$ 线圈断电，电动机 M$_3$ 停车。

8.5.4　常用电气元件的选择

设计电气控制电路的过程中，正确、合理地选用元器件，是电路安全、可靠工作的保证。基本原则如下。

（1）按对电气元件的功能要求确定电气元件的类型。

（2）确定电气元件承载能力的临界值及使用寿命。根据电气控制的电压、电流及功率的大小确定电气元件的规格。

（3）确定电气元件预期的工作环境及供应情况，如防油、防尘、防水、防爆及货源情况。

（4）确定电气元件在应用中所要求的可靠性。

（5）确定电气元件的使用类别。

8.5.5 按钮、开关类电器的选择

1．按钮

按钮主要根据所需要的触点数、使用场合、颜色标注，以及额定电压、额定电流进行选择。对按钮颜色及其含义可参照 GB 5226.1—2019《机械电气安全 机械电气设备第 1 部分：通用技术条件》的规定，规定如下。

① "停止"和"急停"按钮必须是红色的。

② "启动"按钮是绿色的。

③ "启动"与"停止"交替动作的按钮必须是黑色、白色或灰色的。

④ 点动按钮必须是黑色的。

⑤ 复位按钮（如保护继电器的复位按钮）必须是蓝色的。当复位按钮还有停止作用时，则必须是红色的。

2．行程开关

行程开关主要应根据机械设备运动方式与安装位置，挡铁的形状、速度、工作力、工作行程、触点数量，及额定电压、额定电流来选择。

3．万能转换开关

万能转换开关主要根据控制对象的接线方式、触点形式与数量、动作顺序和额定电压、额定电流等参数进行选择。

4．电源引入控制开关

机械设备常选用刀开关、组合开关和断路器等。

（1）刀开关与铁壳开关。根据电源种类、电压等级、电动机容量及控制极数进行选择。如果是用于照明电路，其额定电压、额定电流应等于或大于电路最大工作电压与工作电流；若是用于电动机直接启动时，额定电压为 380V 或 500V，额定电流应等于或大于电动机额定电流的 3 倍。

（2）组合开关。根据电流种类、电压等级、所需触点数量及电动机容量进行选择。当用于控制 7kW 以下电动机的启动、停止时，额定电流应等于电动机额定电流的 3 倍；若不直接用于启动和停机，额定电流只需稍大于电动机额定电流。

（3）断路器。包括正确选用开关类型、容量等级和保护方式。

① 额定电压和额定电流应不小于电路正常工作电压和工作电流。

② 热脱扣器的整定电流应与所控制电动机的额定电流或负载额定电流一致。

③ 电磁脱扣器瞬时脱扣整定电流应大于负载电路正常工作时的峰值电流。

对电动机，断路器电磁脱扣器的瞬时脱扣整定电流值 I 按下式计算：

$$I \geqslant K \cdot I_{st} \tag{8.1}$$

式中，K 为安全系数，通常取 $K=1.7$；I_{st} 为电动机的启动电流。

8.5.6　熔断器的选择

先确定熔体的额定电流，再根据熔体规格，选择熔断器规格；根据被保护电路的性质，选择熔断器的类型。

1．熔体额定电流的选择

（1）电阻性负载，如照明电路、信号电路、电阻炉电路等。

$$I_{FUN} \geqslant I \tag{8.2}$$

式中，I_{FUN} 为熔体额定电流；I 为负载额定电流。

（2）冲击性负载（出现尖峰电流），如鼠笼型电动机启动电流为 $(4\sim7)\,I_N$（I_N 为电动机额定电流）。

单台不频繁启、停，且长期工作的电动机电流为

$$I_{FUN}=(1.5\sim2.5)\,I_N \tag{8.3}$$

单台频繁启动、长期工作的电动机电流为

$$I_{FUN}=(3\sim3.5)\,I_N \tag{8.4}$$

多台长期工作的电动机共用的熔断器电流为

$$I_{FUN} \geqslant (1.5\sim2.5)\,I_{emax}+\sum I_N \tag{8.5}$$

或

$$I_{FUN} \geqslant I_m/2.5 \tag{8.6}$$

式中，I_{emax} 为容量最大一台电动机的额定电流；$\sum I_N$ 为其余电动机额定电流之和；I_m 为电路中可能出现的最大电流。

当几台电动机不同时启动时，电路中最大电流为

$$I_m=7\,I_{emax}+\sum I_N \tag{8.7}$$

（3）采用降压方法启动的电动机电流为

$$I_{FUN} \geqslant I_N \tag{8.8}$$

2．熔断器规格选择

额定电压大于电路工作电压，额定电流等于或大于所装熔体额定电流。

3．熔断器类型选择

应根据负载保护特性的短路电流大小及安装条件选择熔断器类型。

8.5.7　交流接触器的选择

交流接触器的选择主要考虑主触点额定电压与额定电流、辅助触点数量、吸引线圈电压等级、使用类别、操作频率等。

主触点额定电流应等于或大于负载或电动机的额定电流。

1．额定电压与额定电流

主要考虑接触器主触点的额定电压与额定电流。

$$U_{KMN} \geqslant U_{CN} \tag{8.9}$$

$$I_{KMN} \geqslant I_N = P_{MN}\frac{10^3}{kU_{MN}} \tag{8.10}$$

式中，U_{KMN} 为接触器额定电压；U_{CN} 为负载额定线电压；I_{KMN} 为接触器额定电流；I_N 为接触器主触点电流；P_{MN} 为电动机功率；U_{MN} 为电动机额定线电压；k 为经验常数，一般取 $1 \sim 1.4$。

2．吸引线圈的电流种类及额定电压

对频繁动作场合，宜选用直流励磁方式。一般情况下采用交流控制。

线圈额定电压：根据控制电路复杂程度，维修、安全要求，设备采用控制电压等级等综合考虑。

3．其他方面

（1）辅助触点的额定电流、种类和数量。

（2）根据使用环境选择有关接触器或特殊用接触器。

（3）考虑电器的固有动作时间、电器的使用寿命和操作频率。

8.5.8 继电器的选择

1．电磁式通用继电器

先考虑交流类型或直流类型，而后考虑采用电压继电器还是电流继电器，或是中间继电器。

保护用继电器：考虑过电压或过电流、欠电压或欠电流继电器的动作值和释放值。

中间继电器：考虑触点类型和数量，励磁线圈的额定电压或额定电流。

2．时间继电器

根据延时方式、延时精度、延时范围、触点形式及数量、工作环境等因素确定类型，再选择线圈额定电压。

3．热继电器

结构形式：主要决定于电动机绕组接法及是否要求断相保护。

热元件整定电流按下式选取：

$$I_{FRN} = （0.95 \sim 1.05）I_N \tag{8.11}$$

对工作环境恶劣、启动频繁的电动机，热元件整定电流按下式选取：

$$I_{FRN} = （1.15 \sim 1.5）I_N \tag{8.12}$$

对过载能力较差的电动机，热元件整定电流为电动机额定电流的 60%～80%。对重复短时工作制电动机，其过载保护不宜选用热继电器，而应选用温度继电器。

4．速度继电器

根据机械设备的安装情况及额定工作转速，选择合适的型号。

8.5.9 控制变压器的选择

用于降低辅助电路电压，保证控制电路安全可靠工作，选择原则如下。

（1）一、二次侧电压应与交流电源电压、控制电路和辅助电路电压相等。

（2）应能保证接于二次侧的交流电磁器件在启动时可靠吸合。

（3）电路正常运行时，变压器温升不超过允许值。

容量近似计算：

$$S_\text{N} \geqslant 0.6\sum S_1 + 0.25\sum S_2 + 0.125K_\text{L}\sum S_3 \qquad (8.13)$$

式中，S_N 为控制变压器容量（V·A）；S_1 为电磁器件的吸持功率（V·A）；S_2 为接触器、继电器启动功率（V·A）；S_3 为电磁铁启动功率（V·A）；K_L 为电磁铁工作行程 L_P 与额定行程 L_N 之比的修正系数。当 L_P/L_N 在 $0.5\sim0.8$ 时，K_L 在 $0.7\sim0.8$；当 L_P/L_N 在 $0.85\sim0.9$ 时，K_L 在 $0.85\sim0.9$；当 $L_\text{P}/L_\text{N}=0.9$ 以上时，$K_\text{L}=1$。

式（8.13）满足，既可保证已吸合的电器在启动其他电器时仍能保持吸合状态，又能保证启动电器可靠地吸合。

变压器容量也可按变压器长期运行的允许温升来确定，这时变压器的容量应大于或等于最大工作负载的功率。

$$S_\text{N} \geqslant K_\text{f} \sum S_1 \qquad (8.14)$$

式中，K_f 为变压器容量储备系数，一般等于 $1.1\sim1.25$。

控制变压器实际容量应由式（8.13）、式（8.14）计算出的最大容量来确定。

8.5.10　鼠笼型电动机有关电阻的计算

1. 启动电阻的计算

在降压启动方式中，定子回路串联的限流电阻 R_q 可按下式近似计算：

$$R_\text{q} = \frac{220}{I_\text{N}K}\sqrt{\frac{K_\text{q}}{K_\text{qr}}-1} \qquad (8.15)$$

式中，R_q 为每相启动限流电阻的阻值；I_N 为电动机额定电流；K_q 为不加电阻时电动机的启动电流与额定电流之比（查手册）；K_qr 为加入启动限流电阻后，电动机启动电流与额定电流之比，可根据需要选取。

若只在电动机两相中串入限流电阻，R_q 的值可取计算值的 1.5 倍；加入限流电阻后，启动转矩 M_qr 可由下式估算：

$$M_\text{qr} = \frac{K_\text{qr}}{K_\text{q}}2M_\text{q} = \left(\frac{K_\text{qr}}{K_\text{q}}\right)^2 K_\text{m}M_\text{N} \qquad (8.16)$$

式中，M_q 为电动机不加启动电阻时的启动转矩；M_N 为电动机额定转矩；K_m 为电动机启动转矩与额定转矩之比（查手册）。

2. 反接制动电阻的计算

电动机定子回路接入反接制动限流电阻。其阻值 R_zr 由下式计算：

$$R_\text{zr} = \frac{110}{I_\text{N}}\frac{\sqrt{4(K_\text{q}/K_\text{zr})-3}-0.5}{K_\text{q}} \qquad (8.17)$$

式中，K_zr 为接入限流电阻后，反接制动电流与额定电流之比。

若只在电动机两相串联制动限流电阻 R_zr，则 R_zr 可取计算值的 1.5 倍。

电动机转速在制动到零的瞬间，其制动转矩 M_zr 可估算为：

$$M_\text{zr} = (K_\text{zr}/K_\text{q})^2 M_\text{q} = (K_\text{zr}/K_\text{q})^2 K_\text{m}M_\text{N} \qquad (8.18)$$

问题与思考

1．电气控制线路的设计有哪些方法？
2．继电器-接触器电气控制系统的设计包括哪两大部分？

应用实践

组合机床电气控制系统的设计

组合机床通常是采用多刀、多面、多工序、多工位同时加工，由通用部件和专用部件组成的工序集中的高效率专用机床。组合机床的电气控制线路是将各个部件组合成一个统一的循环系统。在组合机床上可以完成钻孔、扩孔、铰孔、镗孔、攻螺纹、铣削及磨削等工序。

组合机床大多采用机械、液压或气动、电气相结合的控制方式。其中，电气控制又起着中枢连接的作用。因此，在设计组合机床的电气控制系统之前，必须先搞清楚组合机床的电气控制部分与机械、液压或气动部分的相互关系。

组合机床的组成部件并不是一成不变的，随着生产力的向前发展，组合机床的组成部件也在不断更新，因此与其相适应的电气控制线路也要随着更新换代，目前主要有以下两种。

1．机械动力滑台控制线路

机械动力滑台和液压动力滑台都是完成进给运动的动力部件，两者区别仅在于进给的驱动方式不同。动力滑台与动力头相比较，前者配置成的组合机床较动力头更为灵活。在动力头上只能安装多轴箱，而动力滑台还可以安装各种切削头组成的动力头，用来组成卧式或立式组合机床，以完成钻、扩、铰、镗、刮端面、倒角和攻螺纹等工序。安装分级进给装置后，也可用来钻深孔。一般机械动力滑台由滑台、机械滑座及双电动机（快速电动机和进给电动机）传动装置 3 部分组成。滑台进给运动的自动循环是通过传动装置将动力传递给丝杆来实现的。

2．液压动力滑台控制线路

液压动力滑台与机械动力滑台在结构上的区别在于：液压动力滑台的进给运动借助压力油通过液压缸的前腔和后腔来实现的。液压动力滑台由滑台、滑座及液压缸 3 部分组成，液压缸驱动滑台在滑座上移动。液压动力滑台也具有前面机械动力滑台的典型自动工作循环过程，它是通过电气控制线路控制液压系统来实现的。滑台的工进速度是通过调整节流调速阀进行无级调速的。电气控制一般采用行程原则、时间原则控制方式及压力控制方式。

组合机床电气控制系统总的特点，是它的基本电路可根据通用部件的典型控制电路和一些基本控制环节组成，再按加工、操作要求以及自动循环过程，无须或只要做少量修改就可完成。

本次设计的要求如下。

组合机床采用两个动力头从两个侧面分别加工，左、右动力头的电动机功率均为 2.2kW，进给系统和工件夹紧都用液压系统驱动，液压泵电动机的功率为 3kW，动力头和夹紧装置的动作由电磁阀控制。

设计要求如下。

（1）两台铣削动力头分别由两台鼠笼型异步电动机拖动，单向旋转，无须进行电气变速和停机制动控制，但要求铣刀能进行点动对刀。

（2）液压泵电动机单向旋转，机床完成一次半自动工作循环后按下总停机按钮时才停机。

（3）加工到终点，动力头完全停止后，滑台才能快速退回。

（4）液压动力滑台前进、后退能点动调整。

（5）电磁铁 YV1、YV2 采用直流供电。

（6）机床具有照明、保护和调整环节。

第8章 自测题

一、填空题

1. 变压器是一种静止的电气设备，改变变压器的变比 k，可实现变换_____、变换_____和变换_____的作用。_____互感器是升压变压器，_____互感器是降压变压器，_____变压器不能用作安全变压器使用，_____变压器具有陡降的外特性。

2. 三相异步电动机按转子结构的不同可分为_____式和_____式两大类。在机床控制电路中通常采用_____式异步电动机作为动力拖动，而在起重机构或卷扬机构中通常采用_____式异步电动机作为动力拖动。

3. _____是直流电机的核心，由铁心和绕组共同组成。电能到机械能以及机械能到电能之间的转换，就是在_____中进行的。

4. 直流电动机的调速方法有_____调速、_____调速和_____调速。

5. 一台三相异步电动机的型号为 Y132M-6，在工频 50Hz 下工作，已知该电动机的额定转速 n=975r/min。则电动机的极对数 p=_____，旋转磁场的转速为_____r/min，转差率 s =_____。

6. 特种电机分有_____用和_____用两大类，其中_____用特种电机又分为测量元件和执行元件。执行元件主要有交、直流_____电动机，_____电动机等。

7. 测速发电机可以将机械转速转换为相应的_____信号，在自动控制系统中常用作测量_____的信号元件。

8. 电动机控制电路中,起短路保护的低压电器是_____,起过载保护的器件是_____,起失电压和欠电压保护的器件是_____。上述 3 种保护均具有的器件是_____。

9. 电气控制图主要有_____、_____和_____。

10. 在电动机控制电路中，接触器的 3 对主触点是串接在电动机的_____回路中，当串接在_____回路中的接触器线圈得电和失电时，3 对主触点闭合和断开，起到控制电路的通、断的作用。接触器的辅助常开触点通常在电路中起_____作用，辅助常闭触点在电路中起_____作用。

11. 时间继电器的文字符号是_____，位置开关的文字符号是_____，中间继电器、电流继电器的文字符号是_____。

二、判断题

1. 当加在定子绕组上的电压降低时，将引起转速下降，定子电流减小。　　　（　　）

2. 转子绕组串频敏变阻器启动过程中，频敏变阻器的阻值是由小变大的。　　（　　）

3．能耗制动比反接制动所消耗的能量小，制动平稳。　　　　　　　　（　　　）

4．异步电动机转子电路的频率随转速而改变，转速越高，则频率越高。（　　　）

5．机床控制电路中，照明变压器二次线圈有一头必须妥善接地。　　　（　　　）

6．热继电器和过电流继电器在起过载保护作用时可相互替代。　　　　（　　　）

7．单相电动机一般需借用电容分相方能启动。启动后电容可要可不要。（　　　）

8．当电网或电动机发生负荷过载或短路时，熔断器能够自动切断电路。（　　　）

9．中间继电器主要用于信号传递和放大及多路同时控制时的中间转换作用。（　　　）

10．交流接触器通电后如果铁心吸合受阻，将导致线圈烧毁。　　　　　（　　　）

三、选择题

1．电刷装置的作用是通过电刷和旋转的（　　　）表面的滑动接触，把转动的电枢绕组和外电路连接起来。

　　A．电枢　　　　　　B．电枢绕组　　　　　C．换向器　　　　　D．换向极

2．三相异步电动机启动瞬间的转差率是（　　　）。

　　A．1　　　　　　　B．0.02　　　　　　　C．大于 1　　　　　D．小于 1

3．测速发电机可以将机械转速转换为相应的电压信号，在自动控制系统中常用作测量转速的（　　　）。

　　A．功率元件　　　　B．信号元件　　　　　C．执行元件　　　　D．解算元件

4．下列电器中不能实现短路保护的是（　　　）。

　　A．热继电器　　　　B．熔断器　　　　　　C．空气开关　　　　D．过电流继电器

5．变压器若带感性负载，从轻载到满载，其输出电压将会（　　　）。

　　A．升高　　　　　　B．降低　　　　　　　C．基本不变　　　　D．无法确定

6．X62W 型万能铣床主轴的正、反转，用组合开关控制而不用接触器控制，是因为（　　　）。

　　A．改变转向不频繁　　　　　　　　　　B．节省接触器

　　C．操作方便　　　　　　　　　　　　　D．习惯

7．自耦变压器不能作为安全电源变压器的原因是（　　　）。

　　A．公共部分电流太小　　　　　　　　　B．一次侧和二次侧有电的联系

　　C．一次侧和二次侧有磁的联系　　　　　D．公共部分电流太大

8．决定电流互感器原边电流大小的因素是（　　　）。

　　A．二次侧电流　　　　　　　　　　　　B．二次侧所接负载

　　C．变流比　　　　　　　　　　　　　　D．被测电路

9．桥式起重机多采用（　　　）拖动。

　　A．同步电动机　　　B．异步电动机　　　　C．直流电动机　　　D．单相电动机

10．变压器铁心采用 0.35～0.5mm 厚的硅钢片叠压制造，主要目的是降低（　　　）。

　　A．铜损耗　　　　　B．磁滞损耗　　　　　C．涡流损耗　　　　D．磁滞和涡流损耗

四、简答题

1．三相异步电动机在一定负载下运行，当电源电压因故降低时，电动机的转矩、电流及转速将如何变化？

2．电动机的启动电流很大，当电动机启动时，热继电器会不会动作？为什么？

3．普通鼠笼型异步电动机在额定电压下启动时，为什么启动电流很大，而启动转矩并

不大？

4．步进电机采用三相六拍方式供电与采用三相三拍方式相比，有什么优缺点？

五、计算题

1．一台容量为 20kV·A 的照明变压器，它的电压为 6600V/220V，问它能够正常供应 220V、40W 的白炽灯多少盏？能供给 $\cos\varphi = 0.6$、电压为 220V、功率 40W 的日光灯多少盏？

2．一台三相异步电动机，铭牌数据为：丫连接，P_N=2.2kW，U_N=380V，n_N=2970r/min，η_N=82%，$\cos\varphi_N$=0.83。试求此电动机的额定电流、额定输入功率和额定转矩。

3．一台 $Z_3$73 直流电动机，已知其铭牌数据为：P_N=17kW，U_N=440V，I_N=46A，n_N=1000r/min。试求额定状态下该直流电动机的额定输入电功率 P_{1N}、额定效率 η_N 和额定电磁转矩 T_N。

六、设计题

设计一台电动机控制电路，要求：该电动机能单向连续运行，并且能实现两地控制，有过载、短路保护。

电气图常见元件图形符号、文字符号一览表

类别	名　称	图形符号	文字符号	类别	名　称	图形符号	文字符号
开关	单极控制开关		SA	位置开关	常开触点		SQ
	手动开关一般符号		SA		常闭触点		SQ
	三极控制开关		QS		复合触点		SQ
	三极隔离开关		QS	按钮	常开按钮		SB
	三极负荷开关		QS		常闭按钮		SB
	组合旋钮开关		QS		复合按钮		SB
	低压断路器		QF		急停按钮		SB
	控制器或操作开关	后　前 2 1 0 1 2	SA		钥匙操作式按钮		SB
接触器	线圈操作器件		KM	热继电器	热元件		FR
	常开主触点		KM		常闭触点		FR
	常开辅助触点		KM	中间继电器	线圈		KA
	常闭辅助触点		KM		常开触点		KA
时间继电器	通电延时（缓吸）线圈		KT		常闭触点		KA

类别	名　称	图形符号	文字符号	类别	名　称	图形符号	文字符号
时间继电器	断电延时（缓放）线圈		KT	电流继电器	过电流线圈	I>	KA
	瞬时闭合的常开触点		KT		欠电流线圈	I<	KA
	瞬时断开的常闭触点		KT		常开触点		KA
	延时闭合的常开触点	或	KT		常闭触点		KA
	延时断开的常闭触点	或	KT	电压继电器	过电压线圈	U>	KV
	延时闭合的常闭触点	或	KT		欠电压线圈	U<	KV
	延时断开的常开触点	或	KT		常开触点		KV
电磁操作器	电磁铁的一般符号	或	YA		常闭触点		KV
	电磁吸盘		YH	电动机	三相鼠笼型异步电动机	M 3~	M
	电磁离合器		YC		三相绕线型转子异步电动机	M 3~	M
	电磁制动器		YB		他励直流电动机	M	M
	电磁阀		YV		并励直流电动机	M	M

续表

类别	名　称	图形符号	文字符号	类别	名　称	图形符号	文字符号
非电量控制的继电器	速度继电器常开触点		KS		串励直流电动机		M
	压力继电器常开触点		KP	熔断器	熔断器		FU
发电机	发电机		G	变压器	单相变压器		TC
	直流测速发电机		TG		三相变压器		TM
灯	信号灯（指示灯）		HL	互感器	电压互感器		TV
	照明灯		EL		电流互感器		TA
接插器	插头和插座	或	X 插头 XP 插座 XS		电抗器		L

[1] 曾令琴. 电机与电气控制技术[M]. 北京：人民邮电出版社，2014.

[2] 曾令琴. 电工电子技术[M]. 3版. 北京：人民邮电出版社，2012.

[3] 曾令琴. 电工技术基础[M]. 2版. 北京：人民邮电出版社，2010.

[4] 许翏. 电机与电气控制技术[M]. 3版. 北京：机械工业出版社，2015.

[5] 殷建国. 工厂电气控制技术[M]. 北京：经济管理出版社，2006.

[6] 李益民，刘小春. 电机与电气控制技术[M]. 北京：高等教育出版社，2008.

[7] 冯晓，刘仲恕. 电机与电器控制 [M]. 北京：机械工业出版社，2015.

[8] 王京伟. 供电所电工图表手册[M]. 北京：中国水利水电出版社，2005.